线性代数
与 Python 解法

徐子珊◎著

刘新旺◎主审

人民邮电出版社

北 京

图书在版编目（CIP）数据

线性代数与Python解法 / 徐子珊著. -- 北京 ：人
民邮电出版社，2024.5
ISBN 978-7-115-60669-3

Ⅰ. ①线… Ⅱ. ①徐… Ⅲ. ①线性代数 Ⅳ.
①O151.2

中国版本图书馆CIP数据核字（2022）第235864号

内 容 提 要

本书共 5 章：第 1 章介绍代数系统的基本概念，内容包括集合与映射、群、环、域及线性代数系统等；第 2 章介绍矩阵代数，内容包括矩阵定义、矩阵的各种运算，如线性运算、乘法、转置、方阵的行列式等，并由此讨论可逆阵的概念及性质；第 3 章介绍线性方程组的消元法，为后面讲解向量空间的知识奠定基础；第 4 章基于矩阵、线性方程组等讨论应用广泛的向量空间，内容包括向量及其线性运算、向量组的线性相关性、线性空间的线性变换等；在以上几章的基础上，第 5 章定义向量的内积运算，在向量空间中引入"度量"，即向量的长度（范数），从而将二维、三维的几何空间扩展到一般的 n 维欧几里得空间.

本书选择 Python 的科学计算的软件包 NumPy 作为计算工具，针对书中讨论的线性代数的计算问题给出详尽的 Python 解法. 本书中的每一段程序都给出了详尽的注释及说明，适合各层次读者阅读.

♦ 著　　　　徐子珊
　 主　审　　刘新旺
　 责任编辑　张　涛
　 责任印制　王　郁　焦志炜
♦ 人民邮电出版社出版发行　　北京市丰台区成寿寺路 11 号
　 邮编　100164　　电子邮件　315@ptpress.com.cn
　 网址　https://www.ptpress.com.cn
　 三河市君旺印务有限公司印刷
♦ 开本：787×1092　1/16
　 印张：12.75　　　　　　　2024 年 5 月第 1 版
　 字数：289 千字　　　　　2024 年 5 月河北第 1 次印刷

定价：69.80 元
读者服务热线：(010)81055410　印装质量热线：(010)81055316
反盗版热线：(010)81055315
广告经营许可证：京东市监广登字 20170147 号

前　言

本书以"代数系统"为引领，以"演绎"的方式探讨线性代数的理论与方法．第 1 章介绍"代数系统"概念——定义了若干运算的集合，以及"经典代数系统"，即群、环、域．以此为起点引入"线性代数系统"，即在一个加法交换群上，添加群中元素与数域中数的乘法运算而得的代数系统——加法运算和数乘法运算统称为线性运算．线性代数系统是很多自然系统与人工系统的数学模型．最经典的线性代数系统之一是第 2 章详尽讨论的"矩阵代数"，其核心是同形矩阵（具有相同行数、列数的矩阵）集合上的加法和数乘法构成的一个线性代数系统．然而，矩阵集合仅作为线性代数系统，在实际应用上是不够的．在引入矩阵的"乘法"运算后，矩阵代数就成为描述各种问题的重要数学模型．矩阵代数最重要的应用领域之一是本书第 3 章介绍的线性方程组．基于矩阵的各种运算及性质，第 3 章不仅给出线性方程组的解法，而且给出了确定方程组的有解条件、解集的结构等重要的结论．这些结论为更深入地探讨第 4 章中的向量代数系统提供了强有力的计算方法．向量空间不仅是二维平面和三维立体的理论拓展，还可用以描述现实问题．例如，对第 2 章引入的矩阵，我们可更细致地把矩阵拆解成行向量或列向量，矩阵的线性运算平移到了向量上，矩阵的乘法拆解成了行向量与列向量的"内积"；于是，线性方程组的矩阵形式被拆解成了向量形式，进而成了研究向量间线性关系的"利器"．由于引入了同形向量的内积运算，使得高维向量空间与我们看到的二维平面和三维立体一样有了"几何形象"：向量有"长度"——范数、向量间有夹角，这是本书第 5 章讨论欧几里得空间的有趣内容．总之，本书以发展的观点讨论线性代数：向量（从同构的视角看，矩阵亦可被视为向量）由最核心的交换群增加数乘法后构成线性代数系统、加入内积运算后构成欧几里得空间……这未尝不是我们构建人造系统的一种思想方法：把问题涉及的对象视为集合，从最基本的处理（运算）方法开始，逐步添加所需的处理（运算）方法，使系统日臻完善．

华罗庚先生在《高等数学引论》的序言中写道："我讲书喜欢埋些伏笔，把有些重要的概念、重要的方法尽可能早地在具体问题中提出，并且不止一次地提出．"先生的意思是学习者能在书中不同地方逐步体会到这些重要概念、方法的精妙之处．笔者在本书的写作过程中也试着仿照先生的做法：将重要的结论拆分成若干个引理、定理和推论；一些重要但较简单的概念在例题和练习题中提出，让读者在稍后阅读到这些内容时发现这些概念的关键作用．在快节奏的现代社会，读者的时间非常宝贵，为此，笔者将一些定理（包括引理、推论）的比较复杂的理论证明以"本章附录"的形式，放在每章（除第 1 章外）的末尾，待读者空闲时仔细研读．这样的内容安排既可以让读者流畅地阅读，同时又可以帮助读者深入理解、掌握理论的来龙去脉（对于数学书，笔者极力主张弄懂知识的"来龙去脉"的学习方法）．例题和练习题是理工科图书的作者与读者思想交互的重要"桥梁"，本书共提供了145 道例题、107 道练习题．每道练习题都由其之前的例题作为引导，读者可参考相关例题，顺利完成练习题的解答. 此外, 每道计算型的练习题均有参考答案, 可供读者快速检验自己的解题结果.

近年来, Python 及其数学包 "异军突起", 除了因为其开放代码资源, 还因为其代码可直接被嵌入智能系统. 本书用 Python 的科学计算的软件包 NumPy 来求解书中的所有问题; 选择 Jupyter Notebook 作为程序编写和运行平台, Jupyter Notebook 的使用界面与 MATLAB 十分接近, 非常适合用来做科学计算. 本书的所有程序都经过精心调试, 并有详尽的注释及说明. 为方便读者学习, 程序以 chapterxx.ipynb (xx 表示章的序号) 的形式命名. 读者可先启动 Jupyter Notebook, 然后打开对应文件, 调试、运行各个程序. 所有的.ipynb 文件和自编的通用函数文件 utility.py 都保存在笔者的 Gitee 账号 https://gitee.com/xu-zishan 下的 Algebra-with-Python 文件夹内, 读者可自行下载并使用这些文件. 笔者开通了博客 (博客网址是 https://blog.csdn.net/u012958850), 并将持续维护、更新博文, 还会在博客中添加新的例题以及本书的勘误信息, 欢迎读者通过博客与笔者沟通、交流.

本书在描述线性代数的基本理论与方法时, 尽量采用目前国内外大多数教材上的通用表述法, 以便读者阅读. 为了与程序代码中的常数 "0" 进行区分, 本书将零向量及仅含一列零或一行零的矩阵用粗斜体小写字母 "o" 表示, 将一般的 m 行 n 列的零矩阵用粗斜体大写字母 "O" 表示, 特此说明.

感谢国防科技大学的刘新旺教授在百忙之中担任本书的主审, 为全书的审校工作付出了艰辛的劳动. 在本书的编写过程中, 刘新旺教授课题组的博士生团队参与了讨论并对书稿提出了大量修改意见, 其中, 梁科、欧琦媛博士负责第 1 章, 刘吉元、杨希洪博士负责第 2 章, 涂文轩、刘悦博士负责第 3 章, 王思为、文艺博士负责第 4 章, 梁伟轩、文艺博士负责第 5 章, 梁伟轩博士负责各章工作小组的联络、沟通. 在此, 笔者向刘新旺教授及其团队表示衷心的感谢!

本书编辑联系邮箱为: zhangtao@ptpress.com.cn.

徐子珊

目　　录

第 1 章　代数系统 ··· 1

　1.1　代数 ··· 1

　　1.1.1　集合与映射 ··· 1

　　1.1.2　代数系统 ··· 4

　1.2　经典代数系统 ··· 5

　　1.2.1　群 ··· 5

　　1.2.2　环 ··· 7

　　1.2.3　域 ··· 7

　　1.2.4　线性代数 ··· 8

　　1.2.5　子代数与代数的同构 ·· 10

　1.3　Python 解法 ·· 12

　　1.3.1　Python 的数系 ··· 12

　　1.3.2　Python 的布尔代数和位运算 ·· 14

　　1.3.3　自定义代数系统 ·· 20

第 2 章　矩阵代数 ··· 25

　2.1　数域上的矩阵 ··· 25

　　2.1.1　矩阵的概念 ··· 25

　　2.1.2　矩阵分块 ··· 28

　　2.1.3　Python 解法 ··· 29

　2.2　矩阵的线性运算 ··· 33

　　2.2.1　矩阵线性运算的定义 ·· 33

　　2.2.2　Python 解法 ··· 35

　2.3　矩阵的乘法 ··· 37

　　2.3.1　矩阵乘法的定义 ·· 37

　　2.3.2　Python 解法 ··· 42

　2.4　矩阵的转置 ··· 44

　　2.4.1　矩阵转置的定义 ·· 44

　　2.4.2　Python 解法 ··· 46

　2.5　方阵的行列式 ··· 47

　　2.5.1　排列的逆序 ··· 47

　　2.5.2　方阵的行列式 ·· 49

　　2.5.3　行列式的性质 ·· 50

2.5.4　Python 解法 · 53

2.6　方阵的逆 · 54

2.6.1　方阵的伴随矩阵 · 54

2.6.2　可逆方阵 · 57

2.6.3　矩阵积的行列式 · 60

2.6.4　Python 解法 · 62

2.7　本章附录 · 64

第 3 章　线性方程组 · 72

3.1　线性方程组与矩阵 · 72

3.1.1　线性方程组的矩阵表示 · 72

3.1.2　可逆系数矩阵 · 74

3.1.3　Python 解法 · 75

3.2　线性方程组的消元法 · 76

3.2.1　消元法与增广矩阵的初等变换 · 76

3.2.2　消元法的形式化描述 · 79

3.2.3　Python 解法 · 81

3.3　线性方程组的解 · 85

3.3.1　矩阵的秩 · 85

3.3.2　齐次线性方程组的解 · 88

3.3.3　非齐次线性方程组的解 · 93

3.3.4　Python 解法 · 96

3.4　本章附录 · 100

第 4 章　向量空间 · 103

4.1　n 维向量与向量组 · 103

4.1.1　n 维向量及其线性运算 · 103

4.1.2　向量组的线性表示 · 106

4.1.3　Python 解法 · 111

4.2　向量组的线性关系 · 114

4.2.1　线性相关与线性无关 · 114

4.2.2　向量组的秩 · 119

4.2.3　Python 解法 · 121

4.3　向量空间的基底和坐标变换 · 126

4.3.1　向量空间及其基底 · 126

4.3.2　向量空间的坐标变换 · 128

4.3.3　Python 解法 · 133

4.4　线性变换 · 137

4.4.1　线性空间的线性变换 · 137

　　　4.4.2　线性变换的矩阵 ·· 140

　　　4.4.3　特征值与特征向量 ·· 143

　　　4.4.4　Python 解法 ··· 147

　4.5　本章附录 ··· 152

第 5 章　欧几里得空间 ·· 156

　5.1　欧几里得空间及其正交基 ·· 156

　　　5.1.1　向量内积及其性质 ·· 156

　　　5.1.2　向量间的夹角 ·· 158

　　　5.1.3　欧几里得空间的正交基 ·· 160

　　　5.1.4　Python 解法 ··· 162

　5.2　正交变换 ··· 167

　　　5.2.1　正交变换及其矩阵 ·· 167

　　　5.2.2　对称矩阵的对角化 ·· 168

　　　5.2.3　Python 解法 ··· 170

　5.3　二次型 ·· 171

　　　5.3.1　R 上二次型 ·· 172

　　　5.3.2　二次型的标准形 ·· 174

　　　5.3.3　Python 解法 ··· 179

　5.4　最小二乘法 ··· 181

　　　5.4.1　向量间的距离 ·· 181

　　　5.4.2　最小二乘法实现 ·· 182

　　　5.4.3　Python 解法 ··· 184

　5.5　本章附录 ··· 185

参考文献 ··· 193

第 1 章　代 数 系 统

1.1　代数

1.1.1　集合与映射

将所研究问题涉及的诸对象视为一个整体, 称为**集合**, 常用大写字母 $A, B, C, \cdots$ 表示. 常见的由数组成的集合有自然数集、整数集、有理数集、实数集和复数集, 分别记为 **N**、**Z**、**Q**、**R** 和 **C**. 组成集合的每一个对象, 称为该集合的一个**元素**, 常用小写字母 $a, b, c, \cdots$ 表示. 若 x 是集合 A 中的元素, 则记为 $x \in A$, 否则记为 $x \notin A$. 例如, $-2 \in \mathbf{Z}$ 但 $-2 \notin \mathbf{N}$, $\frac{1}{2} \in \mathbf{Q}$ 但 $\frac{1}{2} \notin \mathbf{Z}$. 若集合 B 中的元素均为集合 A 中的元素, 即 $\forall x \in B$, 必有 $x \in A$, 称 B 是 A 的**子集**, 记为 $B \subseteq A$. 例如, $\mathbf{N} \subseteq \mathbf{Z} \subseteq \mathbf{Q} \subseteq \mathbf{R} \subseteq \mathbf{C}$.

无任何元素的集合称为**空集**, 记为 $\varnothing$. 如果非空集合 A 中的元素可一一罗列出来, 则可用花括号把这些罗列出来的元素括起. 例如, 不超过 5 的正整数组成的集合 $A = \{1, 2, 3, 4, 5\}$. 也可以用描述的方式表示一个具体的集合, 例如, 不超过 5 的正整数组成的集合可表示为 $A = \{x | x \in \mathbf{N}, x \leqslant 5\}$.

常将集合直观地表示为平面上的封闭区域, 集合中的元素为区域内的点, 子集的图示如图 1.1 所示.

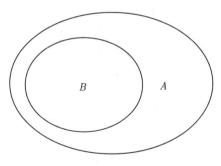

图 1.1　子集的图示

实践中所面对的问题往往涉及两个甚至更多的集合. 集合的元素之间, 通常具有某种关系.

定义 1.1　设 A, B 为两个非空集合, 若按确定的法则 $f \colon \forall x \in A, \exists | y \in B$ 与之对应[①], 记为 $f \colon x \longmapsto y$, 则称 f 为 A 到 B 的一个**映射** (或**变换**), 记为 $f \colon A \to B$. 若 $B = A$, 即 $f \colon A \to A$, 则称 f 为 A 上的映射.

---

① 数理逻辑中, 存在量词 ∃ 表示 "至少存在一个……". 本书用 ∃| 表示 "恰存在一个……".

若 $f: A \to B, x \in A, f: x \longmapsto y \in B$, 称 y 是 x 的**像**, x 是 y 的**原像**. A 中元素 x 的像, 常记为 $f(x)$.

例 1.1　有限集合 (元素个数有限) 间的映射, 可以列表表示. 设 $A = \{-2, -1, 0, 1, 2\}$, 定义 A 到 A 的对应法则 f:

x	-2	-1	0	1	2
$f(x)$	2	1	0	-1	-2

f 就是 A 中元素对应相反数的映射.

练习 1.1　设 $B = \{0, 1\}$, 即比特集, 其中的元素 0 和 1 是二进制数. 用列表方式表示比特集 B 上的映射 $f: 0 \longmapsto 1, 1 \longmapsto 0$.

(参考答案:

x	0	1
$f(x)$	1	0

)

非空集合 A、B 的元素之间的对应法则 f 要成为 A 到 B 的映射, 需满足如下两个条件.

(1) A 中每个元素 x 均有在 B 中的像 $f(x)$.

(2) A 中任一元素 x 在 B 中只有一个像 $f(x)$.

图 1.2(a) 表示 A 到 B 的映射; 图 1.2(b) 中由于 A 中存在元素在 B 中无像, 故对应法则不是 A 到 B 的映射; 图 1.2(c) 中由于 A 中存在元素对应 B 中的两个元素, 故对应法则也不是 A 到 B 的映射.

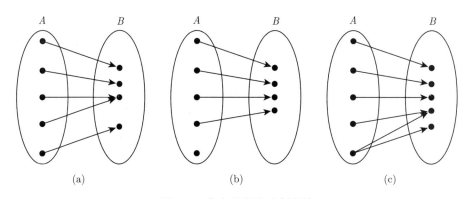

| (a) | (b) | (c) |

图 1.2　集合元素的对应法则

例 1.2　设 $A = [-1, 1] \subseteq \mathbf{R}$, 考虑函数 $f: \forall x \in A, f(x) = x^3 \in A$, $g: \forall x \in A, g(x) = x^2 \in A$, 不难理解它们均为 A 上的映射. 然而, 函数 $f(x) = x^3$[见图 1.3(a)] 是 A 上 "1-1" 的映射, 即一个原像 $x \in A$ 仅对应一个像 $x^3 \in A$. 反之, 任一 $y \in A$ 也仅有一个原像 $x = \sqrt[3]{y} \in A$. 这样的映射是**可逆**的, 因为据此对应法则, 我们可以得到逆映射 (即反函数)$f^{-1}: \forall x \in A, f^{-1}(x) = \sqrt[3]{x}$. 但是函数 $g(x) = x^2$[见图 1.3(b)] 却不是可逆的. 这是因为, 首先对于 $y \in A$ 且 $y < 0$, 在 A 中没有与之对应的原像, 其次, 对于 $y \in A$ 且 $y > 0$, A 中有两个原像 $-\sqrt{y}$ 和 $\sqrt{y}$ 与之对应. 换句话说, 根据映射 g 的对应法则, 不能构造出其逆映射.

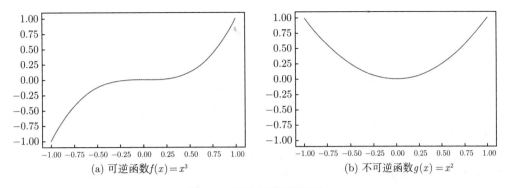

(a) 可逆函数 $f(x) = x^3$ (b) 不可逆函数 $g(x) = x^2$

图 1.3 可逆与不可逆函数

以上讨论的集合 A 到 B 的映射, 原像均为取自集合 A 的一个元素, 这样的映射称为一元映射. 实践中, 集合 A 的结构也许要稍稍复杂一些.

定义 1.2 设集合 A 和 B 非空, 有序二元组集合 $\{(x,y)|x \in A, y \in B\}$ 称为 A 与 B 的**笛卡儿积**, 记为 $A \times B$.

在代数学中, 非空集合 A 上的映射称为**一元运算**, $A \times A$ 到 A 的映射称为 A 上的**二元运算**. 常用运算符来表示运算, 如例 1.1 中, 集合 $A = \{-2, -1, 0, 1, 2\}$ 上的取相反数的映射 f 即负数运算, 这是一个一元运算, 其运算符常表示为 "$-$". $\forall x \in A$, 对应 $-x$. 练习 1.1 中的 $B = \{0, 1\}$ 上的一元映射即对比特位 (二进制位) 的取反运算, 这也是一个一元运算, 其运算符常表示为 "$\neg$". $\forall x \in A$, 对应 $\neg x$. 利用练习 1.1 的计算结果得比特集 B 上的取反运算表为

$\neg$	0	1
	1	0

例 1.3 考虑比特集 $B = \{0, 1\}$ 上的 "或" 运算 "$\vee$": $x, y \in B$, $x \vee y = 0$ 当且仅当 $x = y = 0$ 时成立. 根据 $\vee$ 运算的这一定义, 可得其运算表:

$\vee$	0	1
0	0	1
1	1	1

练习 1.2 比特集 $B = \{0, 1\}$ 上的 "与" 运算 "$\wedge$": $x, y \in B$, $x \wedge y = 1$ 当且仅当 $x = y = 1$ 时成立. 试给出 $\wedge$ 的运算表.

(参考答案:

$\wedge$	0	1
0	0	0
1	0	1

)

例 1.4 自然数集 $\mathbf{N}$ 上的加法运算就是 $\mathbf{N} \times \mathbf{N}$ 到 $\mathbf{N}$ 的二元映射. 但是, 减法运算不是 $\mathbf{N}$ 上的二元运算, 因为对于 $x, y \in \mathbf{N}$, 且 $x < y$, $x - y \notin \mathbf{N}$. 换句话说, 对于 $(x, y) \in \mathbf{N} \times \mathbf{N}$,

若 $x < y$ 则 $x - y \notin \mathbf{N}$, 即 (x, y) 在 $\mathbf{N}$ 中没有像.

集合 A 上的运算结果必须属于集合 A 的要求, 称为运算对集合 A 的**封闭性**. 不难验证, 数的加法和乘法运算对 $\mathbf{N}$、$\mathbf{Z}$、$\mathbf{Q}$、$\mathbf{R}$ 和 $\mathbf{C}$ 都是封闭的. 例 1.4 说明数的减法运算对 $\mathbf{N}$ 不具有封闭性, 但对 $\mathbf{Z}$、$\mathbf{Q}$、$\mathbf{R}$ 和 $\mathbf{C}$ 都是封闭的. 数的除法运算对 $\mathbf{N}$ 和 $\mathbf{Z}$ 不具有封闭性, 但对 $\mathbf{Q}$、$\mathbf{R}$ 和 $\mathbf{C}$ 都是封闭的.

将 $A \times B$ 到 C 的映射 f, 视为二元运算 "$\circ$": $\forall (x, y) \in A \times B$, $x \circ y \in C$. 这时, 需注意一个细节: 一般而言, (x, y) 是一个序偶, 由于 A 与 B 未必相同, 故 $(x, y) \in A \times B$, 但未必有 $(y, x) \in A \times B$. 即使 $A = B$, $(y, x) \in A \times B$, 但 $x \circ y$ 未必与 $y \circ x$ 相同. 例如, $x, y \in \mathbf{Z}$, x, y 不全为零, 则 $x - y \neq y - x$. 对于一个二元运算 "$\circ$": $\forall (x, y) \in A \times B$ 及 $\forall (y, x) \in B \times A$, $x \circ y = y \circ x$, 则称该运算具有**交换律**. 例如, 数的加法运算 "$+$", 在数集 $\mathbf{N}$、$\mathbf{Z}$、$\mathbf{Q}$、$\mathbf{R}$ 和 $\mathbf{C}$ 上都具有交换律.

1.1.2 代数系统

代数学研究的主要对象是**代数系统**, 简称**代数**, 即非空集合 A 及定义在 A 上的若干运算 $f_1, f_2, \cdots, f_k$. 其中的运算 f_i 可以是一元运算, 也可以是二元运算. 通常将代数记为 $(A, f_1, f_2, \cdots, f_k)$, 在不会产生混淆的情况下可将代数系统简记为 A. 代数学对各种代数系统研究定义在 A 上各种运算的性质以及由这些运算及其性质所决定的集合 A 的逻辑结构.

例 1.5 设 Σ 表示字符集, Σ^* 表示由 Σ 中字符组成的有限长度的字符串全体 (含空字符串 ϵ) 构成的集合. $\forall \alpha, \beta \in \Sigma^*$, 定义 $\gamma = \alpha + \beta$ 为 α 与 β 连接而成的字符串, 则 $(\Sigma^*, +)$ 构成一个代数系统, 该代数系统是信息技术中最重要的处理对象之一.

例 1.6 考虑比特集 $B = \{0, 1\}$[①], 练习 1.1、例 1.3 及练习 1.2, 在 B 上定义的 3 个运算分别为

$\vee$	0	1
0	0	1
1	1	1

$\wedge$	0	1
0	0	0
1	0	1

$\neg$	0	1
	1	0

代数系统 $(B, \vee, \wedge, \neg)$ 即为著名的**布尔代数**. 其中 $\vee$ 和 $\wedge$ 是二元运算, 分别称为**或**和**与**运算. $\neg$ 为一元运算, 称为**非**运算. 布尔代数的运算有如下性质.

(1) 或运算交换律: $\forall b_1, b_2 \in B$, $b_1 \vee b_2 = b_2 \vee b_1$.

(2) 或运算结合律: $\forall b_1, b_2, b_3 \in B$, $b_1 \vee (b_2 \vee b_3) = (b_1 \vee b_2) \vee b_3$.

(3) 或运算 0-元律: $\forall b \in B$, $b \vee 0 = 0 \vee b = b$.

(4) 与运算交换律: $\forall b_1, b_2 \in B$, $b_1 \wedge b_2 = b_2 \wedge b_1$.

(5) 与运算结合律: $\forall b_1, b_2, b_3 \in B$, $b_1 \wedge (b_2 \wedge b_3) = (b_1 \wedge b_2) \wedge b_3$.

(6) 与运算 1-元律: $\forall b \in B$, $b \wedge 1 = 1 \wedge b = b$.

---

① B 中的元素 0 和 1 可视为比特位, 也可视为逻辑假 (False) 和逻辑真 (True).

(7) 与运算对或运算的分配律: $\forall b_1, b_2, b_3 \in B$, $b_1 \wedge (b_2 \vee b_3) = (b_1 \wedge b_2) \vee (b_1 \wedge b_3)$.

(8) 或运算对与运算的分配律: $\forall b_1, b_2, b_3 \in B$, $b_1 \vee (b_2 \wedge b_3) = (b_1 \vee b_2) \wedge (b_1 \vee b_3)$.

(9) 反演律: $\forall b_1, b_2 \in B$, $\neg(b_1 \vee b_2) = (\neg b_1) \wedge (\neg b_2)$, $\neg(b_1 \wedge b_2) = (\neg b_1) \vee (\neg b_2)$.

布尔代数 $(B, \vee, \wedge, \neg)$ 是数理逻辑乃至电子计算机技术的基础数学模型. 其中各运算的所有性质均可用 "真值表" 加以验证. 以证明性质 (9) 中反演律之一的 $\neg(b_1 \vee b_2) = (\neg b_1) \wedge (\neg b_2)$ 为例, 说明如下:

b_1	b_2	$\neg b_1$	$\neg b_2$	$b_1 \vee b_2$	$\neg(b_1 \vee b_2)$	$(\neg b_1) \wedge (\neg b_2)$
0	0	1	1	0	1	1
0	1	1	0	1	0	0
1	0	0	1	1	0	0
1	1	0	0	1	0	0

注意, 真值表中的前两列罗列出了 b_1、b_2 的所有可能的取值, 而最后两列分别表示 $\neg(b_1 \vee b_2)$ 和 $(\neg b_1) \wedge (\neg b_2)$ 在 b_1、b_2 的所有可能的取值下均相等, 故 $\forall b_1, b_2 \in B$, $\neg(b_1 \vee b_2) = (\neg b_1) \wedge (\neg b_2)$.

练习 1.3 运用真值表, 验证布尔代数 $(B, \vee, \wedge, \neg)$ 中的反演律 $\neg(b_1 \wedge b_2) = (\neg b_1) \vee (\neg b_2)$. (提示: 参考对 $\neg(b_1 \vee b_2) = (\neg b_1) \wedge (\neg b_2)$ 的证明)

我们知道, 代数系统中定义在集合 A 上的各个运算必须是 "封闭" 的, 即运算结果必须仍属于集合 A.

例 1.7 设 $Z_4 = \{0, 1, 2, 3\}$, 整数加法并非定义在 Z_4 上的运算, 因为虽然 $1, 3 \in Z_4$, 但 $1 + 3 = 4 \notin Z_4$. 同样地, $2 + 3 = 5$ 也不属于 Z_4. 换句话说, Z_4 中元素对整数加法运算不是封闭的. 所以 $(Z_4, +)$ 并不能够成为一个代数系统.

若将 Z_4 上的 "加法" 定义为: $\forall x, y \in Z_4$,

$$x + y \mod 4,$$

即 $x+y$ 的运算结果是 $x+y$ 除以 4 的余数——称为模 4 的加法. 此时 $1 + 3 \mod 4 \equiv 0 \in Z_4$, $2 + 3 \mod 4 \equiv 1 \in Z_4$, 因此 "+" 对 Z_4 是封闭的, 于是, $(Z_4, +)$ 构成一个模 4 的剩余类加法系统 (详见例 1.10).

1.2 经典代数系统

1.2.1 群

定义 1.3 若代数 $(G, \oplus)$ 的二元运算 "$\oplus$" 具有如下性质, 则称 G 为一个**群**.

(1) 结合律: $\forall a, b, c \in G$, $a \oplus (b \oplus c) = (a \oplus b) \oplus c$.

(2) 零元律: $\exists o \in G$ 称为**零元**, $\forall a \in G$, $a \oplus o = o \oplus a = a$.

(3) 负元律: $\forall a \in G, \exists b$ 称为 a 的**负元**, 使得 $a \oplus b = b \oplus a = o$. 元素 a 的负元常记为 $-a$.

若运算 $\oplus$ 还满足交换律, 则 G 称为**交换群**.

例 1.8 在比特集 $B = \{0, 1\}$ 上定义运算 $\oplus$:

$\oplus$	0	1
0	0	1
1	1	0

称为 B 上的**异或**运算. 由上面的运算表可以看到异或运算的一个有趣之处在于: $\forall b \in B$, $b \oplus 0 = b$(见运算表的第 1 行或第 1 列), $b \oplus 1 = \neg b$(见运算表的第 2 行或第 2 列). 下面说明 $(B, \oplus)$ 构成一个交换群.

(1) 由运算表关于从左上角到右下角的对角线的对称性得知, $\oplus$ 运算具有交换律;

(2) 构造真值表

b_1	b_2	b_3	$b_1 \oplus b_2$	$b_2 \oplus b_3$	$b_1 \oplus (b_2 \oplus b_3)$	$(b_1 \oplus b_2) \oplus b_3$
0	0	0	0	0	0	0
0	0	1	0	1	1	1
0	1	0	1	1	1	1
0	1	1	1	0	0	0
1	0	0	1	0	1	1
1	0	1	1	1	0	0
1	1	0	0	1	0	0
1	1	1	0	0	1	1

真值表中最后两列的值完全相同, 这就验证了 $\oplus$ 满足结合律 $b_1 \oplus (b_2 \oplus b_3) = (b_1 \oplus b_2) \oplus b_3$;

(3) 由 $\oplus$ 的运算表得知 0 是零元;

(4) 由 $\oplus$ 的运算表得知 0 和 1 均为自身的负元.

交换群 $(B, \oplus)$ 在计算机的位运算中扮演着重要角色.

练习 1.4 例 1.5 中的字符串代数 $(\Sigma^*, +)$ 是否构成一个群?

(参考答案: 否. 提示: 无负元)

例 1.9 代数系统 $(\mathbf{Z}, +)$ 中 $\mathbf{Z}$ 为全体整数的集合, $+$ 表示两个整数的加法运算, 构成一个交换群, 称为**整数群**.

常将群 $(G, \oplus)$ 的运算 $\oplus$ 称为 "加法" 运算, 根据 $\oplus$ 的负元律的意义及记号, 可得 G 上的 "减法" 运算 $\ominus$: $\forall a, b \in G, a \ominus b = a \oplus (-b)$. 因此, 在例 1.9 的整数群 $(\mathbf{Z}, +)$ 中既可以做加法, 也可以做减法.

例 1.10 给定正整数 $n(n \geqslant 2)$, 考虑集合 $Z_n = \{0, 1, \cdots, n-1\}$. 在 Z_n 上定义运算

$+$	0	1	2	$\cdots$	$n-2$	$n-1$
0	0	1	2	$\cdots$	$n-2$	$n-1$
1	1	2	3	$\cdots$	$n-1$	0
2	2	3	4	$\cdots$	0	1
$\vdots$	$\vdots$	$\vdots$	$\vdots$		$\vdots$	$\vdots$
$n-2$	$n-2$	$n-1$	0	$\cdots$	$n-4$	$n-3$
$n-1$	$n-1$	0	1	$\cdots$	$n-3$	$n-2$

则 $(Z_n,+)$ 构成交换群.

事实上, 由运算表定义的 $+$ 运算, 就是 Z_n 中的两个元素之和以 n 为模的余数, 即 $\forall x,y \in Z_n, z = x+y$ 为 $x+y \equiv z(\mod n)$.

(1) 根据运算表的对称性得知, $+$ 运算满足交换律;

(2) $\forall a,b,c \in Z_n, a+(b+c) \equiv (a+b)+c(\mod n)$, 即 $+$ 运算满足结合律;

(3) 观察运算表的首行和首列可知 0 是 $+$ 运算的零元;

(4) $\forall a \in Z_n$ 且 $a \neq 0$, a 的负元为 $n-a$.

$(Z_n,+)$ 称为模 n 的**剩余类加群**.

1.2.2 环

定义 1.4 若代数 $(R,\oplus,\odot)$ 的二元运算 $\oplus$ 和 $\odot$ 具有如下性质, 则称 R 为一个**环**.

(1) R 对于运算 $\oplus$ 构成交换群.

(2) 运算 $\odot$ 的结合律: $\forall a,b,c \in R, a \odot (b \odot c) = (a \odot b) \odot c$.

(3) 运算 $\odot$ 对 $\oplus$ 的分配律: $\forall a,b,c \in R, a \odot (b \oplus c) = (a \odot b) \oplus (a \odot c)$ 且 $(b \oplus c) \odot a = (b \odot a) \oplus (c \odot a)$.

例 1.11 整数集 $\mathbf{Z}$ 对于数的加法和乘法构成的代数 $(\mathbf{Z},+,\cdot)$ 构成一个环, 常称为**整数环**. 有理数集 $\mathbf{Q}$、实数集 $\mathbf{R}$ 以及复数集 $\mathbf{C}$ 对于数的加法和乘法构成的代数也分别构成一个环.

练习 1.5 $\mathbf{N}$ 为全体自然数的集合, 代数 $(\mathbf{N} \cup \{0\},+,\cdot)$ 是否构成一个环? 其中 $+$ 和 $\cdot$ 分别表示数的加法和乘法.

(参考答案: 否. 提示: $(\mathbf{N} \cup \{0\},+)$ 不满足负元律, 不能构成一个群)

常将环 $(R,\oplus,\odot)$ 的运算 $\odot$ 称为 "乘法". 虽然在环 R 中可以进行 "加法""减法"("加法" 的逆运算) 和 "乘法", 但未必能进行 "除法"——"乘法" 的逆运算.

1.2.3 域

定义 1.5 若代数 $(F,\oplus,\odot)$ 的二元运算 $\oplus$ 和 $\odot$ 具有如下性质, 则称 F 为一个**域**.

(1) F 对于 $\oplus$ 和 $\odot$ 构成一个环.

(2) $\odot$ 的交换律: $\forall a,b \in F, a \odot b = b \odot a$.

(3) $\odot$ 的幺元律: $\exists e \in F$ 称为**幺元**, 使得 $\forall a \in F, e \odot a = a \odot e = a$.

(4) $\odot$ 的逆元律: $\forall a \in F$ 且 $a \neq o, \exists b \in F$ 称为 a 的**逆元**, 使得 $a \odot b = b \odot a = e$. 非零元素 a 的逆元常记为 a^{-1}.

例 1.12 在例 1.8 的交换群 $(B, \oplus)$ 的基础上添加 B 上的与运算 $\wedge$(参见例 1.6), 即在 B 上有两个二元运算:

$\oplus$	0	1
0	0	1
1	1	0

$\wedge$	0	1
0	0	0
1	0	1

由例 1.8 得知, $(B, \oplus)$ 构成一个交换群.

由例 1.6 得知, B 上的与运算 $\wedge$ 满足交换律和结合律, 且 1 是其幺元. 根据运算表可知, B 中唯一的非零元素 1 的逆元是其本身. 最后构造真值表

b_1	b_2	b_3	$b_1 \wedge b_2$	$b_1 \wedge b_3$	$b_2 \oplus b_3$	$b_1 \wedge (b_2 \oplus b_3)$	$(b_1 \wedge b_2) \oplus (b_1 \wedge b_3)$
0	0	0	0	0	0	0	0
0	0	1	0	0	1	0	0
0	1	0	0	0	1	0	0
0	1	1	0	0	0	0	0
1	0	0	0	0	0	0	0
1	0	1	0	1	1	1	1
1	1	0	1	0	1	1	1
1	1	1	1	1	0	0	0

根据观察, 最后两列数据完全一致, 可知与运算 $\wedge$ 对异或运算 $\oplus$ 具有分配律.

综上所述, $(B, \oplus, \wedge)$ 构成一个域.

例 1.13 根据域的定义, 不难验证代数 $(\mathbf{Q}, +, \cdot)$、$(\mathbf{R}, +, \cdot)$ 和 $(\mathbf{C}, +, \cdot)$ 都构成域, 分别称为**有理数域**、**实数域**和**复数域**. 但是, 在整数环 $(\mathbf{Z}, +, \cdot)$ 中, 任何非零元素对乘法运算没有逆元, 故不能构成域.

由域 $(F, \oplus, \odot)$ 中 "乘法" $\odot$ 的逆元律得知, 对 F 中的任一元素 a 及非零元素 b, 可进行 "除法" 运算 $\oslash$: $a \oslash b = a \odot b^{-1}$. 也就是说, 在域 $(F, \oplus, \odot)$ 中可以进行 "加""减""乘""除" 四则运算. 这完全符合我们对有理数域 $(\mathbf{Q}, +, \cdot)$、实数域 $(\mathbf{R}, +, \cdot)$ 及复数域 $(\mathbf{C}, +, \cdot)$ 的认知.

1.2.4 线性代数

定义 1.6 设 $(A, +)$ 为一个交换群, 运算 "+" 称为加法. P 为一个数域, 若 $\forall \lambda \in P$, $\forall a \in A$, 对应唯一的元素 $b \in A$, 记为 $\lambda \cdot a$, 即

$$b = \lambda \cdot a.$$

常称 "·" 为数与 A 中元素的乘法, 简称**数乘法**[①]. 数乘运算满足下列性质.

(1) 交换律: $\lambda \cdot a = a \cdot \lambda$.

(2) 结合律: $(\lambda\mu) \cdot a = \lambda \cdot (\mu \cdot a)$.

(3) 对数的加法 $+$ 的分配律: $(\lambda + \mu) \cdot a = \lambda \cdot a + \mu \cdot a$.

(4) 对元素的加法 $+$ 的分配律: $\lambda \cdot (a + b) = \lambda \cdot a + \lambda \cdot b$[②].

A 中元素的加法运算 "$+$" 连同数乘运算 "·" 统称为**线性运算**. 定义了线性运算的集合 A 称为数域 P 上的一个**线性代数**或**线性空间**, 记为 $(A(P), +, \cdot)$.

例 1.14 设 P 为一数域, $n \in \mathbf{N}$, 由符号 x 和常数 $a_0, a_1, \cdots, a_{n-1} \in P$ 构成的表达式

$$a_0 + a_1 x + \cdots + a_{n-1} x^{n-1}$$

称为数域 P 上 x 的**一元多项式**, 简称为多项式. 其中, 符号 x 称为**变元**, $a_i x^i$ 称为 i 次项, a_i 为 i 次项的**系数**, $i = 0, 1, 2, \cdots, n-1$. 非零系数的最大下标 $k(k < n)$, 称为多项式的**次数**. $k = 0$ 时, 0 次多项式为一常数 $a_0 \neq 0$. 定义常数 0 为特殊的**零多项式**, 零多项式是唯一没有次数的多项式. 本书规定零多项式的次数为 -1. 常用 $f(x), g(x), \cdots$ 表示多项式. 数域 P 上所有次数小于 $n \in \mathbf{N}$ 的一元多项式构成的集合记为 $P[x]_n$. 两个多项式 $f(x), g(x) \in P[x]_n$, $f(x) = g(x)$, 当且仅当两者同次项的系数相等, 即 $a_i = b_i$, $i = 0, 1, \cdots, n-1$.

设 $f(x) = \sum_{i=0}^{n-1} a_i x^i, g(x) = \sum_{j=0}^{n-1} b_j x^j \in P[x]_n$, 定义加法

$$f(x) + g(x) = \sum_{i=0}^{n-1} (a_i + b_i) x^i \in P[x]_n.$$

例如, $f(x) = 1 - 2x + x^2$, $g(x) = -\dfrac{1}{2}x + \dfrac{1}{3}x^3$, 则 $f(x) + g(x) = 1 - \dfrac{5}{2}x + x^2 + \dfrac{1}{3}x^3$. 由于多项式的系数来自数域 P, 所以满足加法的结合律和交换律; 零多项式 $0 \in P[x]_n$ 为加法的零元; 对任一非零多项式 $f(x)$ 的所有系数取相反数, 构成的同次多项式记为 $-f(x)$, 为 $f(x)$ 的负元. 所以 $(P[x]_n, +)$ 构成一个交换群.

对任意实数 $k \in P$ 及 $f(x) \in P[x]_n$, 定义数乘法

$$k \cdot f(x) = \sum_{i=0}^{n-1} k a_i x^i \in P[x]_n.$$

例如, $k = 1.5$, $g(x) = -\dfrac{1}{2}x + \dfrac{1}{3}x^3$, 则 $k \cdot g(x) = -0.75x + 0.5x^3$. 由于 k 和多项式的系数均来自数域 P, 故对于 k 与多项式系数的乘法满足交换律和结合律, 且数乘法对加法满足分配律. 所以 $(P[x]_n, +, \cdot)$ 构成一个线性空间.

---

① 准确地说, 数乘运算 "·" 是 $P \times A$ 到 A 的一个二元映射.

② 此处因 P 为数域, 故自身具有加法 (运算符仍用 "$+$") 和乘法 (连写, 不用运算符) 运算, 注意在上下文中与 A 中元素的加法和数乘运算加以区别.

例 1.15 区间 $[a,b] \subseteq \mathbf{R}$ 上的实值可积函数全体记为 $\mathbf{R}[a,b]$. 根据高等数学①知, $\forall f(x)$, $g(x) \in \mathbf{R}[a,b]$, 函数的和 $f(x) + g(x) \in \mathbf{R}[a,b]$, $\forall \lambda \in \mathbf{R}$, 数乘运算为 $\lambda \cdot f(x) \in \mathbf{R}[a,b]$. 由于 $\mathbf{R}[a,b]$ 中的任一 $f(x)$ 为实值可积函数, 即函数值均为实数, 而 $\mathbf{R}$ 为一个域, 故有以下结论.

(1) 对于函数的加法, 满足交换律、结合律. 零值函数 $o(x) = 0$ (0 为零元), $\forall f(x) \in \mathbf{R}[a,b]$, $-f(x) \in \mathbf{R}[a,b]$, 且 $f(x) + (-f(x)) = f(x) - f(x) = 0$, 即 $f(x)$ 有负元. 所以 $(\mathbf{R}[a,b], +)$ 构成一个交换群.

(2) 对于数与函数的乘法, $\forall \lambda, \mu \in \mathbf{R}$, 满足 $\lambda \cdot f(x) = f(x) \cdot \lambda$, $(\lambda \cdot \mu) \cdot f(x) = \lambda \cdot (\mu \cdot f(x))$, $\lambda \cdot (f(x) + g(x)) = \lambda \cdot f(x) + \lambda \cdot g(x)$, $(\lambda + \mu) \cdot f(x) = \lambda \cdot f(x) + \mu \cdot f(x)$.

综上所述, $(\mathbf{R}[a,b], +, \cdot)$ 构成一个线性代数 (线性空间).

1.2.5 子代数与代数的同构

定义 1.7 设 $f_1, f_2, \cdots, f_m$ 为定义在非空集合 A 上的运算, $(A, f_1, f_2, \cdots, f_m)$ 为一代数系统. $B \subseteq A$ 且非空, 若 $(B, f_1, f_2, \cdots, f_m)$ 也构成一个代数系统, 且运算 $f_i, i = 1, 2, \cdots, m$ 保持在 A 中的所有性质, 称 B 为 A 的一个**子代数系统**, 简称为**子代数**.

例 1.16 $(\mathbf{Z}, +)$ 是 $(\mathbf{Q}, +)$ 的子群, $(\mathbf{Q}, +, \cdot)$ 是 $(\mathbf{R}, +, \cdot)$ 的子域, $(\mathbf{R}, +, \cdot)$ 是 $(\mathbf{C}, +, \cdot)$ 的子域. 但 $(\mathbf{Z}, +, \cdot)$ 是 $(\mathbf{Q}, +, \cdot)$ 的子环而不是 $(\mathbf{Q}, +, \cdot)$ 的子域, 因为数乘法 "$\cdot$" 在 $\mathbf{Z}$ 中不具有在 $\mathbf{Q}$ 中的逆元律. 由于集合的包含关系 $\subseteq$ 具有传递性, 因此子代数的关系也有传递性. 如 $(\mathbf{Q}, +, \cdot)$ 也是 $(\mathbf{C}, +, \cdot)$ 的子域.

由定义 1.7 及例 1.15 可知, $B \subseteq A$ 且非空, 要判断 $(B, f_1, f_2, \cdots, f_m)$ 是否为代数系统 $(A, f_1, f_2, \cdots, f_m)$ 的子代数, 需同时考察两个条件:

(1) 运算 $f_i, i = 1, 2, \cdots, m$ 对子集 B 是封闭的;

(2) 在子集 B 中, 运算 $f_i, i = 1, 2, \cdots, m$ 保持在 A 中的所有性质.

然而, 对线性代数 (线性空间) 而言, 有如下定理.

定理 1.1 设 $(A(P), +, \cdot)$ 为数域 P 上的一个线性代数, $B \subseteq A$ 且非空, $(B(P), +, \cdot)$ 为 $(A(P), +, \cdot)$ 的一个子线性代数 (子线性空间) 的充分必要条件是加法 "$+$" 和数乘法 "$\cdot$" 对 B 是封闭的.

证明 条件的必要性不证自明, 下面证明充分性. 由运算的封闭性可知, 加法 "$+$" 的交换律、结合律, 数乘法 "$\cdot$" 的结合律及对加法的分配律在 B 中都是保持的. 由于 P 是数域, 因此 $0 \in P$. 又由于数乘法 "$\cdot$" 对 B 是封闭的, 因此 $\forall \beta \in B$, $0 \cdot \beta = o \in B$, 即 B 含有零元. 另外, $1 \in P$, 必有 $-1 \in P$, $\forall \beta \in B$, 有 $-1 \cdot \beta = -\beta \in B$ 使得 $\beta + (-\beta) = o$, 即 β 在 B 中有负元. 如此, $(B, +)$ 构成交换群, 加之数乘法所满足的所有性质可知 $(B(P), +, \cdot)$ 是一个线性代数 (线性空间), 故它为 $(A(P), +, \cdot)$ 的一个子线性代数 (子线性空间).

例 1.17 由例 1.15 知, 区间 $[a,b] \subseteq \mathbf{R}$ 上的实值可积函数全体 $\mathbf{R}[a,b]$ 对函数的加法 "$+$" 和实数与函数的数乘法 "$\cdot$" 构成线性代数 (线性空间) $(\mathbf{R}[a,b], +, \cdot)$. 记区间 $[a,b] \subseteq \mathbf{R}$

---

① 见参考文献 [1].

上的实值连续函数全体为 $\mathbf{R}[a,b]_{\mathrm{c}}$, 则 $\mathbf{R}[a,b]_{\mathrm{c}} \subseteq \mathbf{R}[a,b]$ 且非空[①]. 根据高等数学知识[②], 实值连续函数对函数的加法和实数与函数的数乘法是封闭的. 根据定理 1.1, $(\mathbf{R}[a,b]_{\mathrm{c}},+,\cdot)$ 是 $(\mathbf{R}[a,b],+,\cdot)$ 的一个子线性代数 (子线性空间).

定义 1.8 设两个代数系统 $(A,f_1,\cdots,f_m)$ 和 $(B,g_1,\cdots,g_m)$ 均具有 m 个 m_i 元运算 f_i 和 g_i, $i=1,2,\cdots,m$. 若存在 A 到 B 的 "1-1" 映射 σ, 使得对每一对运算 f_i 和 g_i, $i=1,2,\cdots,m$, $\forall x_1,x_2,\cdots,x_{m_i} \in A$, 有

$$f_i(x_1,x_2,\cdots,x_{m_i}) \overset{\sigma}{\longleftrightarrow} g(\sigma(x_1),\sigma(x_2),\cdots,\sigma(x_{m_i})),$$

即 σ 下 A 中原像的运算结果对应 B 中像的运算结果. 称 $(A,f_1,\cdots,f_m)$ 与 $(B,g_1,\cdots,g_m)$ **同构**. σ 称为 $(A,f_1,\cdots,f_m)$ 与 $(B,g_1,\cdots,g_m)$ 之间的**同构映射**.

例 1.18 考虑例 1.7 中模 4 的剩余类加群 $(\mathbf{Z}_4,+)$ 以及代数系统 $(A,+)$, 其中 $A = \{a,b,c,d\}$. 两者的加法运算表为

+	0	1	2	3
0	0	1	2	3
1	1	2	3	0
2	2	3	0	1
3	3	0	1	2

+	a	b	c	d
a	a	b	c	d
b	b	c	d	a
c	c	d	a	b
d	d	a	b	c

不难验证 $(A,+)$ 也是一个交换群. 建立 $\mathbf{Z}_4$ 与 A 的 "1-1" 映射 σ 为

$$0 \overset{\sigma}{\longleftrightarrow} a, 1 \overset{\sigma}{\longleftrightarrow} b, 2 \overset{\sigma}{\longleftrightarrow} c, 3 \overset{\sigma}{\longleftrightarrow} d,$$

则 $(A,+)$ 的加法运算表等价于

+	$\sigma(0)$	$\sigma(1)$	$\sigma(2)$	$\sigma(3)$
$\sigma(0)$	$\sigma(0)$	$\sigma(1)$	$\sigma(2)$	$\sigma(3)$
$\sigma(1)$	$\sigma(1)$	$\sigma(2)$	$\sigma(3)$	$\sigma(0)$
$\sigma(2)$	$\sigma(2)$	$\sigma(3)$	$\sigma(0)$	$\sigma(1)$
$\sigma(3)$	$\sigma(3)$	$\sigma(0)$	$\sigma(1)$	$\sigma(2)$

即 σ 下 $\mathbf{Z}_4$ 中原像的运算结果对应 A 中像的运算结果. 所以, $(\mathbf{Z}_4,+)$ 与 $(A,+)$ 同构.

以代数学的观点, 同构的代数系统被视为等同的, 只需研究其中之一, 研究结果适用于所有与之同构的代数系统.

---

① 见参考文献 [1] 第 295 页定理 2 后目 1.

② 见参考文献 [1] 第 119 页定理 1.

1.3 Python 解法

1.3.1 Python 的数系

Python 作为计算机程序设计语言, 受计算机物理结构的限制, 无法表示出完整的整数集 $\mathbf{Z}$、有理数集 $\mathbf{Q}$、实数集 $\mathbf{R}$ 及复数集 $\mathbf{C}$. 然而, Python 所模拟的 $\mathbf{Z}$、$\mathbf{Q}$、$\mathbf{R}$ 和 $\mathbf{C}$ 在大多数实际应用中可以满足需求.

具体地说, Python 中的整数取值范围仅受计算机内存容量的限制, 而不受 CPU(Central Processing Unit, 中央处理器) 字长的限制. Python 的浮点数的精度和取值范围均受 CPU 字长的限制. 以 float64 为例, 其有效数字位数为 15 或 16, 取值范围为 $-1.7 \times 10^{38} \sim 1.7 \times 10^{38}$. 也就是说, Python 以 16 位有效数字的有理数的集合模拟 $\mathbf{Q}$ 乃至 $\mathbf{R}$. Python 还内置了复数类型 $a + bj$ 来模拟复数集 $\mathbf{C}$, 其中 j 表示虚数单位. a 和 b 分别表示复数的实部和虚部, 为浮点数. Python 将整数、浮点数和复数统称为**数字型**数据.

表 1.1 中的运算可用于所有数字型数据上. 需要说明的是 (4) 商运算 "/" 和 (5) 整商运算 "//", 前者运算的结果是浮点数, 而后者的运算结果是整数. Python 中, 整数不含小数, 浮点数含小数. Python 根据用户输入的数据或表达式计算结果自动判断其数据类型, 请看下面的例子.

表 1.1 数字型数据的常用运算

序号	运算	运算结果	备注
(1)	x + y	x 和 y 的和	
(2)	x − y	x 减 y 的差	
(3)	x * y	x 和 y 的乘积	
(4)	x / y	x 除 y 的商	
(5)	x // y	x 除 y 商的整数部分	$\lfloor x/y \rfloor$
(6)	x % y	x / y 的余数	x-(x//y)*y
(7)	x ** y	x 的 y 次幂	
(8)	-x	x 取反	单目运算
(9)	+x	x 不变	单目运算

例 1.19 Python 中数字型数据的算术运算.

程序 1.1 **Python 的数字型数据**

```
1   a=4                      #整数
2   b=3                      #整数
3   c=a+b                    #整数
4   print(c,type(c))
5   c=a/b                    #浮点数
6   print(c,type(c))
7   c=a//b                   #整数
8   print(c,type(c))
9   b=3.0                    #浮点数
10  c=a+b                    #浮点数
11  print(c,type(c))
```

```
12   a=0.1+0.2                    #浮点数 (0.1+0.2)
13   b=0.3                        #浮点数 (0.3)
14   print(a= =b)                 #浮点数相等判断
15   print(abs(a−b)<1e−10)        #浮点数比较
16   a=1+2j                       #复数
17   c=a/b                        #复数
18   print(c,type(c))
```

程序的第 1、2 行输入整数 4 和 3(没有小数) 赋予变量 a 和 b. 注意, Python 用 "=" 作为为变量赋值的运算符, 判断两个数据是否相等的比较运算符为 "==". 第 3 行将运算得到的 a 与 b 的和 a+b 赋予变量 c, 由于加法运算对整数是封闭的 (运算结果仍为整数), 故 c 亦为整数. 第 4 行输出 c.

第 5 行将 a 与 b 的商 a/b 赋予 c, 由于整数集 **Z** 构成环 (参见例 1.11), 而不构成域 (参见例 1.13), 故对于除法运算不是封闭的. 此时, c 自动转换为浮点数. 第 6 行输出 c.

第 7 行将 a 与 b 的整数商 a//b(即 $\lfloor a/b \rfloor$) 赋予 c. 此时, 运算结果为整数. 故 c 为整数. 第 8 行输出 c.

在表达式中既有整数又有浮点数混合运算时, Python 会将表达式中的整数计算成分自动转换成浮点数, 运算的结果自然为浮点数. 第 9 行将浮点数 3.0(带小数) 赋予 b, 第 10 行将 a 与 b 的和 a+b 赋予 c. 注意此时 a 是整数 (4), b 是浮点数 (3.0), 故 c 是浮点数. 第 11 行输出 c.

第 12 行将浮点数 0.1 与 0.2 的和赋予 a, 第 13 行将浮点数 0.3 赋予 b. 第 14 行输出相等比较表达式 a==b 的值: 若 a 的值与 b 的值相等, 该值为 "True", 否则为 "False". 第 15 行输出小于比较表达式 abs(a−b)<1e−10, 即 $|a-b| < \dfrac{1}{10^{10}}$ 的值: 若 a 与 b 的差的绝对值小于 $\dfrac{1}{10^{10}}$, 该值为 "True", 否则为 "False". 按常识, 这两个判断输出的值应该都是 "True". 但是, a 和 b 存储的是浮点数, 它们只有有限个有效位, 在有效位范围之外的情形是无法预测的. a 作为 0.2(带有无效位) 与 0.3(带有无效位) 的和, 将两个浮点数所带的无效位通过相加传递给运算结果, 产生了和的无效位, 这可能会产生 "放大" 无效位效应. 事实上, 将其与存储在 b 中的浮点数 0.3 进行相等比较 (第 14 行), 得出的结果是 "False". 为正确地比较两个浮点数 a 和 b 是否相等, 采用第 15 行的办法: 计算两者差的绝对值 abs(a−b), 考察其值是否 "很小"——小于一个设定的 "阈值", 此处为 $\dfrac{1}{10^{10}}$ 即 (1e−10), 此时结果为 "True". 第 16 行将复数 1+2j 赋予变量 a, 虽然输入的实部 1 和虚部 2 均未带小数, 但 Python 会自动将其转换成浮点数. 第 17 行将算得的 a/b 赋予 c, 第 18 行输出 c.

运行程序, 输出

```
7 <class 'int'>
1.3333333333333333 <class 'float'>
1 <class 'int'>
7.0 <class 'float'>
False
True
(0.3333333333333333+0.6666666666666666j) <class 'complex'>
```

注意, 本例输出每一个数据项, 同时显示该数据项的类型.

所有的有理数都可以表示成分数. Python 有一个附加的分数类 Fraction, 用于精确表示有理数.

例 1.20　有理数的精确表示.

程序 1.2　Python 的分数

```
1  from fractions import Fraction as F      #导入Fraction
2  a = F(4,1)                               #4的分数形式
3  b = F(3)                                 #3的分数形式
4  c = a/b                                  #分数4/3
5  print(c)
6  d = F(1/3)                               #用浮点数初始化分数对象
7  print(d)                                 #输出分数近似值
8  print(d.limit_denominator())            #最接近真值的分数
```

分数用 Fraction 的初始化函数创建, 其调用格式为

$$\text{Fraction}(d, v).$$

参数 d 和 v 分别表示分数的分子和分母. 整数的分母为 1, 可以省略. 程序中的第 1 行导入 Fraction, 为简化代码书写, 为其取别名为 F. 第 2、3 行分别将 4 和 3 以分数形式赋予变量 a 和 b. 前者以分子、分母方式输入, 后者省略分母 1. 第 4 行计算 a 与 b 的商 a/b 并将其赋予 c. 第 5 行输出 c. 第 6 行用浮点数 1/3 初始化分数对象并将其赋予有理数 d, 第 7 行输出 d, 它是无穷小数 0.3333······的近似值. 第 8 行调用 Fraction 对象的成员方法 limit_denominator, 算得最接近 0.3333······的分数, 即 1/3. 运行程序, 将输出

```
4/3
6004799503160661/18014398509481984
1/3
```

读者可将此与程序 1.1 中输出的相应数据项进行对比.

1.3.2　Python 的布尔代数和位运算

1. 布尔代数

Python 中所有的关系运算结果均为布尔值: 非 True 即 False. 其常用关系运算符罗列在表 1.2 中.

表 1.2　常用关系运算符

序号	运算符	含义
(1)	<	严格小于
(2)	<=	小于或等于
(3)	>	严格大于
(4)	>=	大于或等于
(5)	==	等于
(6)	!=	不等于
(7)	**in**	元素在集合内

Python 可实现例 1.6 中讨论的布尔代数 $(B, \vee, \wedge, \neg)$. 其中, $B = \{\text{True}, \text{False}\}$. 分别用运算符 "**or**""**and**" 和 "**not**" 表示 $\vee$、$\wedge$ 和 $\neg$. 关系运算和布尔代数是程序设计中循环和分支语句的 "灵魂", 在下面的例子中可见一斑.

例 1.21 例 1.14 中讨论了数域 P 上的多项式集合 $P[x]_n$. 我们知道, 系数序列 $[a_0, a_1, \cdots, a_{n-1}]$ 确定了 $f(x) = a_0 + a_1 x + \cdots + a_{n-1} x^{n-1} \in P[x]_n$. 希望用 Python 根据存储在数组 a 中的系数序列, 输出表示对应的多项式表达式的字符串:

$$a[0]+a[1]\cdot x+a[2]\cdot x^{**}2+...+a[n-1]\cdot x^{**}(n-1).$$

其中, a[i] 表示多项式的 i 次项系数 a_i 在数组 a 中的第 i 个元素值. 约定: 零多项式的系数序列为空 "[ ]".

解 解决本问题需考虑如下几个关键点:

(1) 零多项式需特殊处理;

(2) 常数项, 也就是 0 次项不带字符 x 的幂;

(3) 1 次项的字符 x 不带幂指数, 即输出 a[1]·x;

(4) 负系数自带与前项的连接符 "$-$", 非负系数需在前面加入连接符 "$+$";

(5) 从 2 次项起, 各项输出的规律相同, 即 a[i]·x**i.

Python 中的 list 对象和 NumPy 的 array 对象均可作为存储序列的数组, 解决本问题的 Python 代码如下.

pdf 22

程序 1.3 构造多项式表达式

```
1   import numpy as np                          #导入 NumPy
2   from fractions import Fraction as F          #导入 Fraction
3   def exp(a):                                  #多项式表达式
4       n=len(a)                                 #系数序列长度
5       s=' '                                    #初始化空字符串
6       if n==0:                                 #零多项式
7           s=s+'0'
8       else:                                    #非零多项式
9           for i in range(n):                   #对每一项
10              if i==0:                         #常数项
11                  s=s+'%s '%a[i]
12              if i==1 and a[i]>=0:             #非负 1 次项
13                  s=s+'+%s·x '%a[i]
14              if i==1 and a[i]<0:              #负 1 次项
15                  s=s+'%s·x '%a[i]
16              if i>1 and a[i]>=0:              #非负项
17                  s=s+'+%s·x**%d '%(a[i],i)
18              if i>1 and a[i]<0:               #负项
19                  s=s+'%s·x**%d '%(a[i],i)
20      return s                                 #返回表达式
21  a=[1,-2,1]
22  b=[F(0),F(-1,2),F(0),F(1,3)]
23  c=np.array([0.0,-0.5,0.0,1/3])
24  d=[]
25  print(exp(a))
```

26   **print**(exp(b))
27   **print**(exp(c))
28   **print**(exp(d))

  本程序中将完成功能的代码组织成一个自定义函数——一个可以按名调用的模块. Python 的函数定义语法是

def 函数名 (形式参数表)：
  函数定义体

  本程序中第 3~20 行定义的函数名为 exp, 形式参数表中仅含的一个参数表示存储多项式系数序列的数组 a. 函数定义体内罗列出函数处理数据的操作步骤. exp 函数中, 第 4 行调用 Python 的 len 函数计算数组 a 的长度, 即所含元素个数, 并将其赋予变量 n. Python 中的字符串类型实现了例 1.5 中讨论的代数系统 $(\Sigma^*, +)$, 其中 Σ 为 ASCII 符号集, $+$ 运算符用于连接两个字符串. Python 的字符串常量是用单引号括起来的字符序列. 第 5 行将表达式串初始化为空字符串. 第 6~19 行的 **if-else** 分支语句根据 a 的长度是否为 0 分别处理零多项式和非零多项式. 对于零多项式, 第 7 行直接将单字符串 '0' 添加到空字符串 s 之后. 处理非零多项式的第 9~19 行的 **for** 循环语句, 扫描数组 a, 处理多项式的每一项. 第 10、11 行的 **if** 语句处理常数项, 注意第 11 行中连接到 s 尾部的 '%s'%a[i] 称为格式串, 串中 '%s' 称为格式符, 意为以串中指定的格式加载单引号后面的数据项 a[i]. 格式串的一般形式为

'含格式符的串'%(数据项表).

含格式符的串中格式符的个数与数据项表中数据项的个数必须相同, 若数据项表中仅有一个数据项, 括号可省略, 如第 11 行中的格式串. 常用格式符包含表示字符串的格式符%s, 表示十进制整数的格式符%d, 表示十进制浮点数的格式符%f, 等等. 类似地, 第 12、13 行处理非负 1 次项; 第 14、15 行处理负 1 次项; 第 16、17 行处理以后的非负项; 第 18、19 行处理负项. 循环结束, 第 20 行返回字符串 s.

  程序的第 21 行用 list 对象 a 表示多项式 $1 - 2x + x^2$ 的系数序列 $[1, -2, 1]$, 其中的元素为整数; 第 22 行用 list 对象 b 表示多项式 $-\dfrac{1}{2}x + \dfrac{1}{3}x^3$ 的系数序列, 元素类型为 Fraction; 第 23 行用 NumPy 的 array 对象 c 的数组 array([0.0,-0.5,0.0,1/3]) 表示多项式 $-\dfrac{1}{2}x + \dfrac{1}{3}x^3$ 的系数序列, 注意 NumPy 的 array 对象可以用 list 对象 [0.0,-0.5,0.0,1/3] 初始化; 第 24 行用空的 list 对象 d 表示零多项式系数序列. 第 25~28 行分别调用 exp 函数和 print 函数输出 a、b、c、d 的表达式. 运行程序, 输出

1−2・x+1・x**2
0−1/2・x+0・x**2+1/3・x**3
0.0−0.5・x+0.0・x**2+0.3333333333333333・x**3
0

  练习 1.6 程序 1.3 定义的构造多项式表达式的函数 exp 并不理想：它将系数为 0 的项也表示在表达式中, 显得有点笨拙. 修改 exp, 在所创建的表达式中忽略系数为 0 的项. (参考答案: 见文件 chapter01.ipynb 中相应的代码)

2. 位运算

Python 中整数在计算机内部是按二进制格式存储的, 每一位非 0 即 1. 因此, 每一位都构成了例 1.6 中的布尔代数 $(B, \vee, \wedge, \neg)$ 以及例 1.12 中的域 $(B, \oplus, \wedge)$. 两个整数 x 与 y 的位运算指的是: 若 x 与 y 的二进制位数相同则对应位进行相应的运算, 否则对齐最低位, 位数少的高位补 0, 然后对应位进行相应运算. Python 的位运算如表 1.3 所示.

表 1.3　Python 的位运算

序号	运算	运算结果	备注
(1)	x|y	x 和 y 按位或	$\vee$
(2)	x^y	x 和 y 按位异或	$\oplus$
(3)	x&y	x 和 y 按位与	$\wedge$
(4)	~x	对 x 带符号位的补码逐位取反后的补码	
(5)	x<<n	x 左移 n 位	n 必须是非负整数
(6)	x>>n	x 右移 n 位	n 必须是非负整数

需要说明的是:

(1) ~x 并非对整数 x 的二进制原码逐位取反, 要实现整数原码逐位取反只需对每一位与 1 做异或运算即可 (参见例 1.8);

(2) 左移运算表示将整数 x 向左每移动一个二进制位, 右端添加一位 0, 即 x<<n 相当于将 x 乘 2^n. 相仿地, x>>n 相当于将 x 除以 2^n.

int 对象的函数 bit_length 用于计算并返回整数的二进制表达式的长度 (位数), 例如, 设 a 中整数为 286, 则 a.bit_length() 将返回 9. 注意, $2^n - 1$ 的二进制表达式为 $\underbrace{11\cdots1}_{n}$. Python 的 bin 函数用于将整数转换成二进制表达式, 例如, bin(2**8-1) 将返回字符串 '0b11111111'.

例 1.22　下列代码说明这些运算符的运用.

程序 1.4　Python 的位运算

```
1   a=17
2   b=21
3   print('a=%s'%bin(a))                        #a的二进制表达式
4   print('b=%s'%bin(b))                        #b的二进制表达式
5   print('a<<2=%s , %d'%(bin(a<<2),a<<2))      #a左移2位
6   print('b>>2=%s , %d'%(bin(b>>2),b>>2))      #b右移2位
7   print('a|b=%s'%bin(a|b))                    #a与b按位或
8   print('a&b=%s'%bin(a&b))                    #a与b按位与
9   print('a^b=%s'%bin(a^b))                    #a与b按位异或
10  print('~a=%s'%bin(~a))                      #a的带符号位补码逐位取反后的补码
11  n=a.bit_length()                            #a的二进制表达式的位数
12  b=2**n-1
13  print('a逐位取反=%s'%bin(a^b))              #a的原码逐位取反
```

程序的第 1、2 行设置两个整数变量, 分别初始化为 17 和 21. 第 3、4 行分别调用 bin 函数以二进制格式输出 a 和 b. 第 5 行输出 a 左移 2 位后的二进制表达式和十进制表达式.

第 6 行输出 b 右移 2 位后的二进制表达式和十进制表达式. 第 7 行输出 a 与 b 的按位或的计算结果. 第 8 行输出 a 与 b 的按位与的计算结果. 第 9 行输出 a 与 b 的按位异或的计算结果. 第 10 行对 a 的带符号位的补码逐位取反: a 的原码 10001 的最高位之前还有一个符号位, 由于 a 是整数, 故符号位为 0, 即

$$0|10001.$$

正整数的反码和补码就是原码, 逐位取反后得

$$1|01110,$$

为一负数 (符号位为 1), 其补码是其反码 1|10001 加 1 的结果, 即

$$1|10010.$$

第 11~13 行计算并输出 a 的原码逐位取反的结果: 第 11 行调用整数对象 a 的 bit_length 函数计算 a 的二进制位数并将其赋值给 n, 第 12 行利用 n 算得 n 位均为 1 的二进制整数 $(2^n - 1)$ 并将其赋值给 b, 第 13 行利用 a 与 b 的按位异或得到对 a 的原码逐位取反的结果并将其输出. 运行程序, 输出

```
a=0b10001
b=0b10101
a<<2=0b1000100，68
b>>2=0b101，5
a|b=0b10101
a&b=0b10001
a^b=0b100
~a=-0b10010
a逐位取反=0b1110
```

定理 1.2   给定正整数 $n \in \mathbf{N}$, 记 $B(n) = \{x|x \in \mathbf{Z}, 0 \leqslant x \leqslant 2^n - 1\}$, 即 $B(n)$ 是所有 n 位二进制非负整数构成的集合. 代数系统 $(B(n), \oplus, \wedge)$ 构成一个环. 其中, $\oplus$ 表示 $B(n)$ 中整数的按位异或, $\wedge$ 表示 $B(n)$ 中整数的按位与.

证明   首先, 由整数按位运算的意义可知, $\forall x, y \in B(n)$, $x \oplus y \in B(n)$, $x \wedge y \in B(n)$. 其次根据例 1.8, $B(n)$ 中元素对按位异或 ($\oplus$) 满足交换律、结合律. 0 为零元, $B(n)$ 中任一元素 x 为自身的负元. 按定义 1.3 知, $(B(n), \oplus)$ 构成一个交换群. 根据例 1.6、例 1.8 及例 1.12 知 $\wedge$ 运算具有交换律、结合律以及 $\wedge$ 对 $\oplus$ 具有分配律. $e = 2^n - 1 \in B(n)$ 为关于 $\wedge$ 的幺元, 因为 $\forall x \in B(n), a \wedge e = e \wedge a = a$. 按定义 1.4, $(\mathbf{Z}, \oplus, \wedge)$ 构成一个环.

结合例 1.12 及定理 1.2 得知, $n = 1$ 时 $(B(n), \oplus, \wedge)$ 构成一个域, $n > 1$ 时 $(B(n), \oplus, \wedge)$ 构成一个环.

例 1.23   TCP/IP(Transmission Control Protocol/Internet Protocol, 传输控制协议/互联网协议) 在互联网中的应用是, 每一个节点都有一个 IP 地址. 对 IPv4 而言, 一个 IP 地址 a 就是一个 32 位二进制非负整数, 即 $a \in B(32)$. 为方便记, 通常将此整数的二进制表达式分成 4 节, 每节 8 位 (1 字节), 用点号 "." 隔开. 例如, 一个节点的 IP 地址为整数 3232236047, 其二进制表达式为

$$11000000.10101000.00000010.00001111.$$

第 1 节的 11000000 对应十进制整数 192, 第 2 节的 10101000 对应 168, 第 3 节的 00000010

对应 2, 第 4 节的 00001111 对应 15. 在文献中为简短计, 常将其记为

$$192.168.2.15.$$

TCP/IP 规定每个 IP 地址分成网络号和主机号两部分, 并将所有 $2^{32} = 4294967296$ 个 IP 地址分成 A、B、C、D、E 共 5 类. 常用的 A、B、C 这 3 类地址的定义如表 1.4 所示.

表 1.4　3 类地址的定义

类别	网络号	主机号
A	第 1 字节, 取值范围为 1~126	后 3 字节
B	前 2 字节, 第 1 字节取值范围为 128~191	后 2 字节
C	前 3 字节, 第 1 字节取值范围为 192~223	最后一字节

路由程序用 "掩码" 来分析 IPv4 地址 a 的类型、网络号和主机号. 具体介绍如下:

(1) 掩码 255.0.0.0 与 a 按位与, 然后将结果右移 24 位得到地址的第一字节取值, 以此判断网络类型;

(2) 根据 (1) 得到的网络类型, 设置 A 型网络掩码 m 为 255.0.0.0, B 型网络掩码 m 为 255.255.0.0, C 型网络掩码 m 为 255.255.255.0;

(3) a 与掩码 m 的按位与并将结果右移若干位 (A 类地址右移 24 位, B 类地址右移 16 位, C 类地址右移 8 位) 得网络号;

(4) 对由 (3) 算得的结果逐位取反得 $m1$, 计算 a 与 $m1$ 的按位与结果得到主机号.

下列程序对给定的表示 IPv4 地址的整数 a 判断其网络类型并分析其网络号及主机号.

程序 1.5　IPv4 地址分析

```
1   def ipAnaly(a):
2       b32=2**32-1                 #32位1
3       m=255<<24                   #掩码255.0.0.0
4       t=(a&m)>>24                 #地址的第1字节
5       if 1<=t<=126:               #A类地址
6           t1='A'                  #地址类型
7           n=t                     #网络号
8           m1=m^b32                #掩码255.0.0.0的反码
9           p=a&m1                  #主机号
10      if 128<=t<=191:             #B类地址
11          t1='B'                  #地址类型
12          m=(2**16-1)<<16         #掩码255.255.0.0
13          n=(a&m)>>16             #网络号
14          m1=m^b32                #掩码的反码
15          p=a&m1                  #主机号
16      if 192<=t<=223:             #C类地址
17          t1='C'                  #地址类型
18          m=(2**24-1)<<8          #掩码255.255.255.0
19          n=(a&m)>>8              #网络号
20          m1=m^b32                #掩码的反码
21          p=a&m1                  #主机号
22      return t1, n, p
23  a=2005012608                    #地址119.130.16.128
24  print(ipAnaly(a))
```

```
25    a=2282885253                           #地址136.18.16.133
26    print(ipAnaly(a))
27    a=3321996052                           #地址198.1.163.20
28    print(ipAnaly(a))
```

程序的第 1~22 行定义用于 IP 地址分析的函数 ipAnaly, 该函数仅有一个表示待分析的 IP 地址的整数参数 a. 函数体中, 第 2 行用 $2^{32} - 1$ 设置用于原码求反的有 32 位 1 的整数变量 b32; 第 3 行用 255<<24 将掩码 m 设置为第 1 字节全为 1, 其他全为 0, 即 255.0.0.0, 用于分析地址 a 的第 1 字节以判断地址类型; 第 4 行用按位与 a&m 算出 a 中第 1 字节后面 3 字节全为 0, 然后 a&m>>24 右移 24 位得 a 的第 1 字节值, 将其赋予 t; 第 5~9 行、第 10~15 行、第 16~21 行的 **if** 语句分别就判断算得的 t 而得到的 3 种地址类型分析计算网络号 n 和主机号 p. 以第 10~15 行的 **if** 语句为例加以说明, 对于另外两个情形, 读者可参考代码的解释信息阅读理解. 第 10 行测得地址类型为 B, 第 11 行将字符 'B' 赋予 t1; 第 12 行将掩码 m 设为前两字节为 1, 其余全为 0, 即 255.255.0.0; 第 13 行按位与 a&m 计算 a 的前两字节及后两字节为 0 的字节构成的整数, (a&m)>>16 则将该整数右移 16 位, 得到 a 的前两字节的整数值, 将其赋予网络号 n; 第 14 行按位异或 m^b32 计算 m 的逐位取反结果, 即前两字节为 0 后两字节为 1, 将其赋予 m1; 第 15 行按位与 a^m1 算得 a 的后两字节的值, 将其赋予主机号 p.

第 23、24、25、26 和 27、28 行分别对表示 IP 地址的整数 2005012608(119.130.16.128)、2282885253(136.18.16.133) 和 3321996052(198.1.163.20) 调用函数 ipAnaly 分析地址的类型、网络号及主机号并将其输出. 运行程序, 输出

```
('A', 119, 8523904)
('B', 34834, 4229)
('C', 12976547, 20)
```

1.3.3　自定义代数系统

Python 是一门面向对象的程序设计语言, 可以用类的定义方式来自定义代数系统: 定义类中对象 (集合元素) 所具有的属性以及对象间的运算. Python 为顶层抽象类保留了对应各种运算符的虚函数, 我们只需在类的定义中重载所需的运算符虚函数就可使用它们.

例 1.24　考虑用 Python 实现例 1.14 中定义的多项式线性空间 $(P[x]_n, +, \cdot)$.

首先, 定义多项式类 myPoly.

程序 1.6　多项式类的定义

```
1    import numpy as np                      #导入NumPy
2    class myPoly:                           #多项式类
3        def __init__(self, coef):           #初始化函数
4            c=np.trim_zeros(coef,trim='b')  #删除高次零系数
5            self.coef=np.array(c)           #设置多项式系数
6            self.degree=(self.coef).size-1  #设置多项式次数
7        def __eq__(self, other):            #相等关系运算符函数
8            if self.degree!=other.degree:   #次数不等
9                return False
```

```
10              return (abs(self.coef−other.coef)<1e−10).all()
11        def __str__(self):                      #生成表达式以供输出
12              return exp(self.coef)
```

Python 自定义类的语法格式为

class 类名：
　　类定义体

类定义体内定义所属的各函数. 程序 1.6 中, 第 2~12 行所定义的多项式类名为 "myPoly". 类定义体中罗列了 3 个函数: 第 3~6 行重载的初始化函数 init、第 7~10 行重载的相等关系运算符函数 eq 和第 11、12 行定义的用于输出表达式的函数 str.

Python 的类中的函数分成类函数和对象函数两种. 类函数从属于类, 其调用格式为

$$类名. 函数名 (实际参数表).$$

对象函数从属于类的对象, 其调用格式为

$$对象. 函数名 (实际参数表).$$

myPoly 类中罗列的 3 个函数都是对象函数, 其定义特征为函数的形式参数表中均含表示对象的 self. 换句话说, 类函数的形式参数表中不含参数 self.

Pyhon 的顶层抽象类中已经定义了部分虚函数, 如几乎每个类都必需的初始化函数 init, 以及各种常用的运算符函数. 重载时这些函数的特征是函数名的首、尾各有两个下画线, 如程序 1.6 中重载的 __init__、__eq__ 和 __str__ 函数, 程序员要做的是按需实现这些函数. 普通函数的定义中函数名前后不用如此修饰.

根据例 1.14 中多项式的定义可知 $f(x) = a_0 + a_1 x + \cdots + a_n x^n$ 由其次数 n 及 $n+1$ 个系数构成的序列

$$a_0, a_1, \cdots, a_n$$

所确定, 变量是取符号 x 还是取别的符号无关紧要. Python 中表示序列的数据类型有 list, 还可以使用 NumPy 包中的数组 array 类. 无论是 list 还是 array 的对象, 它们的下标与我们所定义的多项式的系数序列的元素下标一致, 也是从 0 开始的. NumPy 是快速处理数组的工具包, 要使用其中的工具模块需事先导入它, 这就是程序 1.6 的第 1 行的任务.

第 3~6 行重载的 init 函数中, 除了表示创建的多项式对象参数 self, 还有一个表示多项式系数序列的数组参数 coef, 该参数既可以是 Python 的 list 对象也可以是 NumPy 的 array 对象. 第 4 行调用 NumPy 的 trim_zeros 函数, 消除参数 coef 的尾部可能包含的若干个 0. 注意传递给命名参数 trim 的值为 'b', 表示操作是针对序列 coef 的尾部的. 第 5 行用参数 coef 的数据创建对象自身的 array 型属性 coef. 第 6 行用系数序列的长度 −1 初始化对象的次数属性 degree. 需要注意的是, 当参数 coef 传递进来的是元素均为 0 的数组, 即系数均为 0 的零多项式时, 第 4 行操作的结果 c 成为一个空 (没有元素) 的数组, 第 6 行的操作使得多项式对象的次数 degree 为 −1. 这与我们在例 1.14 中的约定保持一致.

第 7~10 行重载的是表示两个多项式是否相等的关系运算符 "==" 的 eq 函数. 该函数有两个参数: 表示多项式对象自身的 self 和另一个多项式对象 other. 其返回值是一个布尔型数据: True 或 False, 表示 self 和 other 是否相等. 第 8、9 行的 **if** 语句检验两个多项式的次数是否不等, 若不等则返回 False. 第 10 行针对两个次数相同的多项式判断它们是否相等. 我们知道 self 和 other 均具有 NumPy 的 array 对象 coef, 表达式 self.coef–other.coef 表示两个等长数组按对应元素相减得到数组, 即 $a_0 - b_0, a_1 - b_1, \cdots, a_n - b_n$. abs(self.coef–other.coef) 则表示数组 $|a_0 - b_0|, |a_1 - b_1|, \cdots, |a_n - b_n|$, 而 abs(self.coef–other.coef)<1e-10 则表示数组

$$|a_0 - b_0| < 10^{-10}, |a_1 - b_1| < 10^{-10}, \cdots, |a_n - b_n| < 10^{-10}.$$

其中的每一项都是布尔型数据: 非 True 即 False. (abs(self.coef–other.coef)<1e-10).all() 则表示上述数组中的所有项是否都是 True. 这正是判断两个等长的浮点型数组的对应元素是否相等, 若返回 True, 则意味着以 $\dfrac{1}{10^{10}}$ 的精确度, 断定两个等次多项式相等, 否则认为两个多项式不等.

第 11、12 行重载的对象函数 str 的功能是利用对象自身的 coef 数组数据生成多项式的表达式以供输出时使用: 调用 print 函数输出 myPoly 对象时后台自动调用此函数. 该函数只有一个表示多项式对象自身的参数 self, 在函数体中简单调用我们在程序 1.3 中定义的 exp[①]函数即可. 用下列代码测试 myPoly 类.

程序 1.7　测试多项式类

```
1   import numpy as np                              #导入 NumPy
2   from fractions import Fraction as F             #导入 Fraction
3   p=myPoly(np.array([1,-2,1]))                    #用 NumPy 的 array 对象创建多项式 p
4   q=myPoly([F(0),F(-1,2),F(0),F(1,3)])            #用 Python 的 list 对象创建多项式 q
5   r=myPoly([0.0,-0.5,0.0,1/3])                    #用 list 对象创建多项式 r
6   print(p)                                        #输出 p 的表达式
7   print(q)                                        #输出 q 的表达式
8   print(r)                                        #输出 r 的表达式
9   print(p==q)                                     #检测 p 与 q 是否相等
10  print(q==r)                                     #检测 q 与 r 是否相等
```

程序的第 3 行用整数构成的 array 对象 array([-1, -2, 1]) 作为系数序列创建 myPoly 对象 p. 注意, 形式上似乎在调用一个与 myPoly 类同名的函数, 实际上在调用 myPoly 的 init 函数创建多项式对象. 第 4 行用 list 对象 [F(0),F(-1,2),F(0),F(1,3)] 创建分数型系数的多项式 q. 第 5 行用 list 对象 [0.0,-0.5,0.0,1/3] 创建浮点型系数的多项式 r. 第 6~8 行分别输出各自的表达式, 检测重载的 init 函数和 str 函数. 第 9、10 两行分别检测 p 与 q 是否相等、q 与 r 是否相等、即检测重载的 eq 函数. 运行程序, 输出

```
1-2·x+1·x**2
-1/2·x+1/3·x**3
-0.5·x+0.3333333333333333·x**3
False
True
```

---

① exp 已按练习 1.6 的要求修改.

接下来, 我们在 myPoly 类中重载多项式的线性运算: 加法运算和数乘运算.

程序 1.8 多项式类的线性运算

```
1   import numpy as np                                      #导入NumPy
2   class myPoly:                                           #多项式类
3       ...
4       def __add__(self, other):                          #运算符 '' + ''
5           n=max(self.degree,other.degree)+1              #系数个数
6           a=np.append(self.coef,[0]*(n-self.coef.size))  #补长
7           b=np.append(other.coef,[0]*(n-other.coef.size))#补长
8           return myPoly(a+b)                             #创建并返回多项式和
9       def __rmul__(self, k):                             #右乘数k
10          c=self.coef*k                                  #各系数与k的积
11          return myPoly(c)
```

程序第 3 行中的省略号表示程序 1.6 中已定义的对象函数. 第 $4\sim8$ 行按例 1.14 定义的多项式加法定义重载运算符 "+" 的函数 add. 该函数的两个参数: self 表示多项式对象本身, other 表示参加运算的另一个多项式对象. 第 5 行调用系统函数 max 计算 self 及 other 中次数的最大者并 +1, 将结果赋予 n. 第 6、7 两行调用 NumPy 的 append 函数利用 n 将两个多项式的系数序列 a 和 b 调整为相同长度. 注意, append 函数的作用是将传递给它的两个参数首尾相接. 第 8 行用 a 与 b 按元素求和得到的序列创建 myPoly 对象并将其返回.

我们已经看到重载的相等运算符 "==" 函数实际上是函数 eq, 它是自身对象 self 的函数. 表达式 p==q 的作用实际上是调用 p 的 eq 函数, p 扮演了第一个参数 self, q 是传递给 eq 的 other 参数. 此处重载的加法运算符 "+" 函数的参数意义也是如此. 然而, 数乘运算就不能简单地重载乘法运算符 "*" 函数 mul, 因为参加运算的一个是多项式 (参数 self), 另一个是数 k. 换句话说, self 参数表示的是多项式 p, 调用时就应写成 p*k, 这不符合大多数人的习惯. 因此, 程序 1.8 的第 $9\sim11$ 行重载的是 "右乘" 运算符 "*" 函数 rmul, 调用时多项式可写在运算符的右边: k*p. 该函数的第一个参数 self 表示多项式对象, 它作为右运算数, 第二个参数表示左运算数 k. 第 10 行用 k 按元素乘 self 的系数序列 coef, 将结果赋予 c. 第 11 行用 c 创建结果多项式并将其返回.

例 1.25 下列代码用于测试多项式的线性运算.

程序 1.9 测试多项式的线性运算

```
1   import numpy as np                     #导入NumPy
2   from fractions import Fraction as F    #导入Fraction
3   p=myPoly(np.array([1,-2,1]))           #用NumPy的array对象创建多项式p
4   q=myPoly([F(0),F(-1,2),F(0),F(1,3)])   #用Python的list对象创建多项式q
5   k=1.5
6   print(p+q)
7   print(k*q)
```

运行程序, 输出

```
1-5/2·x+1·x**2+1/3·x**3
-0.75·x+0.5·x**3
```

将程序 1.6、程序 1.8 定义的 myPoly 类代码写入文件 utility.py, 以便调用.

练习 1.7 利用 myPoly 类中定义的加法运算符函数和数乘运算符函数重载减法运算符函数 ___sub___, 并加以测试.

(参考答案: 参见文件 chapter01.ipynb 中相应代码)

第 2 章　矩 阵 代 数

2.1　数域上的矩阵

2.1.1　矩阵的概念

广义上, $m \times n$ 个对象排成的 m 行 n 列的列阵, 就称为矩阵. 若限定构成矩阵的对象是数域 P 中的数, 则有如下的定义.

定义 2.1　给定数域 $(P, +, \cdot)$[①] 及 $m, n \in \mathbf{N}$, $m \times n$ 个数 $a_{ij} \in P(i = 1, 2, \cdots, m; j = 1, 2, \cdots, n)$ 排成的列阵

$$\begin{pmatrix} a_{11} & a_{12} & \cdots & a_{1n} \\ a_{21} & a_{22} & \cdots & a_{2n} \\ \vdots & \vdots & & \vdots \\ a_{m1} & a_{m2} & \cdots & a_{mn} \end{pmatrix}$$

称为数域 P 上的一个 m 行 n 列**矩阵**, 简记为 $(a_{ij})_{m \times n}$. 构成矩阵的第 i 行第 j 列交叉处的数 a_{ij} 称为矩阵的第 i 行第 j 列**元素**. 所有元素均为 0 的矩阵, 称为**零矩阵**, 记为 $\boldsymbol{O}$. 当行数和列数相等, 即 $m = n$ 时, 称矩阵 $(a_{ij})_{n \times n}$ 为 n 阶**方阵**, 简称为 n 阶阵. 主对角线 (左上角到右下角) 上的元素均为 1, 其余元素均为 0 的方阵, 称为**单位阵**, 记为 $\boldsymbol{I}$. 若矩阵的行数 $m = 1$, $\boldsymbol{A}_{1 \times n} = (a_{11}, a_{12}, \cdots, a_{1n})$ 称为**行矩阵**. 相仿地, 若列数 $n = 1$, $\boldsymbol{A}_{m \times 1} = \begin{pmatrix} a_{11} \\ a_{21} \\ \vdots \\ a_{m1} \end{pmatrix}$

称为**列矩阵**. 数域 P 上的所有 m 行 n 列矩阵构成的集合记为 $P^{m \times n}$.

本书用黑斜休的大写字母命名矩阵, 对行矩阵和列矩阵, 也可用黑斜体的小写字母命名. 对于两个结构相同 (即行数和列数均相同) 的矩阵 $\boldsymbol{A} = (a_{ij})_{m \times n}$, $\boldsymbol{B} = (b_{ij})_{m \times n}$, 若 $a_{ij} = b_{ij}(i = 1, 2, \cdots, m; j = 1, 2, \cdots, n)$, 称 $\boldsymbol{A}$ 与 $\boldsymbol{B}$ 相等, 记为 $\boldsymbol{A} = \boldsymbol{B}$.

例 2.1　计算机的显示屏和手机的显示屏, 可以展示各种信息: 文本、图画、视频……. 大致呈矩形的显示屏被分成若干行和若干列, 行列交叉处称为一个像素点. 将行数 × 列数 (积表示构成屏幕画面的像素点总数) 称为屏幕的分辨率. 例如, 常见的分辨率有 1280×720、1600×900、$2048 \times 1152 \cdots$ 同一几何尺寸的屏幕, 分辨率越高, 意味着显示的画面越细腻. 图 2.1(a) 显示的是分辨率为 8×8 的圆形, 图 2.1(b) 显示的是 16×16 分辨率下的圆形. 每个像素点可以表现出不同的颜色, 计算机将各种颜色用整数编码. 例如每个像素点用一个二

---

① 数域的概念参见定义 1.6 及其例子.

进制位可表现出"黑"或"白"两种颜色, 用 1 字节可表现出 256 种不同的颜色. 若用 3 字节表示一个像素点的颜色, 则可表现出 $2^{24} = 16777216$ 种不同的颜色. 于是, 在计算机上处理分辨率为 $m \times n$, 颜色编码位数 (二进制) 为 c 的画面数据时, 面对的是元素取值于 $0 \sim 2^c - 1$ 的一个 $m \times n$ 的矩阵 $(a_{ij})_{m \times n}$. 其中, 元素 a_{ij} 表示的是画面中第 i 行第 j 列处像素点的颜色值.

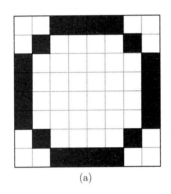 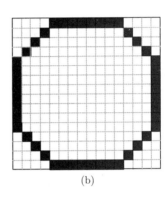

(a)   (b)

图 2.1　不同分辨率下的圆形

练习 2.1　设屏幕分辨率为 8×8, 仅用 1 位颜色编码, 即黑白屏: 0 表示白色, 1 表示黑色. 在白色背景上画一条从右上角到左下角的黑色对角线 (见图 2.2), 试着表示出画面的矩阵.

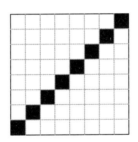

图 2.2　黑色对角线

$$(参考答案: \begin{pmatrix} 0 & 0 & \cdots & 0 & 1 \\ 0 & 0 & \cdots & 1 & 0 \\ \vdots & \vdots & & \vdots & \vdots \\ 0 & 1 & \cdots & 0 & 0 \\ 1 & 0 & \cdots & 0 & 0 \end{pmatrix}_{8 \times 8})$$

例 2.2　对数域 P 上 n 阶单位阵 $\boldsymbol{I}_n = \begin{pmatrix} 1 & 0 & \cdots & 0 \\ 0 & 1 & \cdots & 0 \\ \vdots & \vdots & & \vdots \\ 0 & 0 & \cdots & 1 \end{pmatrix}$, 交换其第 i 行和第 j 行 (等

同于交换第 i 列和第 j 列), 得到矩阵

$$
\boldsymbol{E}_1(i,j) = \begin{pmatrix} 1 & \cdots & 0 & \cdots & 0 & \cdots & 0 \\ \vdots & & \vdots & & \vdots & & \vdots \\ 0 & \cdots & 0 & \cdots & 1 & \cdots & 0 \\ \vdots & & \vdots & & \vdots & & \vdots \\ 0 & \cdots & 1 & \cdots & 0 & \cdots & 0 \\ \vdots & & \vdots & & \vdots & & \vdots \\ 0 & \cdots & 0 & \cdots & 1 & \cdots & 1 \end{pmatrix} \begin{matrix} \\ \\ i \\ \\ j \\ \\ \\ \end{matrix},
$$

称其为**第一种初等矩阵**, 如 $\boldsymbol{E}_1(2,3) = \begin{pmatrix} 1 & 0 & 0 & 0 \\ 0 & 0 & 1 & 0 \\ 0 & 1 & 0 & 0 \\ 0 & 0 & 0 & 1 \end{pmatrix}$. 将 $\boldsymbol{I}$ 的第 i 行乘非零数 λ(等同于

第 i 列乘 λ), 得到矩阵

$$
\boldsymbol{E}_2(i(\lambda)) = \begin{pmatrix} 1 & \cdots & 0 & \cdots & 0 \\ \vdots & & \vdots & & \vdots \\ 0 & \cdots & \lambda & \cdots & 0 \\ \vdots & & \vdots & & \vdots \\ 0 & \cdots & 0 & \cdots & 1 \end{pmatrix} \begin{matrix} \\ \\ i \\ \\ \\ \end{matrix},
$$

称其为**第二种初等矩阵**, 如 $\boldsymbol{E}_2(2(1.5)) = \begin{pmatrix} 1 & 0 & 0 \\ 0 & 1.5 & 0 \\ 0 & 0 & 1 \end{pmatrix}$. 将 $\boldsymbol{I}$ 的第 i 行乘 λ 后加到第 j 行

(等同于将第 j 列的 λ 倍加到第 i 列上), 得到矩阵

$$
\boldsymbol{E}_3(i(\lambda),j) = \begin{pmatrix} 1 & \cdots & 0 & \cdots & 0 & \cdots & 0 \\ \vdots & & \vdots & & \vdots & & \vdots \\ 0 & \cdots & 1 & \cdots & 0 & \cdots & 0 \\ \vdots & & \vdots & & \vdots & & \vdots \\ 0 & \cdots & \lambda & \cdots & 1 & \cdots & 0 \\ \vdots & & \vdots & & \vdots & & \vdots \\ 0 & \cdots & 0 & \cdots & 1 & \cdots & 1 \end{pmatrix} \begin{matrix} \\ \\ i \\ \\ j \\ \\ \\ \end{matrix},
$$

称其为**第三种初等矩阵**, 如 $\boldsymbol{E}_3(2(1.5),3) = \begin{pmatrix} 1 & 0 & 0 & 0 \\ 0 & 1 & 0 & 0 \\ 0 & 1.5 & 1 & 0 \\ 0 & 0 & 0 & 1 \end{pmatrix}$.

练习 2.2　写出实数域上 4 阶初等矩阵 $\boldsymbol{E}_1(1,4)$、$\boldsymbol{E}_2(1(1/2))$ 和 $\boldsymbol{E}_3(1(1/2),4)$.

(参考答案: $\begin{pmatrix} 0 & 0 & 0 & 1 \\ 0 & 1 & 0 & 0 \\ 0 & 0 & 1 & 0 \\ 1 & 0 & 0 & 0 \end{pmatrix}$, $\begin{pmatrix} \frac{1}{2} & 0 & 0 & 0 \\ 0 & 1 & 0 & 0 \\ 0 & 0 & 1 & 0 \\ 0 & 0 & 0 & 1 \end{pmatrix}$, $\begin{pmatrix} 1 & 0 & 0 & 0 \\ 0 & 1 & 0 & 0 \\ 0 & 0 & 1 & 0 \\ \frac{1}{2} & 0 & 0 & 1 \end{pmatrix}$)

2.1.2　矩阵分块

当矩阵 $\boldsymbol{A}$ 的行数 m 和列数 n 较大时, 我们可以用一些水平线和垂直线将矩阵分割成一些小矩阵. 这样的分割操作, 称为矩阵的**分块**.

例如, 设 $\boldsymbol{A} = \begin{pmatrix} 1 & 0 & 0 & 0 \\ 0 & 1 & 0 & 0 \\ -1 & 2 & 1 & 0 \\ 1 & 1 & 0 & 1 \end{pmatrix}$, 则

$$\boldsymbol{A} = \left(\begin{array}{cc:cc} 1 & 0 & 0 & 0 \\ 0 & 1 & 0 & 0 \\ \hdashline -1 & 2 & 1 & 0 \\ 1 & 1 & 0 & 1 \end{array}\right) = \begin{pmatrix} \boldsymbol{I} & \boldsymbol{O} \\ \boldsymbol{A}_1 & \boldsymbol{I} \end{pmatrix}.$$

矩阵的分块, 可以使表达式更紧凑, 行文叙事更简洁. 矩阵分块操作灵活, 可按问题需

要进行. 设矩阵 $\boldsymbol{A} = \begin{pmatrix} a_{11} & a_{12} & \cdots & a_{1n} \\ a_{21} & a_{22} & \cdots & a_{2n} \\ \vdots & \vdots & & \vdots \\ a_{m1} & a_{m2} & \cdots & a_{mn} \end{pmatrix}$, 其常见的分块如下. 若各列矩阵为 $\boldsymbol{\alpha}_1 =$

$\begin{pmatrix} a_{11} \\ a_{21} \\ \vdots \\ a_{m1} \end{pmatrix}, \boldsymbol{\alpha}_2 = \begin{pmatrix} a_{12} \\ a_{22} \\ \vdots \\ a_{m2} \end{pmatrix}, \cdots, \boldsymbol{\alpha}_n = \begin{pmatrix} a_{1n} \\ a_{2n} \\ \vdots \\ a_{mn} \end{pmatrix}$, 则

$$\boldsymbol{A} = \begin{pmatrix} \boldsymbol{\alpha}_1, & \boldsymbol{\alpha}_2, & \cdots, & \boldsymbol{\alpha}_n \end{pmatrix}.$$

若设各行矩阵为 $\boldsymbol{\beta}_1 = \begin{pmatrix} a_{11}, & a_{12}, & \cdots, & a_{1n} \end{pmatrix}, \boldsymbol{\beta}_2 = \begin{pmatrix} a_{21}, & a_{22}, & \cdots, & a_{2n} \end{pmatrix}, \cdots, \boldsymbol{\beta}_m =$

$\Big(a_{m1},\ \ a_{m2},\ \ \cdots,\ \ a_{mn}\Big)$, 则

$$A = \begin{pmatrix} \boldsymbol{\beta}_1 \\ \boldsymbol{\beta}_2 \\ \vdots \\ \boldsymbol{\beta}_m \end{pmatrix}.$$

2.1.3 Python 解法

1. 用 NumPy 数组表示矩阵

我们用 NumPy 包中的 array 类的二维数组对象来表示矩阵, NumPy 包中含有大量的矩阵操作函数.

例 2.3 用 Python 的 NumPy 包提供的 array 对象表示矩阵、单位阵和零矩阵.

解 请看下列代码.

程序 2.1 用 2 维数组表示矩阵

```
1   import numpy as np              #导入NumPy
2   A=np.array([[0,0,1,1,1,1,0,0],  #生成8×8矩阵
3               [0,1,0,0,0,0,1,0],
4               [1,0,0,0,0,0,0,1],
5               [1,0,0,0,0,0,0,1],
6               [1,0,0,0,0,0,0,1],
7               [1,0,0,0,0,0,0,1],
8               [0,1,0,0,0,0,1,0],
9               [0,0,1,1,1,1,0,0]])
10  I=np.eye(5)                     #生成5阶单位阵
11  O=np.zeros((5,6))               #生成5×6零矩阵
12  print(A)
13  print(I)
14  print(O)
```

程序的第 2~9 行设置了一个表示分辨率为 8×8 的黑白屏上显示的圆形的矩阵 (见例 2.1), 并将其赋予 A. NumPy 的 array 对象是用以等长数组为元素的数组来表示矩阵的: 每一行表示一个数组, A 共有 8 行, 表示每一行的数组均含 8 个元素. 程序的第 10 行调用 NumPy 的 eye 函数生成单位阵 I. eye 函数含有一个表示阶数的参数, 本例中传递参数 5, 表示生成一个 5 阶单位阵. 第 11 行调用 NumPy 的 zeros 函数, 生成一个 5×6 零矩阵. 运行程序, 输出

```
[[0 0 1 1 1 1 0 0]
 [0 1 0 0 0 0 1 0]
 [1 0 0 0 0 0 0 1]
 [1 0 0 0 0 0 0 1]
 [1 0 0 0 0 0 0 1]
 [1 0 0 0 0 0 0 1]
 [0 1 0 0 0 0 1 0]
 [0 0 1 1 1 1 0 0]]
[[1. 0. 0. 0. 0.]
```

```
[0. 1. 0. 0. 0.]
[0. 0. 1. 0. 0.]
[0. 0. 0. 1. 0.]
[0. 0. 0. 0. 1.]]
[[0. 0. 0. 0. 0. 0.]
[0. 0. 0. 0. 0. 0.]
[0. 0. 0. 0. 0. 0.]
[0. 0. 0. 0. 0. 0.]
[0. 0. 0. 0. 0. 0.]]
```

注意, 用函数 eye 生成的单位阵和用函数 zeros 生成的零矩阵, 其元素默认为浮点数.

练习 2.3   在 Python 中表示练习 2.1 中分辨率为 8×8 的黑白屏上黑色对角线所代表的矩阵.

(参考答案: 参见文件 chapt02.ipynb 对应代码)

2. 初等矩阵的生成

array 对象表示二维数组元素行标和列标的方式与数学中矩阵元素的一致, 在表示顺序上第一个为行标, 第二个为列标. 矩阵元素 a_{ij} 在 array 对象 A 中的访问形式为 A[i,j]. 需要注意的是, 数学中矩阵元素的下标, 无论是行标还是列标都是从 1 开始编排的, 而 NumPy 的 array 对象表示的数组元素, 其下标是从 0 开始编排的.

例 2.4   在 Python 中生成第一种初等矩阵 (即交换单位阵的两行或两列得到的矩阵) 和第三种初等矩阵 (即用数 k 乘单位阵的一行后将其加到另一行上或用 k 乘一列后将其加到另一列上得到的矩阵, 见例 2.2).

解   见下列代码.

程序 2.2   生成初等矩阵

```
 1  import numpy as np                        #导入 NumPy
 2  def P1(A, i, j, row=True):                #第一种初等变换
 3      if row:
 4          A[[i,j]]=A[[j,i]]                  #交换两行
 5      else:
 6          A[:,[i,j]]=A[:,[j,i]]             #交换两列
 7  def P3(A,i,j,k,row=True):                  #第三种初等变换
 8      if row:
 9          A[j]+=k*A[i]                       #用 k 乘第 i 行后将其加到第 j 行
10      else:
11          A[:,j]+=k*A[:,i]                   #用 k 乘第 i 列后将其加到第 j 列
12  E1=np.eye(5)
13  P1(E1,1,3)
14  print(E1)
15  E3=np.eye(5)
16  P3(E3,1,3,1.5)
17  print(E3)
```

程序中第 2~6 行定义了交换矩阵 A(作为第 1 个参数) 中两行或两列的函数 P1, 该函数的两个参数 i 和 j 表示需交换的两行 (列) 的行 (列) 标, 第 4 个参数 row, 表示进行的是行变换还是列变换, 默认值为 True 即表示进行行变换; 若传递值为 False 则意味着进行列

变换. 第 3~6 行的 **if-else** 语句根据参数 row 传递的值, 分别完成交换 A 的两行或两列的
操作. 要交换 NumPy 的数组 a 中两个元素 a[i] 和 a[j], 只需进行赋值操作: a[[i,j]]=a[[j,i]].
二维数组 A 是数组的数组, A 的第 i 行和第 j 行相当于行标 [i,j], 而省略列标表示所有列,
于是交换 A 的第 i 行和第 j 行可用赋值运算

$$A[[i,j]]=A[[j,i]]$$

(第 4 行) 完成. 相仿地, 交换两列的操作用

$$A[:,[i,j]]=A[:,[j,i]]$$

(第 6 行) 完成. 注意, 此处行标作为第一个下标不能省略, 用通配符 ":" 表示所有行. 第
7~11 行定义了用数 k 乘 A 中第 i 行后将其加到第 j 行 (用数 k 乘第 j 列后将其加到第 i
列) 的函数 P3, 参数 A、i、j 及 row 的意义与 P1 的相同, 参数 k 表示参与乘法的数 k. 第
8~11 行的 **if-else** 语句根据 row 的值完成用 k 乘第 i 行后将其加到第 j 行的操作 (第 9 行)

$$A[j]+=k*A[i],$$

或完成用 k 乘第 i 列后将其加到第 j 列上的操作 (第 11 行)

$$A[:,j]+=k*A[:,i].$$

第 12~14 行以及第 15~17 行分别对初始化为 5 阶单位阵的 E1 和 E3 调用 P1 和 P3, 交换
E1 的第 1 行和第 3 行生成第一类初等矩阵以及将 E3 的第 1 行乘 1.5 后加到第 3 行生成
第三类初等矩阵. 运行程序, 输出

```
[[1.  0.  0.  0.  0.]
 [0.  0.  0.  1.  0.]
 [0.  0.  1.  0.  0.]
 [0.  1.  0.  0.  0.]
 [0.  0.  0.  0.  1.]]
[[1.  0.  0.  0.  0. ]
 [0.  1.  0.  0.  0. ]
 [0.  0.  1.  0.  0. ]
 [0.  1.5 0.  1.  0. ]
 [0.  0.  0.  0.  1. ]]
```

练习 2.4　在 Python 中定义生成第二种初等矩阵 (即用数 k 乘单位阵的一行得到的
矩阵, 参见例 2.2) 的函数 P2, 并验证它.
(参考答案: 参见文件 chapt02.ipynb 中对应代码)

将程序 2.2 中定义的函数 P1 和 P3 的代码以及练习 2.4 中定义的函数 P2 的代码写入
文件 utility.py 中, 方便调用.

3. 矩阵的分块

可以通过下标序列来访问 NumPy 的数组 a 中的元素: a[[i,j]] 表示 a[i] 和 a[j] 的元素,
a[:] 表示所有元素, a[i:j] 表示从 a[i] 开始直至 a[j-1] 为止的元素, a[:j] 表示从 a[0] 开始直至
a[j-1] 为止的元素, a[i:] 表示从 a[i] 开始的所有元素.

对于表示矩阵的二维数组 A, A[i,j] 表示第 i 行第 j 列的元素. 其中, 列标可省略, 意为
所有列, 行标不可省略. A[i,:] 或 A[i] 表示第 i 行的元素, A[i:j] 表示从第 i 行 A[i] 开始到
第 j−1 行 A[j-1] 为止的各行的元素, A[[i,j]] 表示第 i 行 A[i] 的元素和第 j 行 A[j] 的元素.

A[:,j] 表示第 j 列的元素, A[:,i:j] 表示从第 i 列开始到第 j−1 列为止的各列的元素, A[:,[i,j]] 表示第 i 列 A[:,i] 的元素和第 j 列 A[:,j] 的元素. A[i:j,p:q] 表示 "块": 第 i 行到第 j−1 行、第 p 列到第 q−1 列的元素, 如图 2.3 所示.

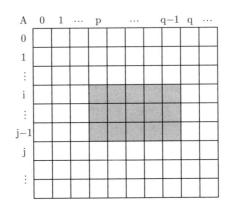

图 2.3   二维数组 **A** 的块 **A[i:j,p:q]**

可以用下标序列的方法读取表示矩阵的二维数组中的 "块". NumPy 还提供了两个将 "小" 矩阵连接成 "大" 矩阵的函数 hstack 和 vstack. 前者用于将若干个行数相等的矩阵横向连接, 其调用格式为

$$\text{hstack}((A,B,\dots));$$

后者用于将若干个列数相同的矩阵纵向连接, 调用格式为

$$\text{vstack}((A,B,\dots)).$$

例 2.5   下列代码将矩阵 $\boldsymbol{A} = \begin{pmatrix} 1 & 0 & 0 & 0 \\ 0 & 1 & 0 & 0 \\ -1 & 2 & 1 & 0 \\ 1 & 1 & 0 & 1 \end{pmatrix}$ 分成 4 个 2×2 的小块, 即

$$\boldsymbol{A} = \begin{pmatrix} \boldsymbol{I} & \boldsymbol{O} \\ \boldsymbol{A}_1 & \boldsymbol{I} \end{pmatrix},$$

然后将它们拼接成

$$\boldsymbol{B} = \begin{pmatrix} \boldsymbol{A}_1 & \boldsymbol{I} \\ \boldsymbol{I} & \boldsymbol{O} \end{pmatrix} = \begin{pmatrix} -1 & 2 & 1 & 0 \\ 1 & 1 & 0 & 1 \\ 1 & 0 & 0 & 0 \\ 0 & 1 & 0 & 0 \end{pmatrix}.$$

程序 **2.3**   矩阵分块

```
1  import numpy as np           #导入 NumPy
2  A=np.array([[1,0,0,0],       #设置矩阵
3              [0,1,0,0],
```

```
4                    [-1,2,1,0],
5                    [1,1,0,1]])
6   I=A[:2,:2]                          #左上角块
7   O=A[:2,2:]                          #右上角块
8   A1=A[2:,:2]                         #左下角块
9   B=np.vstack((np.hstack((A1,I)),     #连接
10                np.hstack((I,O))))
11  print(B)
```

利用代码的注释信息, 不难理解该程序. 运行程序输出

```
[[-1  2  1  0]
 [ 1  1  0  1]
 [ 1  0  0  0]
 [ 0  1  0  0]]
```

练习 2.5 将例 2.5 中的矩阵 $\boldsymbol{A} = \begin{pmatrix} 1 & 0 & 0 & 0 \\ 0 & 1 & 0 & 0 \\ -1 & 2 & 1 & 0 \\ 1 & 1 & 0 & 1 \end{pmatrix}$,

(1) 分成 4 块, $\boldsymbol{\alpha}_1, \boldsymbol{\alpha}_2, \boldsymbol{\alpha}_3, \boldsymbol{\alpha}_4$, 每行一块;

(2) 分成 4 块, $\boldsymbol{\beta}_1, \boldsymbol{\beta}_2, \boldsymbol{\beta}_3, \boldsymbol{\beta}_4$, 每列一块.

(参考答案: 参见文件 chapt02.ipynb 中对应代码)

2.2 矩阵的线性运算

2.2.1 矩阵线性运算的定义

定义 2.2 给定正整数 m 和 n 及数域 P,

$$\forall \boldsymbol{A} = \begin{pmatrix} a_{11} & a_{12} & \cdots & a_{1n} \\ a_{21} & a_{22} & \cdots & a_{2n} \\ \vdots & \vdots & & \vdots \\ a_{m1} & a_{m2} & \cdots & a_{mn} \end{pmatrix}, \boldsymbol{B} = \begin{pmatrix} b_{11} & b_{12} & \cdots & b_{1n} \\ b_{21} & b_{22} & \cdots & b_{2n} \\ \vdots & \vdots & & \vdots \\ b_{m1} & b_{m2} & \cdots & b_{mn} \end{pmatrix} \in P^{m \times n}, 定义 \boldsymbol{A} 与 \boldsymbol{B} 的和$$

为:

$$\boldsymbol{C} = \boldsymbol{A} + \boldsymbol{B} = \begin{pmatrix} a_{11} + b_{11} & a_{12} + b_{12} & \cdots & a_{1n} + b_{1n} \\ a_{21} + b_{21} & a_{22} + b_{23} & \cdots & a_{2n} + b_{2n} \\ \vdots & \vdots & & \vdots \\ a_{m1} + b_{m1} & a_{m2} + b_{m2} & \cdots & a_{mn} + b_{mn} \end{pmatrix} \in P^{m \times n}.$$

例 2.6 设表示练习 2.1 的分辨率为 8×8 的黑白屏上从右上角到左下角的黑色对角

线的矩阵 $\boldsymbol{A} = \begin{pmatrix} 0 & 0 & \cdots & 0 & 1 \\ 0 & 0 & \cdots & 1 & 0 \\ \vdots & \vdots & & \vdots & \vdots \\ 0 & 1 & \cdots & 0 & 0 \\ 1 & 0 & \cdots & 0 & 0 \end{pmatrix}_{8 \times 8}$,它是定义在域 $(B(1), \oplus, \wedge)$(参见例 1.12) 上的矩阵.

要擦除屏幕上的图形, 只需用 $\boldsymbol{A}$ 对自身进行一次按位异或运算:

$$\boldsymbol{A} \oplus \boldsymbol{A} = \begin{pmatrix} 0 & 0 & \cdots & 0 & 1 \\ 0 & 0 & \cdots & 1 & 0 \\ \vdots & \vdots & & \vdots & \vdots \\ 0 & 1 & \cdots & 0 & 0 \\ 1 & 0 & \cdots & 0 & 0 \end{pmatrix} \oplus \begin{pmatrix} 0 & 0 & \cdots & 0 & 1 \\ 0 & 0 & \cdots & 1 & 0 \\ \vdots & \vdots & & \vdots & \vdots \\ 0 & 1 & \cdots & 0 & 0 \\ 1 & 0 & \cdots & 0 & 0 \end{pmatrix}$$

$$= \begin{pmatrix} 0 \oplus 0 & 0 \oplus 0 & \cdots & 0 \oplus 0 & 1 \oplus 1 \\ 0 \oplus 0 & 0 \oplus 0 & \cdots & 1 \oplus 1 & 0 \oplus 0 \\ \vdots & \vdots & & \vdots & \vdots \\ 0 \oplus 0 & 1 \oplus 1 & \cdots & 0 \oplus 0 & 0 \oplus 0 \\ 1 \oplus 1 & 0 \oplus 0 & \cdots & 0 \oplus 0 & 0 \oplus 0 \end{pmatrix} = \begin{pmatrix} 0 & 0 & \cdots & 0 & 0 \\ 0 & 0 & \cdots & 0 & 0 \\ \vdots & \vdots & & \vdots & \vdots \\ 0 & 0 & \cdots & 0 & 0 \\ 0 & 0 & \cdots & 0 & 0 \end{pmatrix} = \boldsymbol{O}.$$

例 2.7 实数域 $\mathbf{R}$ 上的矩阵 $\boldsymbol{A} = \begin{pmatrix} 1 & 2 & 3 \\ 4 & 5 & 6 \end{pmatrix}$, $\boldsymbol{B} = \begin{pmatrix} 6 & 5 & 4 \\ 3 & 2 & 1 \end{pmatrix}$, 计算 $\boldsymbol{A} + \boldsymbol{B}$.

解

$$\boldsymbol{A} + \boldsymbol{B} = \begin{pmatrix} 1 & 2 & 3 \\ 4 & 5 & 6 \end{pmatrix} + \begin{pmatrix} 6 & 5 & 4 \\ 3 & 2 & 1 \end{pmatrix}$$

$$= \begin{pmatrix} 1+6 & 2+5 & 3+4 \\ 4+3 & 5+2 & 6+1 \end{pmatrix}$$

$$= \begin{pmatrix} 7 & 7 & 7 \\ 7 & 7 & 7 \end{pmatrix}.$$

不难验证如下结论:

引理 2.1 设 $m, n \in \mathbf{N}$, P 为一数域. 集合 $P^{m \times n}$ 对矩阵的加法 "$+$", $(P^{m \times n}, +)$ 构成一个交换群. (证明见本章附录 A1.)

引理 2.1 意味着同形矩阵之间是可以进行减法运算的: $\boldsymbol{A} - \boldsymbol{B} = \boldsymbol{A} + (-\boldsymbol{B})$.

练习 2.6 对例 2.7 中的矩阵 $\boldsymbol{A}$ 和 $\boldsymbol{B}$, 计算 $\boldsymbol{A} - \boldsymbol{B}$.

(参考答案: $\begin{pmatrix} -5 & -3 & -1 \\ 1 & 3 & 5 \end{pmatrix}$)

定义 2.3　设 P 为一数域, $m, n \in \mathbf{N}$, $\forall \lambda \in P$, $\boldsymbol{A} \in P^{m \times n}$, 定义 λ 与 $\boldsymbol{A}$ 的积:

$$\lambda \cdot \boldsymbol{A} = \begin{pmatrix} \lambda a_{11} & \lambda a_{12} & \cdots & \lambda a_{1n} \\ \lambda a_{21} & \lambda a_{22} & \cdots & \lambda a_{2n} \\ \vdots & \vdots & & \vdots \\ \lambda a_{m1} & \lambda a_{m2} & \cdots & \lambda a_{mn} \end{pmatrix}.$$

数 λ 与矩阵 $\boldsymbol{A}$ 的积常简记为 $\lambda \boldsymbol{A}$.

例 2.8　设实数域 $\mathbf{R}$ 上的 n 阶单位阵 $\boldsymbol{I} = \begin{pmatrix} 1 & 0 & \cdots & 0 \\ 0 & 1 & \cdots & 0 \\ \vdots & \vdots & & \vdots \\ 0 & 0 & \cdots & 1 \end{pmatrix}$, 实数 $\lambda \in \mathbf{R}$,

$$\lambda \boldsymbol{I} = \lambda \begin{pmatrix} 1 & 0 & \cdots & 0 \\ 0 & 1 & \cdots & 0 \\ \vdots & \vdots & & \vdots \\ 0 & 0 & \cdots & 1 \end{pmatrix} = \begin{pmatrix} \lambda & 0 & \cdots & 0 \\ 0 & \lambda & \cdots & 0 \\ \vdots & \vdots & & \vdots \\ 0 & 0 & \cdots & \lambda \end{pmatrix}$$

称为 n 阶**数量阵**.

例 2.9　分辨率为 $m \times n$ 的黑白屏上的数据可视为定义在域 $(B(1), \oplus, \wedge)$ 上的矩阵 $\boldsymbol{A} = (a_{ij})_{m \times n}$, 其中 $a_{ij} \in B(1)$. 如果将异或运算 $\oplus$ 视为 $B(1)$ 上的 "加法", 而将与运算 $\wedge$ 视为 $B(1)$ 上的 "乘法". 用 $\lambda \in B(1)$ 乘 $\boldsymbol{A}$: $\lambda \cdot \boldsymbol{A} = \lambda \wedge \boldsymbol{A}$. 例 2.6 的擦除屏幕的操作也可以用 $\lambda = 0 \in B(1)$ 乘 $\boldsymbol{A}$ 来完成. 这是因为

$$\lambda \cdot \boldsymbol{A} = 0 \wedge (a_{ij})_{m \times n} = (0 \wedge a_{ij})_{m \times n} = (0)_{m \times n} = \boldsymbol{O}.$$

定义 2.2 和定义 2.3 给出了数域 P 上的矩阵集合 $P^{m \times n}$ 的线性运算 "+" 和 "·". 我们有如下结论.

定理 2.1　设 $m, n \in \mathbf{N}$, P 为一数域, 则 $(P^{m \times n}, +, \cdot)$ 构成一个线性代数 (线性空间). (证明见本章附录 A2.)

练习 2.7　实数域 $\mathbf{R}$ 上的矩阵 $\boldsymbol{A} = \begin{pmatrix} 1 & 3 & 3 \\ 1 & 4 & 3 \\ 1 & 3 & 4 \end{pmatrix}$, 计算 $\boldsymbol{B} = 3\boldsymbol{I} - 2\boldsymbol{A}$.

(参考答案: $\begin{pmatrix} 1 & -6 & -6 \\ -2 & -5 & -6 \\ -2 & -6 & -5 \end{pmatrix}$)

2.2.2　Python 解法

表示两个同形 (具有相同的行数和列数) 二维数组的 array 对象, 按元素运算实现矩阵的加法运算, 数与数组的按元素乘法实现矩阵的数乘运算.

例 2.10   用 Python 验算例 2.7 中矩阵和 $A + B = \begin{pmatrix} 7 & 7 & 7 \\ 7 & 7 & 7 \end{pmatrix}$.

解   见下列代码.

程序 2.4   矩阵的加法运算

```
1  import numpy as np                      #导入 NumPy
2  A=np.array([[1, 2, 3],                  #设置 A
3              [4, 5, 6]])
4  B=np.array([[6, 5, 4],                  #设置 B
5              [3, 2, 1]])
6  print(A+B)
```

运行程序, 输出

```
[[7 7 7]
 [7 7 7]]
```

练习 2.8   用 Python 计算练习 2.7 中的 $3I - 2A$. 其中 $A = \begin{pmatrix} 1 & 3 & 3 \\ 1 & 4 & 3 \\ 1 & 3 & 4 \end{pmatrix}$, I 为 3 阶单位阵.

(参考答案: 见文件 chapt02.ipynb 中对应代码)

例 2.11   将黑白屏中的分辨率数据视为数域 $(B, \oplus, \wedge)$ 上的矩阵 A. 将 $\oplus$ 和 $\wedge$ 分别视为 B 上的加法和乘法, 则 $(B^{m \times n}, \oplus, \wedge)$ 构成一个线性空间 (线性代数). 考虑例 2.6 中擦除黑白屏画面的方法: 用表示屏幕分辨率数据的矩阵自身进行按元素异或运算. 在 Python 中可用下列代码模拟.

程序 2.5   矩阵的异或运算

```
1   import numpy as np                     #导入 NumPy
2   A=np.array([[0,0,0,0,0,0,0,1],
3               [0,0,0,0,0,0,1,0],
4               [0,0,0,0,0,1,0,0],
5               [0,0,0,0,1,0,0,0],
6               [0,0,0,1,0,0,0,0],
7               [0,0,1,0,0,0,0,0],
8               [0,1,0,0,0,0,0,0],
9               [1,0,0,0,0,0,0,0]])
10  print(A)
11  print(A^A)
```

程序的第 2~9 行将表示分辨率为 8×8 的屏幕画面的矩阵设置为二维数组 A. 第 10 行显示 A. 第 11 行显示 A 与其自身的按位异或运算结果 A^A. 运行程序, 输出

```
[[0 0 0 0 0 0 0 1]
 [0 0 0 0 0 0 1 0]
 [0 0 0 0 0 1 0 0]
 [0 0 0 0 1 0 0 0]
 [0 0 0 1 0 0 0 0]
 [0 0 1 0 0 0 0 0]
```

```
 [0 1 0 0 0 0 0 0]
 [1 0 0 0 0 0 0 0]]
[[0 0 0 0 0 0 0 0]
 [0 0 0 0 0 0 0 0]
 [0 0 0 0 0 0 0 0]
 [0 0 0 0 0 0 0 0]
 [0 0 0 0 0 0 0 0]
 [0 0 0 0 0 0 0 0]
 [0 0 0 0 0 0 0 0]
 [0 0 0 0 0 0 0 0]]
```

练习 2.9 考虑例 2.9 的擦除屏幕画面的方法: 用 0 乘 (与运算) 表示屏幕分辨率数据的矩阵. 在 Python 中模拟此方法.

(参考答案: 参见文件 chapt02.ipynb 中对应代码)

2.3 矩阵的乘法

2.3.1 矩阵乘法的定义

定义 2.4 设 $n, m, l \in \mathbf{N}$, P 为一数域. 考虑集合 $P^{m \times n}$、$P^{n \times l}$ 和 $P^{m \times l}$.

$$\forall \boldsymbol{A} = \begin{pmatrix} a_{11} & a_{12} & \cdots & a_{1n} \\ a_{21} & a_{22} & \cdots & a_{2n} \\ \vdots & \vdots & & \vdots \\ a_{m1} & a_{m2} & \cdots & a_{mn} \end{pmatrix} \in P^{m \times n}, \forall \boldsymbol{B} = \begin{pmatrix} b_{11} & b_{12} & \cdots & b_{1l} \\ b_{21} & b_{22} & \cdots & b_{2l} \\ \vdots & \vdots & & \vdots \\ b_{n1} & b_{n2} & \cdots & b_{nl} \end{pmatrix} \in P^{n \times l},$$ 定义 $\boldsymbol{A}$ 与

$\boldsymbol{B}$ 的积运算 ($\circ$) 为:

$$\boldsymbol{C} = \boldsymbol{A} \circ \boldsymbol{B} = \begin{pmatrix} \sum\limits_{k=1}^{n} a_{1k}b_{k1} & \sum\limits_{k=1}^{n} a_{1k}b_{k2} & \cdots & \sum\limits_{k=1}^{n} a_{1k}b_{kl} \\ \sum\limits_{k=1}^{n} a_{2k}b_{k1} & \sum\limits_{k=1}^{n} a_{2k}b_{k2} & \cdots & \sum\limits_{k=1}^{n} a_{2k}b_{kl} \\ \vdots & \vdots & & \vdots \\ \sum\limits_{k=1}^{n} a_{mk}b_{k1} & \sum\limits_{k=1}^{n} a_{mk}b_{k2} & \cdots & \sum\limits_{k=1}^{n} a_{mk}b_{kl} \end{pmatrix}_{m \times l} \in P^{m \times l}.$$

在不会产生混淆的情况下, 常常省略运算符 $\circ$, 即将 $\boldsymbol{A} \circ \boldsymbol{B}$ 简写成 $\boldsymbol{AB}$.

例 2.12 分别就实数域 $\mathbf{R}$ 上的矩阵

(1) $\boldsymbol{A} = \begin{pmatrix} 4 & -1 & 2 & 1 \\ 1 & 1 & 0 & 3 \\ 0 & 3 & 1 & 4 \end{pmatrix}, \boldsymbol{B} = \begin{pmatrix} 1 & 2 \\ 0 & 1 \\ 3 & 0 \\ -1 & 4 \end{pmatrix}$, 计算 $\boldsymbol{AB}$;

(2) $\boldsymbol{A} = \begin{pmatrix} 2 & 1 & 4 & 0 \\ 1 & -1 & 3 & 4 \end{pmatrix}, \boldsymbol{B} = \begin{pmatrix} 1 & 3 \\ 0 & -1 \\ 1 & -3 \\ 4 & 0 \end{pmatrix}$, 计算 $\boldsymbol{AB}$ 与 $\boldsymbol{BA}$;

(3) $\boldsymbol{A} = \begin{pmatrix} -2 & 4 \\ 1 & -2 \end{pmatrix}$, $\boldsymbol{B} = \begin{pmatrix} 2 & 4 \\ -3 & 6 \end{pmatrix}$, 计算 $\boldsymbol{AB}$ 与 $\boldsymbol{BA}$.

解

(1)

$$\boldsymbol{AB} = \begin{pmatrix} 4 & -1 & 2 & 1 \\ 1 & 1 & 0 & 3 \\ 0 & 3 & 1 & 4 \end{pmatrix} \begin{pmatrix} 1 & 2 \\ 0 & 1 \\ 3 & 0 \\ -1 & 4 \end{pmatrix}$$

$$= \begin{pmatrix} 4 \cdot 1 + (-1) \cdot 0 + 2 \cdot 3 + 1 \cdot (-1) & 4 \cdot 2 + (-1) \cdot 1 + 2 \cdot 0 + 1 \cdot 4 \\ 1 \cdot 1 + 1 \cdot 0 + 0 \cdot 3 + 3 \cdot (-1) & 1 \cdot 2 + 1 \cdot 1 + 0 \cdot 0 + 3 \cdot 4 \\ 0 \cdot 1 + 3 \cdot 0 + 1 \cdot 3 + 4 \cdot (-1) & 0 \cdot 2 + 3 \cdot 1 + 1 \cdot 0 + 4 \cdot 4 \end{pmatrix}$$

$$= \begin{pmatrix} 9 & 11 \\ -2 & 15 \\ -1 & 19 \end{pmatrix};$$

(2)

$$\boldsymbol{AB} = \begin{pmatrix} 2 & 1 & 4 & 0 \\ 1 & -1 & 3 & 4 \end{pmatrix} \begin{pmatrix} 1 & 3 \\ 0 & -1 \\ 1 & -3 \\ 4 & 0 \end{pmatrix}$$

$$= \begin{pmatrix} 2 \cdot 1 + 1 \cdot 0 + 4 \cdot 1 + 0 \cdot 4 & 2 \cdot 3 + 1 \cdot (-1) + 4 \cdot (-3) + 0 \cdot 0 \\ 1 \cdot 1 + (-1) \cdot 0 + 3 \cdot 1 + 4 \cdot 4 & 1 \cdot 3 + (-1) \cdot (-1) + 3 \cdot (-3) + 4 \cdot 0 \end{pmatrix}$$

$$= \begin{pmatrix} 6 & -7 \\ 20 & -5 \end{pmatrix},$$

$$\boldsymbol{BA} = \begin{pmatrix} 1 & 3 \\ 0 & -1 \\ 1 & -3 \\ 4 & 0 \end{pmatrix} \begin{pmatrix} 2 & 1 & 4 & 0 \\ 1 & -1 & 3 & 4 \end{pmatrix}$$

$$= \begin{pmatrix} 1 \cdot 2 + 3 \cdot 1 & 1 \cdot 1 + 3 \cdot (-1) & 1 \cdot 4 + 3 \cdot 3 & 1 \cdot 0 + 3 \cdot 4 \\ 0 \cdot 2 + (-1) \cdot 1 & 0 \cdot 1 + (-1) \cdot (-1) & 0 \cdot 4 + (-1) \cdot 3 & 0 \cdot 0 + (-1) \cdot 4 \\ 1 \cdot 2 + (-3) \cdot 1 & 1 \cdot 1 + (-3) \cdot (-1) & 1 \cdot 4 + (-3) \cdot 3 & 1 \cdot 0 + (-3) \cdot 4 \\ 4 \cdot 2 + 0 \cdot 1 & 4 \cdot 1 + 0 \cdot (-1) & 4 \cdot 4 + 0 \cdot 3 & 4 \cdot 0 + 0 \cdot 4 \end{pmatrix}$$

$$= \begin{pmatrix} 5 & -2 & 13 & 12 \\ -1 & 1 & -3 & -4 \\ -1 & 4 & -5 & -12 \\ 8 & 4 & 16 & 0 \end{pmatrix};$$

(3)

$$\boldsymbol{AB} = \begin{pmatrix} -2 & 4 \\ 1 & -2 \end{pmatrix} \begin{pmatrix} 2 & 4 \\ -3 & 6 \end{pmatrix} = \begin{pmatrix} -16 & 16 \\ 8 & -8 \end{pmatrix},$$

$$\boldsymbol{BA} = \begin{pmatrix} 2 & 4 \\ -3 & 6 \end{pmatrix} \begin{pmatrix} -2 & 4 \\ 1 & -2 \end{pmatrix} = \begin{pmatrix} 0 & 0 \\ 12 & -24 \end{pmatrix}.$$

本例中, 由于 (1) 中的 $\boldsymbol{A}$ 和 $\boldsymbol{B}$ 分别为 3×4 矩阵和 4×2 矩阵, 故可计算 $\boldsymbol{AB}$, 但不能计算 $\boldsymbol{BA}$; (2) 中 $\boldsymbol{A}$ 和 $\boldsymbol{B}$ 分别为 2×4 矩阵和 4×2 矩阵, 虽然既可算得 $\boldsymbol{AB}$ 也可算得 $\boldsymbol{BA}$, 但计算出的矩阵结构是不同的, 前者为 2×2 矩阵, 后者为 4×4 矩阵; (3) 中虽然 $\boldsymbol{AB}$ 和 $\boldsymbol{BA}$ 均为 2×2 矩阵, 但对应元素却不相同. 由此可见, 矩阵的乘法不满足交换律. 积 $\boldsymbol{AB}$ 称为 $\boldsymbol{A}$ 左乘 $\boldsymbol{B}$, 或称为 $\boldsymbol{B}$ 右乘 $\boldsymbol{A}$.

练习 2.10　　(1) 计算 $\begin{pmatrix} 2 & 1 & 4 & 0 \\ 1 & -1 & 3 & 4 \end{pmatrix} \begin{pmatrix} 1 & 3 & 1 \\ 0 & -1 & 2 \\ 1 & -3 & 1 \\ 4 & 0 & -2 \end{pmatrix}$;

(2) 设 $\boldsymbol{A} = \begin{pmatrix} 1 & 1 & 1 \\ 1 & 1 & -1 \\ 1 & -1 & 1 \end{pmatrix}, \boldsymbol{B} = \begin{pmatrix} 1 & 2 & 3 \\ -1 & -2 & 4 \\ 0 & 5 & 1 \end{pmatrix}$, 计算 $3\boldsymbol{AB} - 2\boldsymbol{A}$.

(参考答案: (1) $\begin{pmatrix} 6 & -7 & 8 \\ 20 & -5 & -6 \end{pmatrix}$; (2) $\begin{pmatrix} -2 & 13 & 22 \\ -2 & -17 & 20 \\ 4 & 29 & -2 \end{pmatrix}$)

例 2.13　实数域 **R** 上矩阵 $\boldsymbol{A} = \begin{pmatrix} 1 & 2 & 3 \\ 4 & 5 & 6 \end{pmatrix}, \boldsymbol{I}_2 = \begin{pmatrix} 1 & 0 \\ 0 & 1 \end{pmatrix}, \boldsymbol{I}_3 = \begin{pmatrix} 1 & 0 & 0 \\ 0 & 1 & 0 \\ 0 & 0 & 1 \end{pmatrix}$.

$$\boldsymbol{I}_2 \boldsymbol{A} = \begin{pmatrix} 1 & 0 \\ 0 & 1 \end{pmatrix} \begin{pmatrix} 1 & 2 & 3 \\ 4 & 5 & 6 \end{pmatrix} = \begin{pmatrix} 1 & 2 & 3 \\ 4 & 5 & 6 \end{pmatrix} = \boldsymbol{A};$$

$$\boldsymbol{A} \boldsymbol{I}_3 = \begin{pmatrix} 1 & 2 & 3 \\ 4 & 5 & 6 \end{pmatrix} \begin{pmatrix} 1 & 0 & 0 \\ 0 & 1 & 0 \\ 0 & 0 & 1 \end{pmatrix} = \begin{pmatrix} 1 & 2 & 3 \\ 4 & 5 & 6 \end{pmatrix} = \boldsymbol{A}.$$

通常, 对于数域 P 上的 $m \times n$ 矩阵 $\boldsymbol{A}_{m \times n}$, m 阶单位阵 $\boldsymbol{I}_m$, n 阶单位阵 $\boldsymbol{I}_n$, 有

$$\boldsymbol{I}_m \boldsymbol{A}_{m \times n} = \boldsymbol{A}_{m \times n} \boldsymbol{I}_n = \boldsymbol{A}_{m \times n}.$$

例 2.14 $\mathbf{R}$ 上矩阵 $\boldsymbol{A} = \begin{pmatrix} 1 & 2 & 3 & 4 \\ 5 & 6 & 7 & 8 \\ 9 & 10 & 11 & 12 \end{pmatrix}$, 计算 $\boldsymbol{E}_1(1,2)\boldsymbol{A}$ 和 $\boldsymbol{A}\boldsymbol{E}_1(1,2)$. 其中左乘和右乘的 $\boldsymbol{E}_1(1,2)$ 分别为 3、4 阶第一种初等矩阵 (参见例 2.2).

解

$$\boldsymbol{E}_1(1,2)\boldsymbol{A} = \begin{pmatrix} 0 & 1 & 0 \\ 1 & 0 & 0 \\ 0 & 0 & 1 \end{pmatrix} \begin{pmatrix} 1 & 2 & 3 & 4 \\ 5 & 6 & 7 & 8 \\ 9 & 10 & 11 & 12 \end{pmatrix} = \begin{pmatrix} 5 & 6 & 7 & 8 \\ 1 & 2 & 3 & 4 \\ 9 & 10 & 11 & 12 \end{pmatrix};$$

$$\boldsymbol{A}\boldsymbol{E}_1(1,2) = \begin{pmatrix} 1 & 2 & 3 & 4 \\ 5 & 6 & 7 & 8 \\ 9 & 10 & 11 & 12 \end{pmatrix} \begin{pmatrix} 0 & 1 & 0 & 0 \\ 1 & 0 & 0 & 0 \\ 0 & 0 & 1 & 0 \\ 0 & 0 & 0 & 1 \end{pmatrix} = \begin{pmatrix} 2 & 1 & 3 & 4 \\ 6 & 5 & 7 & 8 \\ 10 & 9 & 11 & 12 \end{pmatrix}.$$

本例说明: 用第一种初等矩阵左乘矩阵 $\boldsymbol{A}$, 相当于交换 $\boldsymbol{A}$ 的两行, 右乘 $\boldsymbol{A}$ 则相当于交换 $\boldsymbol{A}$ 的两列.

练习 2.11 试用第二种初等矩阵 $\boldsymbol{E}_2(2(1/2))$ 左乘例 2.14 中的 $\boldsymbol{A}$, 用 $\boldsymbol{E}_2(2(1/2))$ 右乘 $\boldsymbol{A}$, 你能得出什么结论? (其中左乘和右乘的 $\boldsymbol{E}_2(2(1/2))$ 的意义参见例 2.2.)

(参考答案: $\boldsymbol{E}_2(i(\lambda))$ 左乘 $\boldsymbol{A}$ 是用 λ 乘 $\boldsymbol{A}$ 的第 i 行, 右乘 $\boldsymbol{A}$ 是用 λ 乘 $\boldsymbol{A}$ 的第 i 列)

例 2.15 计算 $\boldsymbol{E}_3(2(1/2),1)\boldsymbol{A}$, 其中 $\boldsymbol{E}_3(2(1/2),1)$ 为 3 阶第三种初等矩阵, $\boldsymbol{A}$ 与例 2.14 中的矩阵 $\boldsymbol{A}$ 相同.

解

$$\boldsymbol{E}_3(2(1/2),1)\boldsymbol{A} = \begin{pmatrix} 1 & 1/2 & 0 \\ 0 & 1 & 0 \\ 0 & 0 & 1 \end{pmatrix} \begin{pmatrix} 1 & 2 & 3 & 4 \\ 5 & 6 & 7 & 8 \\ 9 & 10 & 11 & 12 \end{pmatrix} = \begin{pmatrix} \frac{7}{2} & 5 & \frac{13}{2} & 8 \\ 5 & 6 & 7 & 8 \\ 9 & 10 & 11 & 12 \end{pmatrix}.$$

本例说明, 用第三种初等矩阵 $\boldsymbol{E}(i(\lambda),j)$ 左乘 $\boldsymbol{A}$, 相当于用 λ 乘 $\boldsymbol{A}$ 的第 i 行后将其加到第 j 行.

练习 2.12 计算 $\boldsymbol{A}\boldsymbol{E}_3(2(1/2),1)$. 其中 $\boldsymbol{E}_3(2(1/2),1)$ 为 4 阶第三种初等矩阵 (见例 2.2), $\boldsymbol{A}$ 与例 2.14 中的矩阵 $\boldsymbol{A}$ 相同. 根据计算结果, 能得出什么结论?

(参考答案: $\boldsymbol{E}_3(i(\lambda),j)$ 右乘 $\boldsymbol{A}$, 相当于将 $\boldsymbol{A}$ 中第 j 列乘 λ 后加到第 i 列)

定理 2.2 设有数域 P 上的矩阵 $\boldsymbol{A}$、$\boldsymbol{B}$、$\boldsymbol{C}$ 及 $\lambda \in P$, 则矩阵加法、数乘法和乘法满足如下定律.

(1) 矩阵乘法结合律: $(\boldsymbol{A}\boldsymbol{B})\boldsymbol{C} = \boldsymbol{A}(\boldsymbol{B}\boldsymbol{C})$.

(2) 矩阵乘法与数乘法结合律: $\lambda(\boldsymbol{A}\boldsymbol{B}) = (\lambda\boldsymbol{A})\boldsymbol{B}$.

(3) 矩阵乘法对矩阵加法的分配律: $A(B+C)=AB+AC, (B+C)A=BA+CA$.
分配律之所以有两种形式, 是因为矩阵的乘法不满足交换律. (证明见本章附录 A3.)

定义 2.5 设 A 为一 n 阶方阵, $k \in \mathbf{Z}^{+①}$, 定义

$$A^k = \begin{cases} I & k=0 \\ A & k=1 \\ AA & k=2 \\ A^{k-1}A & k>2 \end{cases},$$

称其为 A 的 k 次幂.

根据方阵幂的定义可知, 同一方阵的幂相乘满足交换律:

$$A^k A^l = A^l A^k = A^{k+l}.$$

其中, $k, l \in \mathbf{Z}^+$.

例 2.16 对多项式 $f(x)=a_0+a_1x+a_2x^2+\cdots+a_nx^n$(见例 1.14) 和方阵 A, 定义
矩阵 $f(A)=a_0I+a_1A+a_2A^2+\cdots+a_nA^n$. 设多项式 $f(x)=-1-x+x^2$, $\mathbf{R}$ 上矩阵
$A=\begin{pmatrix} 2 & 1 & 1 \\ 3 & 1 & 2 \\ 1 & -1 & 0 \end{pmatrix}$, 计算 $f(A)$.

解 $A^2=\begin{pmatrix} 8 & 2 & 4 \\ 11 & 2 & 5 \\ -1 & 0 & -1 \end{pmatrix}$,

$$f(A)=-I_3-A+A^2$$

$$=-\begin{pmatrix} 1 & 0 & 0 \\ 0 & 1 & 0 \\ 0 & 0 & 1 \end{pmatrix}-\begin{pmatrix} 2 & 1 & 1 \\ 3 & 1 & 2 \\ 1 & -1 & 0 \end{pmatrix}+\begin{pmatrix} 8 & 2 & 4 \\ 11 & 2 & 5 \\ -1 & 0 & -1 \end{pmatrix}$$

$$=\begin{pmatrix} 5 & 1 & 3 \\ 8 & 0 & 3 \\ -2 & 1 & -2 \end{pmatrix}.$$

练习 2.13 设多项式 $f(x)=3-5x+x^2$, $\mathbf{R}$ 上矩阵 $A=\begin{pmatrix} 2 & -1 \\ -3 & 3 \end{pmatrix}$, 计算 $f(A)$.

(参考答案: $\begin{pmatrix} 0 & 0 \\ 0 & 0 \end{pmatrix}$)

---

① $\mathbf{Z}^+$ 表示所有非负整数构成的集合.

2.3.2　Python 解法

Python 的乘法运算符 "*" 不能用于矩阵的乘法——因为该运算符已经被用于 NumPy 的 array 数组的按元素乘法运算了. NumPy 的 matmul 函数用于实现矩阵的乘法运算.

例 2.17　用 Python 验算例 2.12.

解　见下列代码.

程序 2.6　矩阵乘法

```
1   import numpy as np              #导入 NumPy
2   A=np.array([[4,-1,2,1],         #设置矩阵 A
3               [1,1,0,3],
4               [0,3,1,4]])
5   B=np.array([[1,2],              #设置矩阵 B
6               [0,1],
7               [3,0],
8               [-1,4]])
9   print(np.matmul(A,B))           #计算积 AB
10  A=np.array([[2,1,4,0],          #设置矩阵 A
11              [1,-1,3,4]])
12  B=np.array([[1,3],              #设置矩阵 B
13              [0,-1],
14              [1,-3],
15              [4,0]])
16  print(np.matmul(A,B))           #计算积 AB
17  print(np.matmul(B,A))           #计算积 BA
18  A=np.array([[-2,4],             #设置矩阵 A
19              [1,-2]])
20  B=np.array([[2,4],              #设置矩阵 B
21              [-3,6]])
22  print(np.matmul(A,B))           #计算积 AB
23  print(np.matmul(B,A))           #计算积 BA
```

程序中第 2~9、第 10~17 和第 18~23 行分别计算例 2.12 中的 (1)、(2) 和 (3). 仅对第 10~17 行的代码加以说明, 其他行的代码读者可自行研读. 第 10、11 行和第 12~15 行分别设置矩阵 A 和 B. 第 16 行调用 NumPy 的矩阵乘法运算函数

$$\mathrm{matmul}(A, B)$$

计算矩阵的积 AB. 第 17 行调用函数

$$\mathrm{matmul}(B, A)$$

计算矩阵的积 BA. 运行程序, 输出

```
[[ 9 11]
 [-2 15]
 [-1 19]]
[[ 6 -7]
 [20 -5]]
[[ 5 -2 13  12]
 [-1  1 -3  -4]
 [-1  4 -5 -12]
 [ 8  4 16   0]]
```

```
[[-16  16]
 [  8  -8]]
[[  0   0]
 [ 12 -24]]
```

练习 2.14 用 Python 计算练习 2.10.

(参考答案: 见文件 chapt02.ipynb 对应代码)

例 2.18 在 Python 中验证例 2.14 中初等矩阵的性质.

解 见下列代码.

程序 2.7 初等矩阵的性质

```
1   import numpy as np              #导入NumPy
2   from utility import P1          #导入P1
3   A=np.array([[1,2,3,4],          #设置矩阵A
4              [5,6,7,8],
5              [9,10,11,12]])
6   E1=np.eye(3)                    #3阶单位阵
7   P1(E1,0,1)                      #第一种初等矩阵
8   print(np.matmul(E1,A))          #左乘
9   E1=np.eye(4)                    #4阶单位阵
10  P1(E1,0,1)                      #第一种初等矩阵
11  print(np.matmul(A,E1))          #右乘
```

程序的第 3~5 行根据例 2.14 的数据设置矩阵 A, 第 6、7 行调用程序 2.2 中定义的函数 P1(第 2 行导入) 交换存储在 E1 中的 3 阶单位阵的第 1 行和第 2 行, 得到 3 阶第一种初等矩阵. 注意, NumPy 的 array 数组的下标是从 0 开始编排的, 所以传递给 P1 的参数 i 和 j 的值分别为 0 和 1. 第 8 行输出 E1 左乘 A 的结果. 第 9~11 行完成的是用第一种初等矩阵右乘 A 的操作, 此处不赘述. 运行程序, 输出

```
[[ 5.  6.  7.  8.]
 [ 1.  2.  3.  4.]
 [ 9. 10. 11. 12.]]
[[ 2.  1.  3.  4.]
 [ 6.  5.  7.  8.]
 [10.  9. 11. 12.]]
```

练习 2.15 用 Python 验证练习 2.11、例 2.15 和练习 2.12 的计算结果.

(参考答案: 见文件 chapt02.ipynb 中相应代码)

例 2.19 验算例 2.16 中的矩阵多项式 $f(\boldsymbol{A}) = -\boldsymbol{I}_3 - \boldsymbol{A} + \boldsymbol{A}^2$, 其中 $\boldsymbol{A} = \begin{pmatrix} 2 & 1 & 1 \\ 3 & 1 & 2 \\ 1 & -1 & 0 \end{pmatrix}$.

解 见下列代码.

程序 2.8 矩阵多项式

```
1   import numpy as np              #导入NumPy
2   A=np.array([[2,1,1],           #设置矩阵A
3              [3,1,2],
```

```
4                    [1, −1, 0]])
5    I=np.eye(3)                        #3阶单位阵
6    fA=−I−A+np.matmul(A,A)            #矩阵多项式
7    print(fA)
```

根据代码的注释信息, 读者不难理解程序的意义. 运行程序, 输出

```
[[ 5.   1.   3.]
 [ 8.   0.   3.]
 [−2.   1.  −2.]]
```

练习 2.16 用 Python 计算练习 2.13 中的矩阵多项式.
(参考答案: 见文件 chat02.ipynb 中相应代码)

2.4 矩阵的转置

2.4.1 矩阵转置的定义

定义 2.6 $m, n \in \mathbf{N}$, 数域 P 上的 $m \times n$ 矩阵 $\boldsymbol{A} = \begin{pmatrix} a_{11} & a_{12} & \cdots & a_{1n} \\ a_{21} & a_{22} & \cdots & a_{2n} \\ \vdots & \vdots & & \vdots \\ a_{m1} & a_{m2} & \cdots & a_{mn} \end{pmatrix}$, 将 $\boldsymbol{A}$ 中

的行、列同序翻转, 得到 P 上的一个 $n \times m$ 矩阵 $\begin{pmatrix} a_{11} & a_{21} & \cdots & a_{m1} \\ a_{12} & a_{22} & \cdots & a_{m2} \\ \vdots & \vdots & & \vdots \\ a_{1n} & a_{2n} & \cdots & a_{nm} \end{pmatrix}$, 称为 $\boldsymbol{A}$ 的**转置**,

记为 $\boldsymbol{A}^\top$.

例 2.20 分别就 $\mathbf{R}$ 上矩阵

(1) $\boldsymbol{A} = \begin{pmatrix} 1 & 2 & 0 \\ 3 & -1 & 1 \end{pmatrix}$, 计算 $(\boldsymbol{A}^\top)^\top$;

(2) $\boldsymbol{A} = \begin{pmatrix} 2 & 1 \\ 1 & 7 \\ -1 & 3 \end{pmatrix}$, 计算 $(2\boldsymbol{A})^\top$ 和 $2\boldsymbol{A}^\top$;

(3) $\boldsymbol{A} = \begin{pmatrix} 1 & 2 & 3 \\ 4 & 5 & 6 \end{pmatrix}$, $\boldsymbol{B} = \begin{pmatrix} 6 & 5 & 4 \\ 3 & 2 & 1 \end{pmatrix}$, 计算 $(\boldsymbol{A} + \boldsymbol{B})^\top$ 和 $\boldsymbol{A}^\top + \boldsymbol{B}^\top$;

(4) $\boldsymbol{A} = \begin{pmatrix} 2 & 0 & -1 \\ 1 & 3 & 2 \end{pmatrix}$, $\boldsymbol{B} = \begin{pmatrix} 1 & 7 & -1 \\ 4 & 2 & 3 \\ 2 & 0 & 1 \end{pmatrix}$, 计算 $(\boldsymbol{AB})^\top$ 和 $\boldsymbol{B}^\top \boldsymbol{A}^\top$.

解

(1) $\boldsymbol{A}^\top = \begin{pmatrix} 1 & 2 & 0 \\ 3 & -1 & 1 \end{pmatrix}^\top = \begin{pmatrix} 1 & 3 \\ 2 & -1 \\ 0 & -1 \end{pmatrix}$, $(\boldsymbol{A}^\top)^\top = \begin{pmatrix} 1 & 3 \\ 2 & -1 \\ 0 & -1 \end{pmatrix}^\top = \begin{pmatrix} 1 & 2 & 0 \\ 3 & -1 & 1 \end{pmatrix} = \boldsymbol{A}$;

(2) $2\boldsymbol{A} = 2\begin{pmatrix} 2 & 1 \\ 1 & 7 \\ -1 & 3 \end{pmatrix} = \begin{pmatrix} 4 & 2 \\ 2 & 14 \\ -2 & 6 \end{pmatrix}$, $(2\boldsymbol{A})^\top = \begin{pmatrix} 4 & 2 & -2 \\ 2 & 14 & 6 \end{pmatrix}$, 另外,

$\boldsymbol{A}^\top = \begin{pmatrix} 2 & 1 & -1 \\ 1 & 7 & 3 \end{pmatrix}$, $2\boldsymbol{A}^\top = \begin{pmatrix} 4 & 2 & -2 \\ 2 & 14 & 6 \end{pmatrix}$, 故 $(2\boldsymbol{A})^\top = 2\boldsymbol{A}^\top$;

(3) 根据例 2.7 知, $\boldsymbol{A} + \boldsymbol{B} = \begin{pmatrix} 7 & 7 & 7 \\ 7 & 7 & 7 \end{pmatrix}$, 故 $(\boldsymbol{A} + \boldsymbol{B})^\top = \begin{pmatrix} 7 & 7 \\ 7 & 7 \\ 7 & 7 \end{pmatrix}$,

另外, $\boldsymbol{A}^\top + \boldsymbol{B}^\top = \begin{pmatrix} 1 & 4 \\ 2 & 5 \\ 3 & 6 \end{pmatrix} + \begin{pmatrix} 6 & 3 \\ 5 & 2 \\ 4 & 1 \end{pmatrix} = \begin{pmatrix} 7 & 7 \\ 7 & 7 \\ 7 & 7 \end{pmatrix}$, 故 $(\boldsymbol{A} + \boldsymbol{B})^\top = \boldsymbol{A}^\top + \boldsymbol{B}^\top$;

(4) $\boldsymbol{AB} = \begin{pmatrix} 2 & 0 & -1 \\ 1 & 3 & 2 \end{pmatrix}\begin{pmatrix} 1 & 7 & -1 \\ 4 & 2 & 3 \\ 2 & 0 & 1 \end{pmatrix} = \begin{pmatrix} 0 & 14 & -3 \\ 17 & 13 & 10 \end{pmatrix}$, 故

$(\boldsymbol{AB})^\top = \begin{pmatrix} 0 & 17 \\ 14 & 13 \\ -3 & 10 \end{pmatrix}$, 另外,

$\boldsymbol{B}^\top \boldsymbol{A}^\top = \begin{pmatrix} 1 & 4 & 2 \\ 7 & 2 & 0 \\ -1 & 3 & 1 \end{pmatrix}\begin{pmatrix} 2 & 1 \\ 0 & 3 \\ -1 & 2 \end{pmatrix} = \begin{pmatrix} 0 & 17 \\ 14 & 13 \\ -3 & 10 \end{pmatrix}$,

于是, $(\boldsymbol{AB})^\top = \boldsymbol{B}^\top \boldsymbol{A}^\top$.

通常, 不难证明以下定理.

定理 2.3 作为矩阵的一种运算, 转置具有如下性质 (假设涉及的运算均可行):

(1) $(\boldsymbol{A}^\top)^\top = \boldsymbol{A}$;

(2) $(\lambda\boldsymbol{A})^\top = \lambda\boldsymbol{A}^\top$;

(3) $(\boldsymbol{A} + \boldsymbol{B})^\top = \boldsymbol{A}^\top + \boldsymbol{B}^\top$;

(4) $(\boldsymbol{AB})^\top = \boldsymbol{B}^\top \boldsymbol{A}^\top$.

对于行数 m 与列数 n 不等的矩阵 $\boldsymbol{A}$ 与其转置阵 $\boldsymbol{A}^\top$, 它们显然不等. 即使 $\boldsymbol{A}$ 为方阵,

$\boldsymbol{A}$ 与 $\boldsymbol{A}^\top$ 也未必相等. 例如, $\boldsymbol{A} = \begin{pmatrix} 1 & 2 \\ 3 & 4 \end{pmatrix}$, $\boldsymbol{A}^\top = \begin{pmatrix} 1 & 3 \\ 2 & 4 \end{pmatrix}$, $\boldsymbol{A} \neq \boldsymbol{A}^\top$.

定义 2.7 $n \in \mathbf{N}$, 若数域 P 上 n 阶阵 $\boldsymbol{A}$ 与其转置阵 $\boldsymbol{A}^\top$ 相等, 即 $\boldsymbol{A} = \boldsymbol{A}^\top$, 称 $\boldsymbol{A}$ 是一个**对称矩阵**, 简称对称阵.

形如

$$\begin{pmatrix} \lambda_1 & 0 & \cdots & 0 \\ 0 & \lambda_2 & \cdots & 0 \\ \vdots & \vdots & & \vdots \\ 0 & 0 & \cdots & \lambda_n \end{pmatrix}$$

的方阵, 即除了主对角线上的元素外, 其他元素均为 0 的方阵称为**对角矩阵** (简称对角阵), 常记为 $\mathrm{diag}(\lambda_1, \lambda_2, \cdots, \lambda_n)$. 显然, 对角矩阵是对称阵. 数量阵 (见例 2.8) 是对角矩阵中 $\lambda_1 = \lambda_2 = \cdots = \lambda_n = \lambda$ 的特殊情形, 而单位阵 $\boldsymbol{I}$ 是数量阵中 $\lambda = 1$ 的特殊情形.

例 2.21 设列矩阵 $\boldsymbol{X} = \begin{pmatrix} x_1 \\ x_2 \\ \vdots \\ x_n \end{pmatrix}$, 满足 $\boldsymbol{X}^\top \boldsymbol{X} = \sum\limits_{i=1}^{n} x_i^2 = 1$, $\boldsymbol{I}$ 为 n 阶单位阵. 令 $\boldsymbol{H} = \boldsymbol{I} - 2\boldsymbol{X}\boldsymbol{X}^\top$, 求证 $\boldsymbol{H} = \boldsymbol{H}^\top$ 且 $\boldsymbol{H}\boldsymbol{H}^\top = \boldsymbol{I}$.

证明: 这是因为

$$\begin{aligned} \boldsymbol{H}^\top &= (\boldsymbol{I} - 2\boldsymbol{X}\boldsymbol{X}^\top)^\top \\ &= \boldsymbol{I}^\top - 2(\boldsymbol{X}\boldsymbol{X}^\top)^\top \\ &= \boldsymbol{I} - 2\boldsymbol{X}\boldsymbol{X}^\top = \boldsymbol{H}, \end{aligned}$$

且

$$\begin{aligned} \boldsymbol{H}\boldsymbol{H}^\top &= (\boldsymbol{I} - 2\boldsymbol{X}\boldsymbol{X}^\top)(\boldsymbol{I} - 2\boldsymbol{X}\boldsymbol{X}^\top) \\ &= \boldsymbol{I} - 4\boldsymbol{X}\boldsymbol{X}^\top + 4(\boldsymbol{X}\boldsymbol{X}^\top)(\boldsymbol{X}\boldsymbol{X}^\top) \\ &= \boldsymbol{I} - 4\boldsymbol{X}\boldsymbol{X}^\top + 4\boldsymbol{X}(\boldsymbol{X}^\top\boldsymbol{X})\boldsymbol{X}^\top \\ &= \boldsymbol{I} - 4\boldsymbol{X}\boldsymbol{X}^\top + 4\boldsymbol{X}\boldsymbol{X}^\top = \boldsymbol{I}. \end{aligned}$$

练习 2.17 设有 n 阶方阵 $\boldsymbol{A}$ 和 $\boldsymbol{B}$, 且 $\boldsymbol{A}^\top = \boldsymbol{A}$, 证明 $\boldsymbol{B}^\top\boldsymbol{A}\boldsymbol{B}$ 为对称矩阵. (提示: 利用定理 2.2(1) 与定理 2.3(4))

2.4.2 Python 解法

NumPy 中用来表示矩阵的二维数组的 array 对象的 T 属性, 可返回矩阵的转置.

例 2.22 在 Python 中验证例 2.20 中 (4) 得出的 $(\boldsymbol{A}\boldsymbol{B})^\top = \boldsymbol{B}^\top\boldsymbol{A}^\top$. 其中 $\boldsymbol{A} = \begin{pmatrix} 2 & 0 & 1 \\ 1 & 3 & 2 \end{pmatrix}$, $\boldsymbol{B} = \begin{pmatrix} 1 & 7 & -1 \\ 4 & 2 & 3 \\ 2 & 0 & 1 \end{pmatrix}$.

解 见下列代码.

程序 2.9 矩阵的转置

```
1  import numpy as np              #导入 NumPy
2  A=np.array([[2,0,-1],          #矩阵 A
3              [1,3,2]])
4  B=np.array([[1,7,-1],          #矩阵 B
5              [4,2,3],
6              [2,0,1]])
7  print((np.matmul(A,B)).T)       #积的转置
8  print((np.matmul(B.T, A.T)))   #转置的积
```

程序中第 2、3 行和第 4~6 行分别设置矩阵 $\boldsymbol{A}$ 和 $\boldsymbol{B}$. 第 7 行调用 NumPy 的函数 matmul(A,B) 计算 $\boldsymbol{AB}$, 然后访问其转置属性 matmul(A,B).T 计算 $(\boldsymbol{AB})^{\mathrm{T}}$. 第 8 行调用函数 matmul(B.T,A.T) 计算 $\boldsymbol{B}^{\mathrm{T}}\boldsymbol{A}^{\mathrm{T}}$. 运行程序, 输出

```
[[  0  17]
 [ 14  13]
 [ -3  10]]
[[  0  17]
 [ 14  13]
 [ -3  10]]
```

可见 $(\boldsymbol{AB})^{\top} = \boldsymbol{B}^{\top}\boldsymbol{A}^{\top}$.

练习 2.18 实数域 $\mathbf{R}$ 上矩阵 $\boldsymbol{A} = \begin{pmatrix} 1 & 1 & 1 \\ 1 & 1 & -2 \\ 1 & -1 & 1 \end{pmatrix}$, $\boldsymbol{B} = \begin{pmatrix} 1 & 2 & 3 \\ -1 & -2 & 4 \\ 0 & 5 & 1 \end{pmatrix}$, 用 Python 计算 $\boldsymbol{A}^{\top}\boldsymbol{B}$.

(参考答案: 见文件 chapt02.ipynb 中相应代码)

2.5 方阵的行列式

2.5.1 排列的逆序

考虑 2 阶方阵 $\begin{pmatrix} a_{11} & a_{12} \\ a_{21} & a_{22} \end{pmatrix}$, 从矩阵中每一行、每一列各取一个元素可构成 2(即 2!) 个

积: $a_{11}a_{22}$, $a_{12}a_{21}$. 从 3 阶方阵 $\begin{pmatrix} a_{11} & a_{12} & a_{13} \\ a_{21} & a_{22} & a_{23} \\ a_{31} & a_{32} & a_{33} \end{pmatrix}$ 的每一行、每一列各取一个元素可构成

6(即 3!) 个积: $a_{11}a_{22}a_{33}$, $a_{11}a_{23}a_{32}$, $a_{12}a_{21}a_{33}$, $a_{12}a_{23}a_{32}$, $a_{13}a_{21}a_{32}$, $a_{13}a_{22}a_{31}$. 一般地, 从

n 阶方阵

$$\begin{pmatrix} a_{11} & a_{12} & \cdots & a_{1n} \\ a_{21} & a_{22} & \cdots & a_{2n} \\ \vdots & \vdots & & \vdots \\ a_{n1} & a_{n2} & \cdots & a_{nn} \end{pmatrix}$$

的每一行、每一列各取一个元素可构成 n 个因子的积. 若约定各因子的行标按升序排列, 则列标形成 $\{1,2,\cdots,n\}$ 的一个排列 $\{j_1,j_2,\cdots,j_n\}$, 这时积为

$$a_{1j_1}a_{2j_2}\cdots a_{nj_n}.$$

故共有 $n!$ 个这样的积.

在 $\{1,2,\cdots,n\}$ 的一个排列 $\{j_1,j_2,\cdots,j_n\}$ 中, 若有 $i<k$ 而 $j_i>j_k$, 称 (j_i,j_k) 构成一个**逆序**. 一个排列 $\{j_1,j_2,\cdots,j_n\}$ 中的逆序总数称为该排列的**逆序数**, 记为 $\tau(j_1,j_2,\cdots,j_n)$. 例如 $n=3$ 时, $\tau(1,2,3)=0$, $\tau(1,3,2)=\tau(2,1,3)=1$, $\tau(2,3,1)=\tau(3,1,2)=2$, $\tau(3,2,1)=3$. 逆序数为偶数的排列称为**偶排列**, 逆序数为奇数的排列称为**奇排列**. 不难理解, $\{1,2,\cdots,n\}$ 的 $n!$ 个排列中奇、偶排列各占一半. 例如, $n=3$ 时, $\{1,2,3\}$、$\{2,3,1\}$ 和 $\{3,1,2\}$ 为偶排列, 而 $\{1,3,2\}$、$\{2,1,3\}$ 和 $\{3,2,1\}$ 为奇排列.

排列的逆序有一个有趣的引理.

引理 2.2　交换排列中的两个元素 (称为一个 "对换"), 会改变逆序数的奇偶性.

证明　设 $\{j_1,j_2,\cdots,j_n\}$ 为 $\{1,2,\cdots,n\}$ 的一个排列, 其逆序数为 τ. 先考虑对换两个相邻的元素, 即由 $\{\cdots,j_i,j_k,\cdots\}$, 对换 j_i 和 j_k 得到排列 $\{\cdots,j_k,j_i,\cdots\}$. 显然, 除了 j_i 和 j_k 的相对逆序发生变化外, 其他元素对 j_i 和 j_k 的逆序都没有发生变化. 所以, $\{\cdots,j_k,j_i,\cdots\}$ 的逆序数为 $\tau+1(j_i<j_k)$, 或为 $\tau-1(j_i>j_k)$. 下面设 j_i 与 j_k 之间相隔 s 个元素

$$\{\cdots,j_i,\overbrace{\cdots}^{s},j_k,\cdots\}.$$

将 j_i 向右连续做相邻对换 $s+1$ 次, 成为

$$\{\cdots,\overbrace{\cdots}^{s},j_k,j_i,\cdots\},$$

然后将 j_k 自右向左连续做 s 次相邻对换, 完成对换目标

$$\{\cdots,j_k,\overbrace{\cdots}^{s},j_i,\cdots\},$$

即连续 $2s+1$ 次相邻对换即可完成相隔 s 个位置的 j_i 与 j_k 的对换. 因此, 对换后排列的逆序数应在 τ 上加或减一个奇数, 即改变了逆序数的奇偶性.

2.5.2 方阵的行列式

定义 2.8 设 $A = (a_{ij})_{n \times n}$ 为一 n 阶方阵, 从每行、每列各取一个元素作为因子构成的 $n!$ 个积中, 每个积的各因子的行标按升序排列, 即 $a_{1j_1} a_{2j_2} \cdots a_{nj_n}$. 按列标排列的奇偶性冠以符号: $(-1)^{\tau(j_1, j_2, \cdots, j_n)}$, 即偶排列加 "+" 号 (可省略), 奇排列加 "−" 号. 所有 $n!$ 个项相加的和

$$\sum (-1)^{\tau(j_1, j_2, \cdots, j_n)} a_{1j_1} a_{2j_2} \cdots a_{nj_n}$$

称为方阵 A 的**行列式**, 记为 $\det A$, 即

$$\det A = \sum (-1)^{\tau(j_1, j_2, \cdots, j_n)} a_{1j_1} a_{2j_2} \cdots a_{nj_n}.$$

例 2.23 设矩阵 $A = \begin{pmatrix} 2 & 0 & 1 \\ 1 & -4 & -1 \\ -1 & 8 & 3 \end{pmatrix}$, 计算 $\det A$.

解 按行列式定义, $\det \begin{pmatrix} a_{11} & a_{12} & a_{13} \\ a_{21} & a_{22} & a_{23} \\ a_{31} & a_{32} & a_{33} \end{pmatrix} = a_{11} a_{22} a_{33} + a_{12} a_{23} a_{31} + a_{13} a_{21} a_{32} -$

$a_{11} a_{23} a_{32} - a_{12} a_{21} a_{33} - a_{13} a_{22} a_{31}$, 得

$$\det A = \det \begin{pmatrix} 2 & 0 & 1 \\ 1 & -4 & -1 \\ -1 & 8 & 3 \end{pmatrix}$$

$$= 2 \cdot (-4) \cdot 3 + 0 \cdot (-1) \cdot (-1) + 1 \cdot 1 \cdot 8 - 2 \cdot (-1) \cdot 8 - 0 \cdot 1 \cdot 3 - 1 \cdot (-4) \cdot (-1)$$

$$= -24 + 0 + 8 + 16 - 0 - 4 = -4.$$

练习 2.19 设矩阵 $A = \begin{pmatrix} 1 & 2 \\ 2 & 5 \end{pmatrix}$, 计算 $\det A$.

(参考答案: 1)

按行列式的定义, n 阶方阵的行列式必须计算 $n!$ 个乘积, 然后将其相加. 当 n 较大时, 计算量是非常大的. 然而一些特殊的方阵, 其行列式的计算比较简单.

例 2.24 对角矩阵的行列式 $\det \begin{pmatrix} \lambda_1 & 0 & \cdots & 0 \\ 0 & \lambda_2 & \cdots & 0 \\ \vdots & \vdots & & \vdots \\ 0 & 0 & \cdots & \lambda_n \end{pmatrix} = \prod_{i=1}^{n} \lambda_i$, 这是因为在行列式的定

义式 $\sum (-1)^{\tau(j_1, j_2, \cdots, j_n)} a_{1j_1} a_{2j_2} \cdots a_{nj_n}$ 中, 只有唯一的一项可能非 0:

$$(-1)^{\tau(1,2,\cdots,n)}a_{11}a_{22}\cdots a_{nn} = \lambda_1\lambda_2\cdots\lambda_n = \prod_{i=1}^{n}\lambda_i.$$

练习 2.20 计算数量矩阵 $\begin{pmatrix} \lambda & 0 & \cdots & 0 \\ 0 & \lambda & \cdots & 0 \\ \vdots & \vdots & & \vdots \\ 0 & 0 & \cdots & \lambda \end{pmatrix}$ 和单位阵 $\begin{pmatrix} 1 & 0 & \cdots & 0 \\ 0 & 1 & \cdots & 0 \\ \vdots & \vdots & & \vdots \\ 0 & 0 & \cdots & 1 \end{pmatrix}$ 的行列式.

(参考答案: λ^n, 1)

例 2.25 形如 $\boldsymbol{A} = \begin{pmatrix} a_{11} & a_{12} & \cdots & a_{1n} \\ 0 & a_{22} & \cdots & a_{2n} \\ \vdots & \vdots & & \vdots \\ 0 & 0 & \cdots & a_{nn} \end{pmatrix}$ 的 n 阶矩阵, 即主对角线以下的元素全为

0 的矩阵称为**上三角矩阵**. 上三角矩阵 $\boldsymbol{A}$ 的行列式 $\det \boldsymbol{A} = \prod_{i=1}^{n} a_{ii}$. 这是因为, $\det \boldsymbol{A}$ 中可能不为零的项, 不计符号设为 $a_{1j_1}a_{2j_2}\cdots a_{nj_n}$. 由于第 n 行中仅 a_{nn} 可能非零, 故 $j_n = n$. 第 $n-1$ 行中仅 $a_{n-1,n-i}$ 和 $a_{n-1,n}$ 可能非零, 但 $j_n = n$, 故 $j_{n-1} = n-1\cdots$. 第 1 行中虽然各个元素 $a_{11}, a_{12}, \cdots, a_{1n}$ 均可能为非零, 但 $j_n = n, j_{n-1} = n-1, \cdots, j_2 = 2$, 故 $j_1 = 1$. 因此, 行列式中除了唯一一项

$$(-1)^{\tau(1,2,\cdots,n)}a_{11}a_{22}\cdots a_{nn} = \prod_{i=1}^{n} a_{ii}$$

外, 其余均为 0. 即 $\det \boldsymbol{A} = \prod_{i=1}^{n} a_{ii}$.

练习 2.21 计算下三角矩阵 $\begin{pmatrix} a_{11} & 0 & \cdots & 0 \\ a_{21} & a_{22} & \cdots & 0 \\ \vdots & \vdots & & \vdots \\ a_{n1} & a_{n2} & \cdots & a_{nn} \end{pmatrix}$ 的行列式.

(参考答案: $\prod_{i=1}^{n} a_{ii}$)

2.5.3 行列式的性质

1. 矩阵的初等变换

定义 2.9 数域 P 上的矩阵 $\boldsymbol{A} = (a_{ij})_{m \times n}$, 下面 3 种对 $\boldsymbol{A}$ 的操作称为矩阵的**初等变换**:

(1) 对换 $\boldsymbol{A}$ 中 i、k 两行, 记为 $r_i \leftrightarrow r_k$(或对换 $\boldsymbol{A}$ 的 j、k 两列, 记为 $c_j \leftrightarrow c_k$);

(2) 用非 0 的数 $\lambda \in P$, 乘 $\boldsymbol{A}$ 中第 i 行的每一个元素, 记为 $\lambda \times r_i$(或乘第 j 列的每一个元素, 记为 $\lambda \times c_j$);

(3) 用数 $\lambda \in P$ 乘 $\boldsymbol{A}$ 的第 i 行后将其加到第 k 行上, 记为 $\lambda \times r_i + r_k$(或用 λ 乘第 j 列后将其加到第 k 列上, 记为 $\lambda \times c_j + c_k$).

例 2.26　设 $\mathbf{R}$ 上矩阵 $\boldsymbol{A} = \begin{pmatrix} 3 & 1 & -1 & 2 \\ -5 & 1 & 3 & -4 \\ 2 & 0 & 1 & -1 \\ 1 & -5 & 3 & -3 \end{pmatrix}$, 对 $\boldsymbol{A}$ 进行如下的初等变换:

$$\boldsymbol{A} = \begin{pmatrix} 3 & 1 & -1 & 2 \\ -5 & 1 & 3 & -4 \\ 2 & 0 & 1 & -1 \\ 1 & -5 & 3 & -3 \end{pmatrix} \xrightarrow{c_1 \leftrightarrow c_2} \begin{pmatrix} 1 & 3 & -1 & 2 \\ 1 & -5 & 3 & -4 \\ 0 & 2 & 1 & -1 \\ -5 & 1 & 3 & -3 \end{pmatrix} \xrightarrow[r_4 + 5r_1]{r_2 - r_1} \begin{pmatrix} 1 & 3 & -1 & 2 \\ 0 & -8 & 4 & -6 \\ 0 & 2 & 1 & -1 \\ 0 & 16 & -2 & 7 \end{pmatrix}$$

$$\xrightarrow{r_2 \leftrightarrow r_3} \begin{pmatrix} 1 & 3 & -1 & 2 \\ 0 & 2 & 1 & -1 \\ 0 & -8 & 4 & -6 \\ 0 & 16 & -2 & 7 \end{pmatrix} \xrightarrow[r_4 - 8r_2]{r_3 + 4r_2} \begin{pmatrix} 1 & 3 & -1 & 2 \\ 0 & 2 & 1 & -1 \\ 0 & 0 & 8 & -10 \\ 0 & 0 & -10 & 15 \end{pmatrix} \xrightarrow[\frac{1}{5}r_4]{\frac{1}{2}r_3} \begin{pmatrix} 1 & 3 & -1 & 2 \\ 0 & 2 & 1 & -1 \\ 0 & 0 & 4 & -5 \\ 0 & 0 & -2 & 3 \end{pmatrix}$$

$$\xrightarrow[r_4 + 2r_3]{r_3 \leftrightarrow r_4} \begin{pmatrix} 1 & 3 & -1 & 2 \\ 0 & 2 & 1 & -1 \\ 0 & 0 & -2 & 3 \\ 0 & 0 & 0 & 1 \end{pmatrix} = \boldsymbol{B}.$$

由此可见, 可以对一个方阵进行一系列的初等变换, 得到一个 "三角形" 矩阵. 如本例中对 $\boldsymbol{A}$ 进行初等变换后得到上三角矩阵 $\boldsymbol{B}$, 而上三角矩阵的行列式即主对角线上元素的积 (见例 2.25). 如果能够找到原矩阵的行列式 $\det \boldsymbol{A}$ 与变换得到的三角形矩阵的行列式 $\det \boldsymbol{B}$ 之间的数值关系, 则有望简化方阵行列式的计算.

2. 方阵行列式的性质

方阵的行列式有如下性质.

定理 2.4　设数域 P 上方阵 $\boldsymbol{A} = (a_{ij})_{n \times n}$,

(1) $\det \boldsymbol{A}^\top = \det \boldsymbol{A}$;

(2) 记 $\boldsymbol{A}'$ 为交换 $\boldsymbol{A}$ 中两行元素或两列元素, 即对 $\boldsymbol{A}$ 进行第一种初等变换所得的矩阵, 则 $\det \boldsymbol{A}' = -\det \boldsymbol{A}$;

(3) 若 $\boldsymbol{A}$ 中有两行或两列元素相同, 则 $\det \boldsymbol{A} = 0$;

(4) 用数 λ 遍乘 $\boldsymbol{A}$ 中的一行或一列, 即对 $\boldsymbol{A}$ 进行第二种初等变换, 将所得矩阵记为 $\boldsymbol{A}'$, 则 $\det \boldsymbol{A}' = \lambda \det \boldsymbol{A}$;

(5) 若 $\boldsymbol{A}$ 的一行或一列的元素都是两数之和, 例如第 i 行元素可表示为 $a_{ij} = a'_{ij} + a''_{ij}$, $j = 1, 2, \cdots, n$, 即

$$\boldsymbol{A} = \begin{pmatrix} a_{11} & \cdots & a_{1j} & \cdots & a_{1n} \\ \vdots & & \vdots & & \vdots \\ a'_{i1}+a''_{i1} & \cdots & a'_{ij}+a''_{ij} & \cdots & a'_{in}+a''_{in} \\ \vdots & & \vdots & & \vdots \\ a_{n1} & \cdots & a_{nj} & \cdots & a_{nn} \end{pmatrix},$$

记

$$\boldsymbol{A}' = \begin{pmatrix} a_{11} & \cdots & a_{1j} & \cdots & a_{1n} \\ \vdots & & \vdots & & \vdots \\ a'_{i1} & \cdots & a'_{ij} & \cdots & a'_{in} \\ \vdots & & \vdots & & \vdots \\ a_{n1} & \cdots & a_{nj} & \cdots & a_{nn} \end{pmatrix}, \boldsymbol{A}'' = \begin{pmatrix} a_{11} & \cdots & a_{1j} & \cdots & a_{1n} \\ \vdots & & \vdots & & \vdots \\ a''_{i1} & \cdots & a''_{ij} & \cdots & a''_{in} \\ \vdots & & \vdots & & \vdots \\ a_{n1} & \cdots & a_{nj} & \cdots & a_{nn} \end{pmatrix},$$

则 $\det \boldsymbol{A} = \det \boldsymbol{A}' + \det \boldsymbol{A}''$;

(6) 将 $\boldsymbol{A}$ 的一行 (列) 元素乘数 λ 后加到另一行 (列) 上, 即对 $\boldsymbol{A}$ 进行第三种初等变换, 将所得矩阵记为 $\boldsymbol{A}'$, 则 $\det \boldsymbol{A}' = \det \boldsymbol{A}$.

(证明见本章附录 A4.)

利用方阵的行列式的这些性质, 可以通过对方阵进行初等变换, 得到一个三角形矩阵, 从而达到简化行列式计算的目的.

例 2.27 接例 2.26. 计算矩阵 $\boldsymbol{A} = \begin{pmatrix} 3 & 1 & -1 & 2 \\ -5 & 1 & 3 & -4 \\ 2 & 0 & 1 & -1 \\ 1 & -5 & 3 & -3 \end{pmatrix}$ 的行列式.

解

$$\det \boldsymbol{A} = \det \begin{pmatrix} 3 & 1 & -1 & 2 \\ -5 & 1 & 3 & -4 \\ 2 & 0 & 1 & -1 \\ 1 & -5 & 3 & -3 \end{pmatrix} \xlongequal{c_1 \leftrightarrow c_2} -\det \begin{pmatrix} 1 & 3 & -1 & 2 \\ 1 & -5 & 3 & -4 \\ 0 & 2 & 1 & -1 \\ -5 & 1 & 3 & -3 \end{pmatrix}$$

$$\xlongequal[r_4+5r_1]{r_2-r_1} -\det \begin{pmatrix} 1 & 3 & -1 & 2 \\ 0 & -8 & 4 & -6 \\ 0 & 2 & 1 & -1 \\ 0 & 16 & -2 & 7 \end{pmatrix} \xlongequal{r_2 \leftrightarrow r_3} \det \begin{pmatrix} 1 & 3 & -1 & 2 \\ 0 & 2 & 1 & -1 \\ 0 & -8 & 4 & -6 \\ 0 & 16 & -2 & 7 \end{pmatrix}$$

$$\xlongequal[r_4-8r_2]{r_3+4r_2} \det \begin{pmatrix} 1 & 3 & -1 & 2 \\ 0 & 2 & 1 & -1 \\ 0 & 0 & 8 & -10 \\ 0 & 0 & -10 & 15 \end{pmatrix} \xlongequal[\frac{1}{5}r_4]{\frac{1}{2}r_3} 2 \cdot 5 \det \begin{pmatrix} 1 & 3 & -1 & 2 \\ 0 & 2 & 1 & -1 \\ 0 & 0 & 4 & -5 \\ 0 & 0 & -2 & 3 \end{pmatrix}$$

$$\frac{r_3 \leftrightarrow r_4}{r_4 + 2r_3} \, -10 \det \begin{pmatrix} 1 & 3 & -1 & 2 \\ 0 & 2 & 1 & -1 \\ 0 & 0 & -2 & 3 \\ 0 & 0 & 0 & 1 \end{pmatrix} = (-10) \cdot (-4) = 40.$$

练习 2.22 计算 $\mathbf{R}$ 上矩阵 $\boldsymbol{A} = \begin{pmatrix} 1 & 2 & 3 & 4 \\ 1 & 3 & 4 & 1 \\ 1 & 4 & 1 & 2 \\ 1 & 1 & 2 & 3 \end{pmatrix}$ 的行列式.

(参考答案: 16)

矩阵的初等变换以及定理 2.4 中方阵行列式的性质不仅有助于方阵行列式的计算, 还将在接下来的矩阵运算理论研讨中扮演重要角色.

2.5.4 Python 解法

NumPy 包中用于处理线性代数的 linalg 模块提供的 det 函数可用来计算方阵的行列式.

例 2.28 在 Python 中验算例 2.27 中矩阵 $\boldsymbol{A} = \begin{pmatrix} 3 & 1 & -1 & 2 \\ -5 & 1 & 3 & -4 \\ 2 & 0 & 1 & -1 \\ 1 & -5 & 3 & -3 \end{pmatrix}$ 的行列式

$\det \boldsymbol{A}$.

解 见下面代码.

程序 2.10 方阵的行列式计算

```
1  import numpy as np          #导入NumPy
2  A=np.array([[3,1,-1,2],     #矩阵A
3             [-5,1,3,-4],
4             [2,0,1,-1],
5             [1,-5,3,-3]])
6  print(np.linalg.det(A))     #A的行列式
```

程序中第 2~5 行设置矩阵 $\boldsymbol{A}$, 第 6 行调用 numpy 的 linalg 的函数 det 计算行列式 $\det \boldsymbol{A}$. 运行程序, 输出

40.0

练习 2.23 用 Python 计算练习 2.22 中方阵 $\boldsymbol{A}$ 的行列式 $\det \boldsymbol{A}$.
(参考答案: 见文件 chapt02.ipynb 中相应代码)

2.6　方阵的逆

2.6.1　方阵的伴随矩阵

定义 2.10　设域 P 上方阵 $\boldsymbol{A} = \begin{pmatrix} a_{11} & a_{12} & \cdots & a_{1n} \\ a_{21} & a_{22} & \cdots & a_{2n} \\ \vdots & \vdots & & \vdots \\ a_{n1} & a_{n2} & \cdots & a_{nn} \end{pmatrix}$, 删掉 $\boldsymbol{A}$ 中第 i 行、第 j 列

元素, $1 \leqslant i, j \leqslant n$, 其余元素保持原有顺序, 构成一个 $n-1$ 阶方阵, 即

$$\begin{pmatrix} a_{11} & \cdots & a_{1j} & \cdots & a_{1n} \\ \vdots & & \vdots & & \vdots \\ a_{i1} & \cdots & a_{ij} & \cdots & a_{in} \\ \vdots & & \vdots & & \vdots \\ a_{n1} & \cdots & a_{nj} & \cdots & a_{nn} \end{pmatrix}.$$

其行列式称为对应元素 a_{ij} 的**余子式**, 记为 M_{ij}. 为余子式冠以符号 $(-1)^{i+j}$, 即 $(-1)^{i+j} M_{ij}$, 称为 a_{ij} 的**代数余子式**, 记为 A_{ij}, 即 $A_{ij} = (-1)^{i+j} M_{ij}$.

例 2.29　设 $\boldsymbol{A} = \begin{pmatrix} 3 & 1 & -1 & 2 \\ -5 & 1 & 3 & -4 \\ 2 & 0 & 1 & -1 \\ 1 & -5 & 3 & -3 \end{pmatrix}$, 计算 $a_{31} = 2$ 的余子式及代数余子式.

解　在 $\boldsymbol{A}$ 中删掉第 3 行、第 1 列元素, 得到 3 阶方阵 $\begin{pmatrix} 1 & -1 & 2 \\ 1 & 3 & -4 \\ -5 & 3 & -3 \end{pmatrix}$. 按余子式定义

$$M_{31} = \det \begin{pmatrix} 1 & -1 & 2 \\ 1 & 3 & -4 \\ -5 & 3 & -3 \end{pmatrix} \xrightarrow[r_3 + 5r_1]{r_2 - r_1} \det \begin{pmatrix} 1 & -1 & 2 \\ 0 & 4 & -6 \\ 0 & -2 & 7 \end{pmatrix}$$

$$\xrightarrow[r_4 + 2r_3]{r_2 \leftrightarrow r_3} -\det \begin{pmatrix} 1 & -1 & 2 \\ 0 & -2 & 7 \\ 0 & 0 & 8 \end{pmatrix} = 16.$$

于是, $A_{31} = (-1)^{3+1} M_{31} = (-1)^4 M_{31} = M_{31} = 16$.

练习 2.24　计算例 2.29 中矩阵 $\boldsymbol{A}$ 的元素 $a_{32} = 0$ 的代数余子式 A_{32}, $a_{33} = 1$ 的代数余子式 A_{33}, $a_{34} = -1$ 的代数余子式 A_{34}.

(参考答案: $8, -40, -48$)

引理 2.3　若 n 阶方阵 $\boldsymbol{A}$ 中某行或某列只有一个非 0 元素 a_{ij}, 则

$$\det \boldsymbol{A} = a_{ij}A_{ij}.$$

(证明见本章附录 A5.)

　　例 2.30　可以用引理 2.3 来验证下三角矩阵 $\boldsymbol{A} = \begin{pmatrix} a_{11} & 0 & \cdots & 0 \\ a_{21} & a_{22} & \cdots & 0 \\ \vdots & \vdots & & \vdots \\ a_{n1} & a_{n2} & \cdots & a_{nn} \end{pmatrix}$ 的行列式

$\det \boldsymbol{A} = \prod_{i=1}^{n} a_{ii}$.

　　由引理 2.3 得 $\det \boldsymbol{A} = a_{11}A_{11}$, 而 $A_{11} = \det \begin{pmatrix} a_{22} & 0 & \cdots & 0 \\ a_{32} & a_{33} & \cdots & 0 \\ \vdots & \vdots & & \vdots \\ a_{n2} & a_{n3} & \cdots & a_{nn} \end{pmatrix}$ 是一个 $n-1$ 阶

下三角矩阵的行列式, 再一次运用引理 2.3 得 $A_{11} = a_{22} \det \begin{pmatrix} a_{33} & 0 & \cdots & 0 \\ a_{43} & a_{44} & \cdots & 0 \\ \vdots & \vdots & & \vdots \\ a_{n3} & a_{n4} & \cdots & a_{nn} \end{pmatrix}$, 以此

类推. 于是

$$\det \boldsymbol{A} = a_{11}A_{11} = a_{11}a_{22} \det \begin{pmatrix} a_{33} & 0 & \cdots & 0 \\ a_{43} & a_{44} & \cdots & 0 \\ \vdots & \vdots & & \vdots \\ a_{n3} & a_{n4} & \cdots & a_{nn} \end{pmatrix} = \cdots = a_{11}a_{22}\cdots a_{nn} = \prod_{i=1}^{n} a_{ii}.$$

　　练习 2.25　用引理 2.3 验证上三角矩阵 $\boldsymbol{A} = \begin{pmatrix} a_{11} & a_{12} & \cdots & a_{1n} \\ 0 & a_{22} & \cdots & a_{2n} \\ \vdots & \vdots & & \vdots \\ 0 & 0 & \cdots & a_{nn} \end{pmatrix}$ 的行列式 $\det \boldsymbol{A} =$

$\prod_{i=1}^{n} a_{ii}$.

　　(提示: 仿照例 2.30)

　　例 2.31　在例 2.27 中我们知道矩阵 $\boldsymbol{A} = \begin{pmatrix} 3 & 1 & -1 & 2 \\ -5 & 1 & 3 & -4 \\ 2 & 0 & 1 & -1 \\ 1 & -5 & 3 & -3 \end{pmatrix}$ 的行列式 $\det \boldsymbol{A} = 40$.

在例 2.29 中我们算得 $\boldsymbol{A}$ 的元素 a_{31} 的代数余子式 $A_{31} = 16$, 在练习 2.24 中我们算得 a_{32}、a_{33} 和 a_{34} 的代数余子式分别为 $A_{32} = 8$、$A_{33} = -40$ 和 $A_{34} = -48$.

$$a_{31}A_{31} + a_{32}A_{32} + a_{33}A_{33} + a_{34}A_{34} = 2 \cdot 16 + 0 \cdot 8 + 1 \cdot (-40) + (-1) \cdot (-48) = 40 = \det \boldsymbol{A}.$$

而

$$a_{11}A_{31} + a_{12}A_{32} + a_{13}A_{33} + a_{14}A_{34} = 3 \cdot 16 + 1 \cdot 8 + (-1) \cdot (-40) + 2 \cdot (-48) = 0.$$

练习 2.26 对例 2.31 中的矩阵 $\boldsymbol{A}$, 计算

$$a_{21}A_{31} + a_{22}A_{32} + a_{23}A_{33} + a_{24}A_{34}$$

和

$$a_{41}A_{31} + a_{42}A_{32} + a_{43}A_{33} + a_{44}A_{34}.$$

(参考答案: 0)

一般地, 有如下定理.

定理 2.5 n 阶方阵 $\boldsymbol{A} = (a_{ij})_{n \times n}$ 的元素及其代数余子式有如下关系式

$$\sum_{k=1}^{n} a_{ik}A_{jk} = \begin{cases} \det \boldsymbol{A} & i = j \\ 0 & i \neq j \end{cases}, \sum_{k=1}^{n} a_{ki}A_{kj} = \begin{cases} \det \boldsymbol{A} & i = j \\ 0 & i \neq j \end{cases},$$

即若 $i = j$, 第 i 行元素与各自代数余子式积的和或第 i 列元素与各自代数余子式积的和为 $\boldsymbol{A}$ 的行列式 $\det \boldsymbol{A}$; 而若 $i \neq j$, 第 i 行元素与第 j 行元素的代数余子式积之和或第 i 列元素与第 j 列元素的代数余子式积之和为 0. (证明见本章附录 A6.)

定理 2.5 中的表达式 $\det \boldsymbol{A} = \sum_{k=1}^{n} a_{ik}A_{ik}(\det \boldsymbol{A} = \sum_{k=1}^{n} a_{kj}A_{kj})$ 常称为方阵行列式的按行 (列) 的**展开式**.

定义 2.11 给定 n 阶方阵 $\boldsymbol{A} = (a_{ij})_{n \times n}$, 由各元素 a_{ij} 的代数余子式 A_{ij} 构成的方阵

$$\begin{pmatrix} A_{11} & A_{21} & \cdots & A_{n1} \\ A_{12} & A_{22} & \cdots & A_{n2} \\ \vdots & \vdots & & \vdots \\ A_{1n} & A_{2n} & \cdots & A_{nn} \end{pmatrix}$$

称为 $\boldsymbol{A}$ 的**伴随矩阵**, 简称为**伴随阵**, 记为 $\boldsymbol{A}^*$.

例 2.32 计算矩阵 $\boldsymbol{A} = \begin{pmatrix} 1 & 2 & 3 \\ 2 & 2 & 1 \\ 3 & 4 & 3 \end{pmatrix}$ 的伴随阵 $\boldsymbol{A}^*$, 并计算 $\boldsymbol{A}\boldsymbol{A}^*$.

解 $A_{11} = M_{11} = \det \begin{pmatrix} 2 & 1 \\ 4 & 3 \end{pmatrix} = 2$, $A_{12} = -M_{12} = -\det \begin{pmatrix} 2 & 1 \\ 3 & 3 \end{pmatrix} = -3$, $A_{13} = M_{13} =$

$\det \begin{pmatrix} 2 & 2 \\ 3 & 4 \end{pmatrix} = 2$, $A_{21} = -M_{21} = -\det \begin{pmatrix} 2 & 3 \\ 4 & 3 \end{pmatrix} = 6$, $A_{22} = M_{22} = \det \begin{pmatrix} 1 & 3 \\ 3 & 3 \end{pmatrix} = -6$,

$A_{23} = -M_{23} = -\det \begin{pmatrix} 1 & 2 \\ 3 & 4 \end{pmatrix} = 2$, $A_{31} = M_{31} = \det \begin{pmatrix} 2 & 3 \\ 2 & 1 \end{pmatrix} = -4$, $A_{32} = -M_{32} =$

$-\det \begin{pmatrix} 1 & 3 \\ 2 & 1 \end{pmatrix} = 5$, $A_{33} = M_{33} = \det \begin{pmatrix} 1 & 2 \\ 2 & 2 \end{pmatrix} = -2$. 据此, $\boldsymbol{A}$ 的伴随阵

$$\boldsymbol{A}^* = \begin{pmatrix} A_{11} & A_{21} & A_{31} \\ A_{12} & A_{22} & A_{32} \\ A_{13} & A_{23} & A_{33} \end{pmatrix} = \begin{pmatrix} 2 & 6 & -4 \\ -3 & -6 & 5 \\ 2 & 2 & -2 \end{pmatrix}.$$

$$\boldsymbol{A}\boldsymbol{A}^* = \begin{pmatrix} 1 & 2 & 3 \\ 2 & 2 & 1 \\ 3 & 4 & 3 \end{pmatrix} \begin{pmatrix} 2 & 6 & -4 \\ -3 & -6 & 5 \\ 2 & 2 & -2 \end{pmatrix} = \begin{pmatrix} 2 & 0 & 0 \\ 0 & 2 & 0 \\ 0 & 0 & 2 \end{pmatrix}$$

$$= \begin{pmatrix} \det \boldsymbol{A} & 0 & 0 \\ 0 & \det \boldsymbol{A} & 0 \\ 0 & 0 & \det \boldsymbol{A} \end{pmatrix} = (\det \boldsymbol{A})\boldsymbol{I}_3.$$

练习 2.27 计算例 2.32 中矩阵 $\boldsymbol{A}$ 及其伴随阵 $\boldsymbol{A}^*$ 的积 $\boldsymbol{A}^*\boldsymbol{A}$.

(参考答案: $\begin{pmatrix} 2 & 0 & 0 \\ 0 & 2 & 0 \\ 0 & 0 & 2 \end{pmatrix}$)

一般地, 有如下引理.

引理 2.4 数域 P 上的 n 阶方阵 $\boldsymbol{A}$ 与其伴随阵 $\boldsymbol{A}^*$ 满足

$$\boldsymbol{A}\boldsymbol{A}^* = \boldsymbol{A}^*\boldsymbol{A} = (\det \boldsymbol{A})\boldsymbol{I}.$$

其中, $\boldsymbol{I}$ 为 n 阶单位阵.

证明 这是定理 2.5 的直接结论.

2.6.2 可逆方阵

定义 2.12 设 $\boldsymbol{A}$ 为 n 阶方阵, 若有 n 阶方阵 $\boldsymbol{B}$ 使 $\boldsymbol{A}\boldsymbol{B} = \boldsymbol{B}\boldsymbol{A} = \boldsymbol{I}$, 称 $\boldsymbol{A}$ 是**可逆阵**, $\boldsymbol{B}$ 是 $\boldsymbol{A}$ 的逆矩阵, 记为 $\boldsymbol{A}^{-1}$.

例如, $\boldsymbol{I}$ 是可逆的, $\boldsymbol{I}^{-1} = \boldsymbol{I}$. 若 $\lambda \neq 0$, 数量阵 $\boldsymbol{A} = \begin{pmatrix} \lambda & 0 & \cdots & 0 \\ 0 & \lambda & \cdots & 0 \\ \vdots & \vdots & & \vdots \\ 0 & 0 & \cdots & \lambda \end{pmatrix}$ 是可逆的,

$$\boldsymbol{A}^{-1} = \begin{pmatrix} \dfrac{1}{\lambda} & 0 & \cdots & 0 \\ 0 & \dfrac{1}{\lambda} & \cdots & 0 \\ \vdots & \vdots & & \vdots \\ 0 & 0 & \cdots & \dfrac{1}{\lambda} \end{pmatrix}.$$ 若积 $\lambda_1 \lambda_2 \cdots \lambda_n \neq 0$, 则对角矩阵 $\mathrm{diag}(\lambda_1, \lambda_2, \cdots, \lambda_n)$ 是可逆

的, 逆矩阵为对角矩阵 $\mathrm{diag}(1/\lambda_1, 1/\lambda_2, \cdots, 1/\lambda_n)$. 一般地, 有如下定理.

定理 2.6 方阵 $\boldsymbol{A}$ 可逆的充分必要条件是 $\det(\boldsymbol{A}) \neq 0$, 且

$$\boldsymbol{A}^{-1} = \frac{1}{\det \boldsymbol{A}} \boldsymbol{A}^*.$$

证明 这是引理 2.4 的直接推论.

例 2.33 判断矩阵 $\boldsymbol{A} = \begin{pmatrix} 1 & 2 & 3 \\ 2 & 2 & 1 \\ 3 & 4 & 3 \end{pmatrix}$ 是否可逆, 若可逆计算其逆矩阵 $\boldsymbol{A}^{-1}$.

解 根据例 2.32 的计算知 $\boldsymbol{A}$ 的各元素的代数余子式 $A_{11} = 2$, $A_{12} = -3$, $A_{13} = 2$, $A_{21} = 6$, $A_{22} = -6$, $A_{23} = 2$, $A_{31} = -4$, $A_{32} = 5$, $A_{33} = -2$. 据此算得行列式 $\det \boldsymbol{A} = a_{11}A_{11} + a_{12}A_{12} + a_{13}A_{13} = 1 \cdot 2 + 2 \cdot (-3) + 3 \cdot 2 = 2 \neq 0$, 故 $\boldsymbol{A}$ 可逆. 其次, $\boldsymbol{A}$ 的伴随阵

$$\boldsymbol{A}^* = \begin{pmatrix} A_{11} & A_{21} & A_{31} \\ A_{12} & A_{22} & A_{32} \\ A_{13} & A_{23} & A_{33} \end{pmatrix} = \begin{pmatrix} 2 & 6 & -4 \\ -3 & -6 & 5 \\ 2 & 2 & -2 \end{pmatrix},$$ 根据定理 2.6 得

$$\boldsymbol{A}^{-1} = \frac{1}{\det \boldsymbol{A}} \boldsymbol{A}^* = \frac{1}{2} \begin{pmatrix} 2 & 6 & -4 \\ -3 & -6 & 5 \\ 2 & 2 & -2 \end{pmatrix} = \begin{pmatrix} 1 & 3 & -2 \\ -\dfrac{3}{2} & -3 & \dfrac{5}{2} \\ 1 & 1 & -1 \end{pmatrix}.$$

练习 2.28 判断 $\mathbf{R}$ 上矩阵 $\boldsymbol{A} = \begin{pmatrix} 1 & 0 & 1 \\ 2 & 2 & 0 \\ -1 & -\dfrac{5}{2} & 1 \end{pmatrix}$ 是否可逆, 若可逆计算逆矩阵 $\boldsymbol{A}^{-1}$.

(**参考答案:** $\boldsymbol{A}^{-1} = \begin{pmatrix} -2 & \dfrac{5}{2} & 2 \\ 2 & 2 & -2 \\ 3 & -\dfrac{5}{2} & -2 \end{pmatrix}$)

例 2.34　设正整数 $n \in \mathbf{N}$, $1 \leqslant i \neq j \leqslant n$, 实数域 $\mathbf{R}$ 上的 n 阶第一种初等矩阵 (初等矩阵的概念参见例 2.2) $\boldsymbol{E}(i, j)$ 是可逆的. 这是因为 $\boldsymbol{E}(i, j)$ 是在 n 阶单位阵中交换两行而得到的, 根据定理 2.4 的 (2) 得 $\det \boldsymbol{E}(i, j) = -\det \boldsymbol{I} = -1 \neq 0$. 显然, $\boldsymbol{E}^{-1}(i, j) = \boldsymbol{E}(i, j)$. 设 $\lambda \in \mathbf{R}$, 且 $\lambda \neq 0$, 则 n 阶第二种初等矩阵 $\boldsymbol{E}(i(\lambda))$ 是可逆阵. 这是因为 $\det \boldsymbol{E}(i(\lambda)) = \lambda \det \boldsymbol{I} = \lambda \neq 0$, 且 $\boldsymbol{E}^{-1}(i(\lambda)) = \boldsymbol{E}\left(i\left(\dfrac{1}{\lambda}\right)\right)$.

练习 2.29　说明实数域 $\mathbf{R}$ 上的 n 阶第三种初等矩阵 $\boldsymbol{E}(i(\lambda), j)$ 是可逆的, 并写出其逆矩阵.

(提示: 根据定理 2.4 的 (5) 将 $\det \boldsymbol{E}(i(\lambda), j)$ 拆分成两个行列式的和. 参考答案: $\boldsymbol{E}^{-1}(i(\lambda), j) = \boldsymbol{E}(i(-\lambda), j)$)

定理 2.7　可逆阵具有如下性质:

(1) 若 $\boldsymbol{A}$ 可逆, 则 $\boldsymbol{A}^{-1}$ 也可逆, 且 $(\boldsymbol{A}^{-1})^{-1} = \boldsymbol{A}$;

(2) 若 $\boldsymbol{A}$ 可逆且 $\lambda \neq 0$, 则 $\lambda \boldsymbol{A}$ 可逆, 且 $(\lambda \boldsymbol{A})^{-1} = \dfrac{1}{\lambda} \boldsymbol{A}^{-1}$;

(3) 若 $\boldsymbol{A}$ 和 $\boldsymbol{B}$ 均可逆, 则 $\boldsymbol{A}\boldsymbol{B}$ 可逆, 且 $(\boldsymbol{A}\boldsymbol{B})^{-1} = \boldsymbol{B}^{-1}\boldsymbol{A}^{-1}$;

(4) 若 $\boldsymbol{A}$ 可逆, 则 $\boldsymbol{A}^{\top}$ 可逆, 且 $(\boldsymbol{A}^{\top})^{-1} = (\boldsymbol{A}^{-1})^{\top}$.

练习 2.30　证明定理 2.7.

(提示: 运用方阵的逆矩阵的定义)

例 2.35　在实数域 $\mathbf{R}$ 上解矩阵方程 $\boldsymbol{X}\boldsymbol{A} = \boldsymbol{B}$. 其中 $\boldsymbol{A} = \begin{pmatrix} 2 & 1 & -1 \\ 2 & 1 & 0 \\ 1 & -1 & 1 \end{pmatrix}$, $\boldsymbol{B} = \begin{pmatrix} 1 & -1 & 3 \\ 4 & 3 & 2 \end{pmatrix}$.

解　由于 $\det \boldsymbol{A} = \det \begin{pmatrix} 2 & 1 & -1 \\ 2 & 1 & 0 \\ 1 & -1 & 1 \end{pmatrix} = 3 \neq 0$, 故 $\boldsymbol{A}$ 可逆, 且 $\boldsymbol{A}^{-1} = \begin{pmatrix} \dfrac{1}{3} & 0 & \dfrac{1}{3} \\ -\dfrac{2}{3} & 1 & -\dfrac{2}{3} \\ -1 & 1 & 0 \end{pmatrix}$.

对方程 $\boldsymbol{X}\boldsymbol{A} = \boldsymbol{B}$ 两端同时右乘 $\boldsymbol{A}^{-1}$, 保持等式, 即 $\boldsymbol{X}\boldsymbol{A}\boldsymbol{A}^{-1} = \boldsymbol{B}\boldsymbol{A}^{-1}$, 亦即

$$\boldsymbol{X} = \boldsymbol{B}\boldsymbol{A}^{-1} = \begin{pmatrix} 1 & -1 & 3 \\ 4 & 3 & 2 \end{pmatrix} \begin{pmatrix} \dfrac{1}{3} & 0 & \dfrac{1}{3} \\ -\dfrac{2}{3} & 1 & -\dfrac{2}{3} \\ -1 & 1 & 0 \end{pmatrix} = \begin{pmatrix} -2 & 2 & 1 \\ -\dfrac{8}{3} & 5 & -\dfrac{2}{3} \end{pmatrix}.$$

练习 2.31　解矩阵方程 $\boldsymbol{A}\boldsymbol{X} = \boldsymbol{B}$, 其中 $\boldsymbol{A} = \begin{pmatrix} 2 & 5 \\ 1 & 3 \end{pmatrix}$, $\boldsymbol{B} = \begin{pmatrix} 4 & -6 \\ 2 & 1 \end{pmatrix}$.

(参考答案: $\boldsymbol{X} = \begin{pmatrix} 2 & -23 \\ 0 & 8 \end{pmatrix}$)

2.6.3 矩阵积的行列式

理论上, 对任意 n 阶方阵 $\boldsymbol{A}$, 我们均可以仅用第三种初等变换, 将其转换成对角矩阵 $\mathrm{diag}(\lambda_1, \lambda_2, \cdots, \lambda_n)$. 设

$$\boldsymbol{A} = \begin{pmatrix} a_{11} & a_{12} & \cdots & a_{1n} \\ a_{21} & a_{22} & \cdots & a_{2n} \\ \vdots & \vdots & & \vdots \\ a_{n1} & a_{n2} & \cdots & a_{nn} \end{pmatrix}.$$

从 $k = 1$ 开始, 若第 1 列元素及第 1 行元素全为 0, 即 $\boldsymbol{A} = \begin{pmatrix} a_{11} & \boldsymbol{O}_{1 \times (n-1)} \\ \boldsymbol{O}_{(n-1) \times 1} & \boldsymbol{A}_1 \end{pmatrix}$, 且 $a_{11} = 0$, 取 $\lambda_1 = 0$. 否则, 若 $a_{i1} \neq 0$(或 $a_{1j} \neq 0$), 就可施以第三种初等变换: 将 i 行加到第 1 行上 (或将第 j 列加到第 1 列上) 使 $a_{11} \neq 0$. 然后用 $n - 1$ 次第三种行初等变换: 用 $-a_{i1}/a_{11}$ 乘第 1 行后将其加到第 $i(i = 2, 3, \cdots, n)$ 行上. 再用 $n - 1$ 次第三种列初等变换: 用 $-a_{1j}/a_{11}$ 乘第 1 列后将其加到第 $j(j = 2, 3, \cdots, n)$ 列上. 这时即可将 $\boldsymbol{A}$ 转换为

$$\begin{pmatrix} a_{11} & \boldsymbol{O}_{1 \times (n-1)} \\ \boldsymbol{O}_{(n-1) \times 1} & \boldsymbol{A}_1 \end{pmatrix}.$$

令 $\lambda_1 = a_{11}$.

$k = 2$ 时, 按上述方法, 对 $n - 1$ 阶方阵 $\boldsymbol{A}_1 = \begin{pmatrix} a'_{22} & \cdots & a'_{2n} \\ \vdots & & \vdots \\ a'_{n2} & \cdots & a'_{nn} \end{pmatrix}$ 进行变换, 可得 $\lambda_2 = a'_{22}$, 以此类推, 直至 $k = n$ 时, 得到 λ_n. 进行如此一系列的第三种初等变换, 可将 $\boldsymbol{A}$ 变换到对角矩阵 $\boldsymbol{\Lambda} = \mathrm{diag}(\lambda_1, \lambda_2, \cdots, \lambda_n)$.

根据例 2.15 及练习 2.12 的结论, 上述对 $\boldsymbol{A}$ 的一系列第三种初等变换, 相当于存在一系列第三种初等矩阵 $\boldsymbol{E}_1, \cdots, \boldsymbol{E}_p, \boldsymbol{E}_{p+1}, \cdots, \boldsymbol{E}_q$, 使得

$$\boldsymbol{E}_1 \cdots \boldsymbol{E}_p \boldsymbol{A} \boldsymbol{E}_{p+1} \cdots \boldsymbol{E}_q = \boldsymbol{\Lambda}.$$

按定理 2.4 的 (5), $\det \boldsymbol{A} = \det \boldsymbol{\Lambda} = \det(\mathrm{diag}(\lambda_1, \lambda_2, \cdots, \lambda_n)) = \prod\limits_{i=1}^{n} \lambda_i$. 据此, 我们有如下引理.

引理 2.5 设 $n \subset \mathbf{N}$, P 为一数域. $\forall \boldsymbol{A} \in P^{n \times n}$, 存在第三种初等矩阵 $\boldsymbol{E}_1, \cdots, \boldsymbol{E}_p$, $\boldsymbol{E}_{p+1}, \cdots, \boldsymbol{E}_{p+q} \in P^{n \times n}$ 及 $\lambda_1, \lambda_2, \cdots, \lambda_n \in P$, 使得

$$\boldsymbol{E}_1 \cdots \boldsymbol{E}_p \boldsymbol{A} \boldsymbol{E}_{p+1} \cdots \boldsymbol{E}_{p+q} = \mathrm{diag}(\lambda_1, \lambda_2, \cdots, \lambda_n) = \boldsymbol{\Lambda},$$

且

$$\det \boldsymbol{A} = \det \boldsymbol{\Lambda} = \det(\operatorname{diag}(\lambda_1, \lambda_2, \cdots, \lambda_n)) = \prod_{i=1}^{n} \lambda_i.$$

由于第三种初等矩阵是可逆的 (参见练习 2.29), 所以由引理 2.5 中的结论

$$\boldsymbol{E}_1 \cdots \boldsymbol{E}_p \boldsymbol{A} \boldsymbol{E}_{p+1} \cdots \boldsymbol{E}_{p+q} = \boldsymbol{\Lambda}$$

可得

$$\boldsymbol{E}_p^{-1} \cdots \boldsymbol{E}_1^{-1} \boldsymbol{\Lambda} \boldsymbol{E}_{p+q}^{-1} \cdots \boldsymbol{E}_{p+1}^{-1} = \boldsymbol{A}.$$

又由于第三种初等矩阵的逆矩阵也是第三种初等矩阵, 故可将引理 2.5 的结论等价地表示为 $\forall \boldsymbol{A} \in P^{n \times n}$, 存在第三种初等矩阵 $\boldsymbol{E}_1, \cdots, \boldsymbol{E}_p, \boldsymbol{E}_{p+1}, \cdots, \boldsymbol{E}_{p+q} \in P^{n \times n}$ 及 $\lambda_1, \lambda_2, \cdots, \lambda_n \in P$, $\boldsymbol{\Lambda} = \operatorname{diag}(\lambda_1, \lambda_2, \cdots, \lambda_n)$, 使得

$$\boldsymbol{E}_1 \cdots \boldsymbol{E}_p \boldsymbol{\Lambda} \boldsymbol{E}_{p+1} \cdots \boldsymbol{E}_{p+q} = \boldsymbol{A}.$$

考虑 $\boldsymbol{\Lambda} = \operatorname{diag}(\lambda_1, \lambda_2, \cdots, \lambda_n)$, $\boldsymbol{B} = \begin{pmatrix} b_{11} & b_{12} & \cdots & b_{1n} \\ b_{21} & b_{22} & \cdots & b_{2n} \\ \vdots & \vdots & & \vdots \\ b_{n1} & b_{n2} & \cdots & b_{nn} \end{pmatrix} \in P^{n \times n}$,

$$\boldsymbol{\Lambda B} = \begin{pmatrix} \lambda_1 & 0 & \cdots & 0 \\ 0 & \lambda_2 & \cdots & 0 \\ \vdots & \vdots & & \vdots \\ 0 & 0 & \cdots & \lambda_n \end{pmatrix} \begin{pmatrix} b_{11} & b_{12} & \cdots & b_{1n} \\ b_{21} & b_{22} & \cdots & b_{2n} \\ \vdots & \vdots & & \vdots \\ b_{n1} & b_{n2} & \cdots & b_{nn} \end{pmatrix} = \begin{pmatrix} \lambda_1 b_{11} & \lambda_1 b_{12} & \cdots & \lambda_1 b_{1n} \\ \lambda_2 b_{21} & \lambda_2 b_{22} & \cdots & \lambda_2 b_{2n} \\ \vdots & \vdots & & \vdots \\ \lambda_n b_{n1} & \lambda_n b_{n2} & \cdots & \lambda_n b_{nn} \end{pmatrix}.$$

根据定理 2.4 的 (4), 有 $\det(\boldsymbol{\Lambda B}) = \prod\limits_{i=1}^{n} \lambda_i \det \boldsymbol{B} = \det \boldsymbol{\Lambda} \det \boldsymbol{B}$.

引理 2.6　设 $n \in \mathbf{N}$, P 为一数域. $\lambda_1, \lambda_2, \cdots, \lambda_n \in P$, $\boldsymbol{\Lambda} = \operatorname{diag}(\lambda_1, \lambda_2, \cdots, \lambda_n)$, $\forall \boldsymbol{B} \in P^{n \times n}$,

$$\det(\boldsymbol{\Lambda B}) = \det \boldsymbol{\Lambda} \det \boldsymbol{B}.$$

利用引理 2.5 和引理 2.6, 可以证明下列重要定理.

定理 2.8　设 $n \in \mathbf{N}$, P 为一数域, $\forall \boldsymbol{A}, \boldsymbol{B} \in P^{n \times n}$,

$$\det \boldsymbol{A} \boldsymbol{B} = \det \boldsymbol{A} \det \boldsymbol{B},$$

即方阵积的行列式等于行列式的积. (证明见本章附录 A7.)

2.6.4　Python 解法

1. 方阵的伴随阵

NumPy 的 array 对象是可以通过下标访问其某一片段的: 长度为 n 的数组 a, 对 $0 \leqslant i \leqslant j \leqslant n$, a[i:j] 表示片段

$$a[i], a[i+1], \cdots, a[j-1].$$

若 i=0, 则可省略为 a[:j], 而当 j=n 时也可省略为 a[i:]. 相仿地, 对于 $m \times n$ 的二维数组 A, $0 \leqslant i1 \leqslant i2 < m, 0 \leqslant j1 \leqslant j2 < n$, A[i1:i2,j1:j2] 表示片段

$$\begin{matrix} A[i1,j1] & \cdots & A[i1,j2\text{-}1] \\ \vdots & & \vdots \\ A[i2,j1] & \cdots & A[i2,j2\text{-}1] \end{matrix}$$

若二维数组 A 中存储了矩阵 $\boldsymbol{A}$ 的数据, 则对 $0 \leqslant i, j<n$, $a_{i+1,j+1}$ 的余子式 $M_{i+1,j+1}$, 可由数组 A 中的 4 个片段, 即 A[:i,:j], A[:i,j+1:], A[i+1:,:j], A[i+1:,j+1:] 拼接而成的方阵求行列式而得, 如图 2.4 所示.

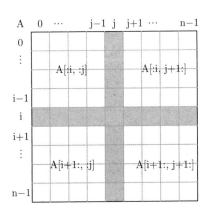

图 2.4　余子式 M_{ij} 的组成

可以用 NumPy 的 hstack 函数横向地分别将 A[:i,:j], A[:i,j+1:] 和 A[i+1:,:j], A[i+1:,j+1:] 连接, 然后将两者用 vstack 函数连接成一个 $n-1$ 阶方阵, 再求其行列式, 乘因子 $(-1)^{i+j}$ 即得代数余子式. 下列代码定义了计算方阵 $\boldsymbol{A}$ 的元素 a_{ij} 的代数余子式 A_{ij} 的函数.

程序 2.11　代数余子式的计算

```
1   import numpy as np                                    #导入 NumPy
2   def Aij(A,i,j):
3       up=np.hstack((A[:i,:j],A[:i,j+1:]))               #横向连接上方片段
4       lo=np.hstack((A[i+1:,:j],A[i+1:,j+1:]))           #横向连接下方片段
5       M=np.vstack((up,lo))                              #纵向连接
6       return ((-1)**(i+j))*np.linalg.det(M)             #代数余子式
```

程序的第 2~6 行定义了函数 Aij, 其 3 个参数分别为矩阵 A、行标 i 和列标 j. 第 3 行连接上排的 A[:i,:j] 和 A[:i,j+1:], 将其存入 up. 第 4 行连接下排的 A[i+1:,:j] 和 A[i+1:,j+1:],

将其存入 lo. 第 5 行连接 up 和 lo, 将其存入 M. 第 6 行计算 $(-1)^{i+j}\det(M)$ 并返回结果. 将程序 2.11 写入文件 utility.py, 以便调用.

利用函数 Aij, 可以编写计算方阵 $\boldsymbol{A}$ 的伴随阵 $\boldsymbol{A}^*$ 的函数.

程序 2.12   方阵伴随阵的计算

```
1   import numpy as np                          #导入 NumPy
2   from utility import Aij                      #导入 Aij
3   def adjointMatrix(A):
4       n,_=A.shape                              #获取阶数 n
5       Am=np.zeros((n,n))                        #将 Am 初始化为零矩阵
6       for i in range(n):                       #每一行
7           for j in range(n):                   #每一列
8               Am[i,j]=Aij(A,i,j)               #伴随阵元素
9       return Am.T
```

程序的第 3~9 行定义的函数 adjointMatrix 只有一个表示方阵的参数 A, 该函数用于完成 A 的伴随阵的计算. 第 4 行用 array 对象 A 的 shape 属性取得 A 的阶数 n, 由于 A 是一个二维数组, 故其 shape 属性值是一个二元组: 前者为行数, 后者为列数. 此处, 已知 A 是一个方阵, 故行数、列数是相同的, 所以用 _ 将列数隐去. 第 5 行调用 NumPy 的 zeros 函数生成一个 n×n 的零矩阵, 用其初始化 Am. 第 6~8 行的嵌套 for 循环调用程序 2.11 定义的函数 Aij 计算 A 的每一行、每一列交叉处元素的代数余子式, 将其存入 Am. 注意, 根据伴随阵的定义, 第 9 行返回的是 Am 的转置. 将程序 2.12 的代码写入文件 utility.py, 以便调用.

例 2.36   用程序 2.12 定义的 adjointMatrix 函数验算例 2.32.

解   见下列代码.

程序 2.13   验算例 2.32

```
1   import numpy as np                          #导入 NumPy
2   from utility import adjointMatrix           #导入 adjointMatrix
3   from fractions import Fraction as F
4   np.set_printoptions(formatter={'all':lambda x:
5                               str(F(x).limit_denominator())})
6   A=np.array([[1,2,3],                        #设置矩阵 A
7               [2,2,1],
8               [3,4,3]])
9   Am=adjointMatrix(A)                         #A 的伴随阵
10  print(Am)
11  print(np.matmul(A,Am))
```

程序中第 6~8 行设置矩阵 A(参见例 2.32), 第 9 行调用程序 2.12 定义的 adjointMatrix 函数 (第 2 行导入), 计算 $\boldsymbol{A}$ 的伴随阵 $\boldsymbol{A}^*$, 将其存入 Am. 第 10 行输出伴随阵 $\boldsymbol{A}^*$. 第 11 行输出积 $\boldsymbol{A}\boldsymbol{A}^*$. 注意, 为使输出的数组中的元素为准确的分数形式, 第 3~5 行导入分数类 Fraction, 并调用 NumPy 的 set_printoptions 函数. 运行程序, 输出

```
[[ 2   6  -4]
 [-3  -6   5]
```

$$[\;\;2\;\;\;2\;\;-2]]$$
$$[[2\;\;0\;\;0]$$
$$[0\;\;2\;\;0]$$
$$[0\;\;0\;\;2]]$$

练习 2.32 用 Python 计算练习 2.27.

(参考答案: 见文件 chapt02.ipynb 相应代码)

2. 方阵的逆

NumPy 的 linalg 模块的 inv 函数用于计算可逆方阵的逆矩阵.

例 2.37 用 Python 验算例 2.33.

解 见下列代码.

程序 2.14 验算例 2.33

```
1   import numpy as np                              #导入 NumPy
2   from utility import adjointMatrix               #导入 adjointMatrix
3   from fractions import Fraction as F
4   np.set_printoptions(formatter={'all':lambda x:
5                           str(F(x).limit_denominator())})
6   A=np.array([[1,2,3],                            #设置矩阵 A
7               [2,2,1],
8               [3,4,3]])
9   print('%.1f'%np.linalg.det(A))                  #输出 A 的行列式
10  print(np.linalg.inv(A))                         #输出 A 的逆矩阵
```

注意程序中的第 10 行, 调用 inv 函数, 计算 A 的逆矩阵. 运行程序, 输出

$$2.0$$
$$[[\;\;\;1\;\;\;\;\;3\;\;-2]$$
$$[-3/2\;\;-3\;\;5/2]$$
$$[\;\;\;1\;\;\;\;\;1\;\;-1]]$$

练习 2.33 用 Python 验算例 2.35 的计算结果.

(参考答案: 见文件 chapt02.ipynb 中相应代码)

2.7 本章附录

A1. 引理 2.1 的证明

证明 设 $\boldsymbol{A} = (a_{ij})_{m \times n} \in P^{m \times n}$, $\boldsymbol{B} = (b_{ij})_{m \times n} \in P^{m \times n}$, $\boldsymbol{C} = (c_{ij})_{m \times n} \in P^{m \times n}$. 由于 P 是一个域, 故 $(P, +)$ 构成一个交换群, 所以

(1)
$$\boldsymbol{A} + \boldsymbol{B} = (a_{ij} + b_{ij})_{m \times n} = (b_{ij} + a_{ij})_{m \times n} = \boldsymbol{B} + \boldsymbol{A},$$

即交换律成立;

(2)
$$(\boldsymbol{A} + \boldsymbol{B}) + \boldsymbol{C} = (a_{ij} + b_{ij})_{m \times n} + (c_{ij})_{m \times n}$$

$$= ((a_{ij} + b_{ij}) + c_{ij})_{m \times n} = (a_{ij} + (b_{ij} + c_{ij}))_{m \times n}$$

$$= (a_{ij})_{m \times n} + (b_{ij} + c_{ij})_{m \times n}$$

$$= \boldsymbol{A} + (\boldsymbol{B} + \boldsymbol{C}),$$

即结合律成立;

(3) 零矩阵 $\boldsymbol{O} = (0)_{m \times n} \in P^{m \times n}$, 其中 0 为 P 中零元, 满足

$$\boldsymbol{A} + \boldsymbol{O} = (a_{ij} + 0) = (a_{ij}) = (0 + a_{ij}) = \boldsymbol{O} + \boldsymbol{A} = \boldsymbol{A},$$

即 $\boldsymbol{O}$ 为加法的零元;

(4) 由于 P 是数域, 故对 $a_{ij} \in P$ 必有负元 $-a_{ij} \in P$, 使得 $a_{ij} + (-a_{ij}) = 0$, $i = 1, 2, \cdots, m$, $j = 1, 2, \cdots, n$. 矩阵 $(-a_{ij})_{m \times n}$ 记为 $-\boldsymbol{A}$, 由于

$$\boldsymbol{A} + (-\boldsymbol{A}) = (a_{ij})_{m \times n} + (-a_{ij})_{m \times n}$$

$$= (a_{ij} + (-a_{ij}))_{m \times n} = (0)_{m \times n}$$

$$= \boldsymbol{O},$$

故 $-\boldsymbol{A}$ 是 $\boldsymbol{A}$ 的负元. 利用矩阵加法的负元律可定义矩阵的减法: $\boldsymbol{A} - \boldsymbol{B} = \boldsymbol{A} + (-\boldsymbol{B})$. 根据定义 1.3, $(P^{m \times n}, +)$ 构成一个交换群.

A2. 定理 2.1 的证明

证明　首先, 根据引理 2.1 知, $(P^{m \times n}, +)$ 构成一个交换群. $\forall \boldsymbol{A} = (a_{ij})_{m \times n}$, $\boldsymbol{B} = (b_{ij})_{m \times n} \in P^{m \times n}$, $\forall \lambda, \mu \in P$, P 为一个域.

(1) P 中元素关于乘法有交换律, $\lambda \boldsymbol{A} = \lambda(a_{ij})_{m \times n} = (\lambda a_{ij})_{m \times n} = (a_{ij} \lambda)_{m \times n} = \boldsymbol{A} \lambda$;

(2) P 中元素关于乘法有结合律,

$$(\lambda \mu) \boldsymbol{A} = (\lambda \mu)(a_{ij})_{m \times n} = ((\lambda \mu) a_{ij})_{m \times n}$$

$$= (\lambda(\mu a_{ij}))_{m \times n} = \lambda(\mu a_{ij})_{m \times n}$$

$$= \lambda(\mu(a_{ij})_{m \times n}) = \lambda(\mu \boldsymbol{A});$$

(3) P 中元素乘法关于加法有分配律,

$$(\lambda + \mu) \boldsymbol{A} = (\lambda + \mu)(a_{ij})_{m \times n} = ((\lambda + \mu) a_{ij})_{m \times n}$$

$$= (\lambda a_{ij} + \mu a_{ij})_{m \times n} = (\lambda a_{ij})_{m \times n} + (\mu a_{ij})_{m \times n}$$

$$= \lambda \boldsymbol{A} + \mu \boldsymbol{A};$$

(4) P 中元素乘法对加法有分配律,

$$\lambda(\boldsymbol{A} + \boldsymbol{B}) = \lambda((a_{ij})_{m \times n} + (b_{ij})_{m \times n})$$

$$= \lambda(a_{ij} + b_{ij})_{m \times n} = (\lambda(a_{ij} + b_{ij}))_{m \times n}$$

$$= (\lambda a_{ij} + \lambda b_{ij})_{m \times n} = (\lambda a_{ij})_{m \times n} + (\lambda b_{ij})_{m \times n}$$

$$= \lambda(a_{ij})_{m \times n} + \lambda(b_{ij})_{m \times n} = \lambda \boldsymbol{A} + \lambda \boldsymbol{B}.$$

根据定义 1.6 知, $(P^{m \times n}, +, \cdot)$ 构成一个线性代数.

A3. 定理 2.2 的证明

证明　根据数域 P 中元素对乘法结合律、乘法对加法的分配律, 以及矩阵和、数乘、积的意义,

(1) 设 $\boldsymbol{A} = (a_{ip})_{m \times s}$, $\boldsymbol{B} = (b_{pq})_{s \times t}$, $\boldsymbol{C} = (c_{qj})_{t \times n}$,

$$(\boldsymbol{AB})\boldsymbol{C} = \left(\sum_{p=1}^{s} a_{ip}b_{pq}\right)_{m \times t} (c_{qj})_{t \times n}$$

$$= \left(\sum_{q=1}^{t} \left(\sum_{p=1}^{s} a_{ip}b_{pq}\right) c_{qj}\right)_{m \times n}$$

$$= \left(\sum_{q=1}^{t} \sum_{p=1}^{s} a_{ip}b_{pq}c_{qj}\right)_{m \times n}$$

$$= \left(\sum_{p=1}^{s} a_{ip} \left(\sum_{q=1}^{t} b_{pq}c_{qj}\right)\right)_{m \times n}$$

$$= (a_{ip})_{m \times s} \left(\sum_{q=1}^{t} b_{pq}c_{qj}\right)_{s \times n} = \boldsymbol{A}(\boldsymbol{BC});$$

(2) 设 $\boldsymbol{A} = (a_{ik})_{m \times l}$, $\boldsymbol{B} = (b_{kj})_{l \times n}$,

$$\lambda(\boldsymbol{AB}) = \lambda \left(\sum_{k=1}^{l} a_{ik}b_{kj}\right)_{m \times n} = \left(\lambda \sum_{k=1}^{l} a_{ik}b_{kj}\right)_{m \times n}$$

$$= \left(\sum_{k=1}^{l} \lambda a_{ik}b_{kj}\right)_{m \times n} = \left(\sum_{k=1}^{l} (\lambda a_{ik})b_{kj}\right)_{m \times n}$$

$$= (\lambda a_{ik})_{m \times l}(b_{kj})_{l \times n} = (\lambda \boldsymbol{A})\boldsymbol{B};$$

(3) 设 $\boldsymbol{A} = (a_{ik})_{m \times l}$, $\boldsymbol{B} = (b_{kj})_{l \times n}$, $\boldsymbol{C} = (c_{kj})_{l \times n}$,

$$\boldsymbol{A}(\boldsymbol{B} + \boldsymbol{C}) = (a_{ik})_{m \times l}(b_{kj} + c_{kj})_{l \times n} = \left(\sum_{k=1}^{l} a_{ik}(b_{kj} + c_{kj})\right)_{m \times n}$$

$$= \left(\sum_{k=1}^{l} (a_{ik}b_{kj} + a_{ik}c_{kj})\right)_{m \times n} = \left(\sum_{k=1}^{l} a_{ik}b_{kj} + \sum_{k=1}^{l} a_{ik}c_{kj}\right)_{m \times n}$$

$$= \left(\sum_{k=1}^{l} a_{ik}b_{kj}\right)_{m \times n} + \left(\sum_{k=1}^{l} a_{ik}c_{kj}\right)_{m \times n}$$

$$= (a_{ik})_{m \times l}(b_{kj})_{l \times n} + (a_{ik})_{m \times l}(c_{kj})_{l \times n} = \boldsymbol{AB} + \boldsymbol{AC}.$$

仿此可得 $(\boldsymbol{B} + \boldsymbol{C})\boldsymbol{A} = \boldsymbol{BA} + \boldsymbol{CA}$.

A4. 定理 2.4 的证明

证明　(1) 为证明

$$\det \boldsymbol{A}^{\top} = \det \begin{pmatrix} a_{11} & a_{21} & \cdots & a_{n1} \\ a_{12} & a_{22} & \cdots & a_{n2} \\ \vdots & \vdots & & \vdots \\ a_{1n} & a_{2n} & \cdots & a_{nn} \end{pmatrix} = \det \begin{pmatrix} a_{11} & a_{12} & \cdots & a_{1n} \\ a_{21} & a_{22} & \cdots & a_{2n} \\ \vdots & \vdots & & \vdots \\ a_{n1} & a_{n2} & \cdots & a_{nn} \end{pmatrix} = \det \boldsymbol{A}$$

按定义 2.8, 左端

$$\det \boldsymbol{A}^{\top} = \det \begin{pmatrix} a_{11} & a_{21} & \cdots & a_{n1} \\ a_{12} & a_{22} & \cdots & a_{n2} \\ \vdots & \vdots & & \vdots \\ a_{1n} & a_{2n} & \cdots & a_{nn} \end{pmatrix} = \sum (-1)^{\tau(i_1,i_2,\cdots,i_n)} a_{i_1 1} a_{i_2 2} \cdots a_{i_n n}.$$

和式的每一项 $(-1)^{\tau(i_1,i_2,\cdots i_n)} a_{i_1 1} a_{i_2 2} \cdots a_{i_n n}$ 中的每一个因子 a_{ij}, 第一个下标 i 表示其所在行, 第二个下标 j 表示所在列. 积 $a_{i_1 1} a_{i_2 2} \cdots a_{i_n n}$ 必出现在左端, 但其行标为第一个下标, 列标为第二个下标. 其行标自然排列, 即 $(1, 2, \cdots, n)$. 这可以通过对 $a_{i_1 1} a_{i_2 2} \cdots a_{i_n n}$ 按第一个下标 $(i_1, i_2, \cdots i_n)$ 进行一系列对换得到. 由引理 2.2 知, 对换次数的奇偶性与逆序数 $\tau(i_1, i_2, \cdots, i_n)$ 的奇偶性相同. 设对换后第二个下标的排列为 $(j_1, j_2, \cdots, j_n)$. 由于 $(j_1, j_2, \cdots, j_n)$ 是由 $(1, 2, \cdots, n)$ 经过同一对换而得到的, 对换次数的奇偶性也与 $(j_1, j_2, \cdots, j_n)$ 的逆序数 $\tau(j_1, j_2, \cdots, j_n)$ 的奇偶性相同. 换言之

$$(-1)^{\tau(i_1,i_2,\cdots i_n)} a_{i_1 1} a_{i_2 2} \cdots a_{i_n n} = (-1)^{\tau(j_1,j_2,\cdots j_n)} a_{1 j_1} a_{2 j_2} \cdots a_{n j_n}.$$

于是

$$\det \boldsymbol{A}^{\top} = \sum (-1)^{\tau(i_1,i_2,\cdots,i_n)} a_{i_1 1} a_{i_2 2} \cdots a_{i_n n}$$

$$= \sum (-1)^{\tau(j_1,j_2,\cdots,j_n)} a_{1 j_1} a_{2 j_2} \cdots a_{n j_n}$$

$$= \det \boldsymbol{A}.$$

有了此结论, 定理 2.4 余下结论均以行的形式给出证明.

(2) 设交换 $\boldsymbol{A}$ 的第 i 行与第 k 行 (不妨设 $i < k$) 得到 $\boldsymbol{A}'$, 对 $\det \boldsymbol{A}'$ 中的每一项

$$(-1)^{\tau(j_1,\cdots,j_i,\cdots,j_k,\cdots,j_n)} a_{1 j_1} \cdots a_{k j_i} \cdots a_{i j_k} \cdots a_{n j_n}$$

在积 $a_{1j_1}\cdots a_{kj_i}\cdots a_{ij_k}\cdots a_{nj_n}$ 中交换 a_{kj_i} 和 a_{ij_k}, 行标排列由

$$(1,\cdots,k,\cdots,i\cdots,n)$$

变为自然排列

$$(1,\cdots,i,\cdots,k,\cdots,n).$$

列标排列相应地由

$$(j_1,\cdots,j_i,\cdots,j_k,\cdots,j_n)$$

变为

$$(j_1,\cdots,j_k,\cdots,j_i,\cdots,j_n).$$

两者的逆序数相反, 即

$$(-1)^{\tau(j_1,\cdots,j_i,\cdots,j_k,\cdots,j_n)}=-(-1)^{\tau(j_1,\cdots,j_k,\cdots,j_i,\cdots,j_n)},$$

亦即

$$\begin{aligned}
\det \boldsymbol{A}' &= \sum(-1)^{\tau(j_1,\cdots,j_i,\cdots,j_k,\cdots,j_n)}a_{1j_1}\cdots a_{kj_i}\cdots a_{ij_k}\cdots a_{nj_n}\\
&= -\sum(-1)^{\tau(j_1,\cdots,j_k,\cdots,j_i,\cdots,j_n)}a_{1j_1}\cdots a_{ij_k}\cdots a_{kj_i}\cdots a_{nj_n}\\
&= -\det \boldsymbol{A}.
\end{aligned}$$

(3) 结论 (3) 是 (2) 的直接推论. 交换 $\boldsymbol{A}$ 的相同两行元素, 根据 (2), 两者的行列式为相反数, 但两行元素相同, 交换后不变. 故事实上两者的行列式相等, 即 $\det(\boldsymbol{A}) = -\det(\boldsymbol{A})$. 由此可得 $\det \boldsymbol{A} = 0$.

(4) 按定义 2.8,

$$\begin{aligned}
\det \boldsymbol{A}' &= \sum(-1)^{\tau(j_1,j_2,\cdots,j_n)}a_{1j_1}a_{2j_2}\cdots \lambda a_{ij_i}\cdots a_{nj_n}\\
&= \lambda\sum(-1)^{\tau(j_1,j_2,\cdots,j_n)}a_{1j_1}a_{2j_2}\cdots a_{ij_i}\cdots a_{nj_n}\\
&= \lambda\det \boldsymbol{A}.
\end{aligned}$$

(5) 根据定义 2.8

$$\begin{aligned}
\det \boldsymbol{A} &= \sum(-1)^{\tau(j_1,j_2,\cdots,j_n)}a_{1j_1}a_{2j_2}\cdots (a'_{ij_i}+a''_{ij_i})\cdots a_{nj_n}\\
&= \sum(-1)^{\tau(j_1,j_2,\cdots,j_n)}a_{1j_1}a_{2j_2}\cdots a'_{ij_i}\cdots a_{nj_n}+\\
&\quad\ \sum(-1)^{\tau(j_1,j_2,\cdots,j_n)}a_{1j_1}a_{2j_2}\cdots a''_{ij_i}\cdots a_{nj_n}\\
&= \det \boldsymbol{A}' + \det \boldsymbol{A}''.
\end{aligned}$$

(6) 记

$$
\boldsymbol{A}' = \begin{pmatrix} a_{11} & \cdots & a_{1n} \\ \vdots & & \vdots \\ a_{i1} & \cdots & a_{in} \\ \vdots & & \vdots \\ a_{k1}+\lambda a_{i1} & \cdots & a_{kn}+\lambda a_{in} \\ \vdots & & \vdots \\ a_{n1} & \cdots & a_{nn} \end{pmatrix}, \boldsymbol{A}'' = \begin{pmatrix} a_{11} & \cdots & a_{1n} \\ \vdots & & \vdots \\ a_{i1} & \cdots & a_{in} \\ \vdots & & \vdots \\ \lambda a_{i1} & \cdots & \lambda a_{in} \\ \vdots & & \vdots \\ a_{n1} & \cdots & a_{nn} \end{pmatrix},
$$

则根据 (3) 和 (4)

$$
\det \boldsymbol{A}'' = \det \begin{pmatrix} a_{11} & \cdots & a_{1n} \\ \vdots & & \vdots \\ a_{i1} & \cdots & a_{in} \\ \vdots & & \vdots \\ \lambda a_{i1} & \cdots & \lambda a_{in} \\ \vdots & & \vdots \\ a_{n1} & \cdots & a_{nn} \end{pmatrix} = \lambda \det \begin{pmatrix} a_{11} & \cdots & a_{1n} \\ \vdots & & \vdots \\ a_{i1} & \cdots & a_{in} \\ \vdots & & \vdots \\ a_{i1} & \cdots & a_{in} \\ \vdots & & \vdots \\ a_{n1} & \cdots & a_{nn} \end{pmatrix} = 0.
$$

另外, 根据 (5),

$$
\det \boldsymbol{A}' = \det \boldsymbol{A} + \det \boldsymbol{A}'' = \det \boldsymbol{A}.
$$

A5. 引理 2.3 的证明

证明　仅就行的情形进行证明, 读者可对列的情形自行仿而证之. 先看特殊情形: $\boldsymbol{A}$ 的第一行中仅 $a_{11} \neq 0$. 此时,

$$
\begin{aligned}
\det \boldsymbol{A} &= \det \begin{pmatrix} a_{11} & 0 & \cdots & 0 \\ a_{21} & a_{22} & \cdots & a_{2n} \\ \vdots & \vdots & & \vdots \\ a_{n1} & a_{n2} & \cdots & a_{nn} \end{pmatrix} \\
&= \sum (-1)^{\tau(1,j_2,\cdots,j_n)} a_{11} a_{2j_2} \cdots a_{nj_n} \\
&= a_{11} \sum (-1)^{\tau(j_2,\cdots,j_n)} a_{2j_2} \cdots a_{nj_n} \\
&= a_{11} M_{11} = a_{11}(-1)^{(1+1)} M_{11} = a_{11} A_{11}.
\end{aligned}
$$

下设 $\boldsymbol{A}$ 的第 i 行仅 $a_{ij} \neq 0$. 此时, 将第 i 行自下而上依次连续与相邻行交换 $i-1$ 次, 使其为首行. 然后将第 j 列自右向左依次连续与相邻列交换 $j-1$ 次, 使其为首列, 即

$$\det \boldsymbol{A} = \det \begin{pmatrix} a_{11} & \cdots & a_{1j} & \cdots & a_{1n} \\ \vdots & & \vdots & & \vdots \\ 0 & \cdots & a_{ij} & \cdots & 0 \\ \vdots & & \vdots & & \vdots \\ a_{n1} & \cdots & a_{nj} & \cdots & a_{nn} \end{pmatrix}$$

$$= (-1)^{i+j-2} \det \begin{pmatrix} a_{ij} & 0 & \cdots & 0 \\ a_{1j} & a_{11} & \cdots & a_{1n} \\ \vdots & \vdots & & \vdots \\ a_{nj} & a_{n1} & \cdots & a_{nn} \end{pmatrix}$$

$$= a_{ij}(-1)^{i+j} M_{ij} = a_{ij} A_{ij}.$$

A6. 定理 2.5 的证明

证明   仅就行的情形进行证明, 对于列的情形读者可自己仿而证之. 对于 $i = j$ 的情形, 将第 i 行的每个元素 a_{ij} 拆分成 n 项和 $0 + \cdots + a_{ij} + 0$, 按定理 2.4 的 (5) 可将 $\det \boldsymbol{A}$ 拆分成 n 个第 i 行元素中仅一个元素 a_{ij} 可能非 0 的矩阵的行列式之和, 再对每个行列式运用引理 2.3, 即

$$\det(\boldsymbol{A}) = \det \begin{pmatrix} a_{11} & a_{12} & \cdots & a_{1n} \\ \vdots & \vdots & & \vdots \\ a_{i1} & a_{i2} & \cdots & a_{in} \\ \vdots & \vdots & & \vdots \\ a_{n1} & a_{n2} & \cdots & a_{nn} \end{pmatrix}$$

$$= \det \begin{pmatrix} a_{11} & \cdots & a_{1j} & \cdots & a_{1n} \\ \vdots & & \vdots & & \vdots \\ a_{i1} + 0 \cdots + 0 & \cdots & 0 + a_{i2} + \cdots + 0 & \cdots & 0 + \cdots + 0 + a_{in} \\ \vdots & & \vdots & & \vdots \\ a_{n1} & \cdots & a_{nj} & \cdots & a_{nn} \end{pmatrix}$$

$$= \det \begin{pmatrix} a_{11} & a_{12} & \cdots & a_{1n} \\ \vdots & \vdots & & \vdots \\ a_{i1} & 0 & \cdots & 0 \\ \vdots & \vdots & & \vdots \\ a_{n1} & a_{n2} & \cdots & a_{nn} \end{pmatrix} + \det \begin{pmatrix} a_{11} & a_{12} & \cdots & a_{1n} \\ \vdots & \vdots & & \vdots \\ 0 & a_{i2} & \cdots & 0 \\ \vdots & \vdots & & \vdots \\ a_{n1} & a_{n2} & \cdots & a_{nn} \end{pmatrix} + \cdots +$$

$$\det \begin{pmatrix} a_{11} & a_{12} & \cdots & a_{1n} \\ \vdots & \vdots & & \vdots \\ 0 & 0 & \cdots & a_{in} \\ \vdots & \vdots & & \vdots \\ a_{n1} & a_{n2} & \cdots & a_{nn} \end{pmatrix}$$

$$= a_{i1}A_{i1} + a_{i2}A_{i2} + \cdots + a_{in}A_{in}.$$

对于 $i \neq j$ 的情形, 相当于将 $\boldsymbol{A}$ 中的第 j 行元素设置为与第 i 行对应元素相同. 运用定理 2.4 的 (3) 即可得结果.

A7. 定理 2.8 的证明

证明 由引理 2.5 知, 存在第三种初等矩阵 $\boldsymbol{E}_1, \cdots, \boldsymbol{E}_p, \boldsymbol{E}_{p+1}, \cdots, \boldsymbol{E}_q \in P^{n \times n}$ 及 $\lambda_1, \lambda_2, \cdots, \lambda_n \in P$, 使得

$$\boldsymbol{E}_1 \cdots \boldsymbol{E}_p \boldsymbol{\Lambda} \boldsymbol{E}_{p+1} \cdots \boldsymbol{E}_q = \boldsymbol{A},$$

其中, $\boldsymbol{\Lambda} = \mathrm{diag}(\lambda_1, \lambda_2, \cdots, \lambda_n)$.

$$\det(\boldsymbol{A}\boldsymbol{B}) = \det[(\boldsymbol{E}_1 \cdots \boldsymbol{E}_p \boldsymbol{\Lambda} \boldsymbol{E}_{p+1} \cdots \boldsymbol{E}_q)\boldsymbol{B}]$$

$$\xupparrow{\text{定理 2.2 的}(1)} \det[(\boldsymbol{E}_1 \cdots \boldsymbol{E}_p)(\boldsymbol{\Lambda} \boldsymbol{E}_{p+1} \cdots \boldsymbol{E}_q \boldsymbol{B})]$$

$$\xupparrow{\text{定理 2.4 的}(6)} \det[\boldsymbol{\Lambda}(\boldsymbol{E}_{p+1} \cdots \boldsymbol{E}_q \boldsymbol{B})]$$

$$\xupparrow{\text{引理 2.6}} \det \boldsymbol{\Lambda} \det[(\boldsymbol{E}_{p+1} \cdots \boldsymbol{E}_q)\boldsymbol{B}]$$

$$\xupparrow{\text{定理 2.4 的}(6)} \det \boldsymbol{\Lambda} \det \boldsymbol{B} = \det \boldsymbol{A} \det \boldsymbol{B}.$$

第 3 章　线性方程组

3.1　线性方程组与矩阵

3.1.1　线性方程组的矩阵表示

众所周知, 在实数域 $\mathbf{R}$ 内, 一元一次方程 $ax = b$ 也称为线性方程. 对于一元线性方程的解我们很清楚:

(1) 当 $a \neq 0$ 时, 方程有唯一解 $x = b/a$;

(2) 当 $a = b = 0$ 时, 方程有无穷多个解 $(x \in \mathbf{R})$;

(3) 当 $a = 0$ 且 $b \neq 0$ 时, 方程无解.

实践中, 需要对一元线性方程加以拓展: 在坐标平面内, 满足二元线性方程 $ax + by = c$ 的点形成一条直线. 两个二元一次方程构成的方程组

$$\begin{cases} a_{11}x + a_{12}y = b_1 \\ a_{21}x + a_{22}y = b_2 \end{cases}$$

若有解, 则解为两条直线的相交点或线 (两个方程表示同一条直线); 若无解, 则意味着两条直线平行. 类似地, 三元线性方程 $ax + by + cz = d$ 表示坐标空间中的一个平面. 方程组

$$\begin{cases} a_{11}x + a_{12}y + a_{13}z = b_1 \\ a_{21}x + a_{22}y + a_{23}z = b_2 \\ a_{31}x + a_{32}y + a_{33}z = b_3 \end{cases}$$

若有解, 则解为 3 个平面的相交点或直线或面 (三个平面重合). 否则, 3 个平面中至少有两个平行.

例 3.1　图 3.1(a) 表示一电路网络, 每条线上标出的数值是电阻, E 点接地. 向 X, Y, Z, U 这 4 点通入电流均为 100A. 求 X, Y, Z, U 这 4 点处的电压.

解　设定进入 X, Y, Z, U 这 4 点流向电路的电流为 $I_1, I_2, I_3, I_4, I_5, I_6, I_7, I_8$(见图 3.1(b)). 根据基尔霍夫定律知,

$$\begin{cases} I_1 + I_2 - I_3 = 100 \\ I_3 + I_4 - I_5 = 100 \\ I_5 + I_6 - I_7 = 100 \\ I_7 + I_8 - I_1 = 100 \end{cases}$$

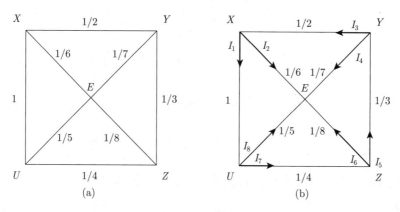

图 3.1　电路网络

设 X, Y, Z, U 这 4 点处的电位分别为 V_X, V_Y, V_Z, V_U. 由欧姆定律知 $I = \dfrac{V}{R}$, 其中 I, R, V 分别表示电流、电阻、电压. 于是,

$$I_1 = V_X - V_U, \qquad I_2 = 6V_X, \quad I_3 = 2V_Y - 2V_X, \quad I_4 = 7V_Y,$$
$$I_5 = 3V_Z - 3V_Y, \quad I_6 = 8V_Z, \quad I_7 = 4V_U - 4V_Z, \quad I_8 = 5V_U.$$

将其代入电流方程组得

$$\begin{cases} 9V_X - 2V_Y - V_U = 100 \\ -2V_X + 12V_Y - 3V_Z = 100 \\ -3V_Y + 15V_Z - 4V_U = 100 \\ -V_X - 4V_Z + 10V_U = 100 \end{cases}$$

通常, m 个 n 元一次方程构成的方程组

$$\begin{cases} a_{11}x_1 + a_{12}x_2 + \cdots + a_{1n}x_n = b_1 \\ a_{21}x_1 + a_{22}x_2 + \cdots + a_{2n}x_n = b_2 \\ \qquad\qquad\qquad \vdots \\ a_{m1}x_1 + a_{m2}x_2 + \cdots + a_{mn}x_n = b_n \end{cases} \tag{3.1}$$

称为一个 n 元**线性方程组**. 其中, 系数 a_{ij} 及常数 $b_i(i = 1, 2, \cdots, m; j = 1, 2, \cdots, n)$ 均为

数域 P 中的数. 令 $\boldsymbol{A} = \begin{pmatrix} a_{11} & a_{12} & \cdots & a_{1n} \\ a_{21} & a_{22} & \cdots & a_{2n} \\ \vdots & \vdots & & \vdots \\ a_{m1} & a_{m2} & \cdots & a_{mn} \end{pmatrix}$, 称为**系数矩阵**; $\boldsymbol{x} = \begin{pmatrix} x_1 \\ x_2 \\ \vdots \\ x_n \end{pmatrix}$, 称为**未知数**

矩阵; $b = \begin{pmatrix} b_1 \\ b_2 \\ \vdots \\ b_n \end{pmatrix}$, 称为**常数矩阵**. 则根据矩阵乘法及矩阵相等的意义, 线性方程组 (3.1) 可

表示为

$$Ax = b. \tag{3.2}$$

线性代数的主要任务之一就是要从理论上解决以下 3 个问题:

(1) 方程组 (3.2) 有解的条件;

(2) 若方程组 (3.2) 有解, 解的唯一性条件;

(3) 若方程组 (3.2) 有无穷多个解, 所有解构成的集合的结构.

3.1.2 可逆系数矩阵

当线性方程组 (3.2) 中系数矩阵 A 为 n 阶可逆阵时, 在方程两端同时左乘逆矩阵 A^{-1}, 得方程组的唯一解:

$$x = A^{-1}b.$$

例 3.2 例 3.1 的电路中 X, Y, Z, U 这 4 点处的电位 V_X, V_Y, V_Z, V_U 的线性方程组

$$\begin{cases} 9V_X - 2V_Y - V_U = 100 \\ -2V_X + 12V_Y - 3V_Z = 100 \\ -3V_Y + 15V_Z - 4V_U = 100 \\ -V_X - 4V_Z + 10V_U = 100 \end{cases}$$

解 该方程组的系数矩阵为 $A = \begin{pmatrix} 9 & -2 & 0 & -1 \\ -2 & 12 & -3 & 0 \\ 0 & -3 & 15 & -4 \\ -1 & 0 & -4 & 10 \end{pmatrix}$, 常数矩阵 $b = \begin{pmatrix} 100 \\ 100 \\ 100 \\ 100 \end{pmatrix}$. 由于

$\det A = 12907 \neq 0$, 故 A 可逆, 且 $A^{-1} = \begin{pmatrix} \dfrac{1518}{12907} & \dfrac{280}{12907} & \dfrac{108}{12907} & \dfrac{195}{12907} \\ \dfrac{280}{12907} & \dfrac{1191}{12907} & \dfrac{275}{12907} & \dfrac{138}{12907} \\ \dfrac{108}{12907} & \dfrac{275}{12907} & \dfrac{1028}{12907} & \dfrac{422}{12907} \\ \dfrac{195}{12907} & \dfrac{138}{12907} & \dfrac{422}{12907} & \dfrac{1479}{12907} \end{pmatrix}$. 于是,

$$
\begin{pmatrix} V_X \\ V_Y \\ V_Z \\ V_U \end{pmatrix} = \boldsymbol{A}^{-1}\boldsymbol{b} =
\begin{pmatrix}
\dfrac{1518}{12907} & \dfrac{280}{12907} & \dfrac{108}{12907} & \dfrac{195}{12907} \\
\dfrac{280}{12907} & \dfrac{1191}{12907} & \dfrac{275}{12907} & \dfrac{138}{12907} \\
\dfrac{108}{12907} & \dfrac{275}{12907} & \dfrac{1028}{12907} & \dfrac{422}{12907} \\
\dfrac{195}{12907} & \dfrac{138}{12907} & \dfrac{422}{12907} & \dfrac{1479}{12907}
\end{pmatrix}
\begin{pmatrix} 100 \\ 100 \\ 100 \\ 100 \end{pmatrix} =
\begin{pmatrix}
\dfrac{210100}{12907} \\ \dfrac{188400}{12907} \\ \dfrac{183300}{12907} \\ \dfrac{223400}{12907}
\end{pmatrix}
$$

为方程组的唯一解, 即 X, Y, Z, U 这 4 点处的电压 $V_X = \dfrac{210100}{12907}$, $V_Y = \dfrac{188400}{12907}$, $V_Z = \dfrac{183300}{12907}$, $V_U = \dfrac{223400}{12907}$.

练习 3.1　解线性方程组 $\begin{cases} x_1 + 2x_2 = 1 \\ 2x_1 + 5x_2 = 2 \end{cases}$.

(参考答案: $\begin{pmatrix} x_1 \\ x_2 \end{pmatrix} = \begin{pmatrix} 1 \\ 0 \end{pmatrix}$)

3.1.3　Python 解法

NumPy 的 linalg 模块中的 solve 函数可用来解有可逆系数矩阵的线性方程组. 该函数的调用格式为

$$\text{solve}(A,\ b).$$

函数中参数 A 表示系数矩阵 $\boldsymbol{A}$, 函数中参数 b 表示常数矩阵 $\boldsymbol{b}$. 若 A 表示的系数矩阵可逆, 返回方程组 $\boldsymbol{Ax} = \boldsymbol{b}$ 的解, 否则报错.

例 3.3　用 Python 验算例 3.2 的计算结果.

解　见下列代码.

程序 3.1　验算例 3.2

```
1  import numpy as np                            #导入 NumPy
2  from fractions import Fraction as F           #导入 Fraction
3  np.set_printoptions(formatter={'all':lambda x:
4                      str(F(x).limit_denominator())})
5  A=np.array([[9,-2,0,-1],                       #系数矩阵 A
6             [-2,12,-3,0],
7             [0,-3,15,-4],
8             [-1,0,-4,10]])
9  b=np.array([100,100,100,100])                 #常数矩阵 b
10 X=np.linalg.solve(A, b)                        #解方程
11 print(X.reshape(4,1))                          #输出解
```

程序的第 5~8 行设置方程组的系数矩阵 A, 第 9 行设置常数矩阵 b, 第 10 行调用 NumPy 的 linalg 模块中的 solve 函数, 传递参数 A 和 b, 计算方程组 $\boldsymbol{Ax} = \boldsymbol{b}$ 的解 X. 运行程序, 输出

```
[[210100/12907]
 [188400/12907]
 [183300/12907]
 [223400/12907]]
```

练习 3.2　用 Python 计算练习 3.1 中方程组的解.
(参考答案: 见文件 chapt03.ipynb 中对应代码)

3.2　线性方程组的消元法

3.2.1　消元法与增广矩阵的初等变换

不难验证, 交换方程组中的两个方程 (交换方程组的未知量位置)、用非零常数乘一个方程、用非零常数乘一个方程后将其加到另一个方程上, 得到的方程组与原方程组是同解的. 用这 3 种操作, 消掉方程组的各方程中的一些未知量, 得到方程组的解的过程称为**消元法**.

例 3.4　用消元法解线性方程组

$$\begin{cases} x_1 - x_2 - x_3 = 2 \\ 2x_1 - x_2 - 3x_3 = 1 \\ 3x_1 + 2x_2 - 5x_3 = 0 \end{cases}.$$

解

$$\begin{cases} x_1 - x_2 - x_3 = 2 & (1) \\ 2x_1 - x_2 - 3x_3 = 1 & (2) \\ 3x_1 + 2x_2 - 5x_3 = 0 & (3) \end{cases} \xrightarrow[\text{得同解方程组}]{(2)-2(1),(3)-3(1)} \begin{cases} x_1 - x_2 - x_3 = 2 & (1) \\ x_2 - x_3 = -3 & (2) \\ 5x_2 - 2x_3 = -6 & (3) \end{cases}$$

$$\xrightarrow[\text{得同解方程组}]{(3)-5(2)} \begin{cases} x_1 - x_2 - x_3 = 2 & (1) \\ x_2 - x_3 = -3 & (2) \\ 3x_3 = 9 & (3) \end{cases} \xrightarrow[\text{得同解方程组}]{\frac{1}{3}(3)} \begin{cases} x_1 - x_2 - x_3 = 2 & (1) \\ x_2 - x_3 = -3 & (2) \\ x_3 = 3 & (3) \end{cases}.$$

为完整地解方程组, 继续对得到的同解方程组进行回代:

$$\begin{cases} x_1 - x_2 - x_3 = 2 & (1) \\ x_2 - x_3 = -3 & (2) \\ x_3 = 3 & (3) \end{cases} \xrightarrow[\text{得同解方程组}]{(2)+(3),(1)+(2)+(3)} \begin{cases} x_1 = 5 & (1) \\ x_2 = 0 & (2) \\ x_3 = 3 & (3) \end{cases}.$$

即方程组 $\begin{cases} x_1 - x_2 - x_3 = 2 \\ 2x_1 - x_2 - 3x_3 = 1 \\ 3x_1 + 2x_2 - 5x_3 = 0 \end{cases}$ 有唯一解 $\begin{cases} x_1 = 5 \\ x_2 = 0 \\ x_3 = 3 \end{cases}.$

将线性方程组 $Ax = b$ 的系数矩阵 A 和常数矩阵 b 连接成比系数矩阵多一列的矩阵 (A, b), 称为方程组的**增广矩阵**. 例 3.4 中的增广矩阵为

$$\left(\begin{array}{ccc|c} 1 & -1 & -1 & 2 \\ 2 & -1 & -3 & 1 \\ 3 & 2 & -5 & 0 \end{array} \right).$$

其中的竖线左、右侧分别对应系数矩阵 A 和常数矩阵 b.

对方程组 $\begin{cases} x_1 - x_2 - x_3 = 2 \\ 2x_1 - x_2 - 3x_3 = 1 \\ 3x_1 + 2x_2 - 5x_3 = 0 \end{cases}$ 进行的一系列消元操作相当于对增广矩阵进行初

等变换 (参见定义 2.9):

$$\left(\begin{array}{ccc|c} 1 & -1 & -1 & 2 \\ 2 & -1 & -3 & 1 \\ 3 & 2 & -5 & 0 \end{array} \right) \xrightarrow[r_3-3r_1]{r_2-2r_1} \left(\begin{array}{ccc|c} 1 & -1 & -1 & 2 \\ 0 & 1 & -1 & -3 \\ 0 & 5 & -2 & -6 \end{array} \right)$$

$$\xrightarrow{r_3-5r_2} \left(\begin{array}{ccc|c} 1 & -1 & -1 & 2 \\ 0 & 1 & -1 & -3 \\ 0 & 0 & 3 & 9 \end{array} \right) \xrightarrow{\frac{1}{3}r_3} \left(\begin{array}{ccc|c} 1 & -1 & -1 & 2 \\ 0 & 1 & -1 & -3 \\ 0 & 0 & 1 & 3 \end{array} \right).$$

而回代过程相当于对矩阵进行行初等变换:

$$\left(\begin{array}{ccc|c} 1 & -1 & -1 & 2 \\ 0 & 1 & -1 & -3 \\ 0 & 0 & 1 & 3 \end{array} \right) \xrightarrow[r_1+r_2+r_3]{r_2+r_3} \left(\begin{array}{ccc|c} 1 & 0 & 0 & 5 \\ 0 & 1 & 0 & 0 \\ 0 & 0 & 1 & 3 \end{array} \right).$$

若增广矩阵中的系数矩阵部分变换成单位阵, 即可得到方程的唯一解.

练习 3.3　用增广矩阵的初等变换方法 (消元法) 解方程组 $\begin{cases} x_1 + 2x_2 + 3x_3 = 1 \\ 2x_1 + x_2 + 5x_3 = 2 \\ 3x_1 + 5x_2 + x_3 = 3 \end{cases}$.

(参考答案: $\begin{cases} x_1 = 1 \\ x_2 = 0 \\ x_3 = 0 \end{cases}$)

例 3.5　解线性方程组 $\begin{cases} 2x_1 - x_2 - x_3 + x_4 = 2 \\ x_1 + x_2 - 2x_3 + x_4 = 4 \\ 4x_1 - 6x_2 + 2x_3 - 2x_4 = 4 \\ 3x_1 + 6x_2 - 9x_3 + 7x_4 = 9 \end{cases}$

解 对增广矩阵进行初等变换

$$\begin{pmatrix} 2 & -1 & -1 & 1 & \vdots & 2 \\ 1 & 1 & -2 & 1 & \vdots & 4 \\ 4 & -6 & 2 & -2 & \vdots & 4 \\ 3 & 6 & -9 & 7 & \vdots & 9 \end{pmatrix} \xrightarrow[\frac{1}{2}r_3]{r_1 \leftrightarrow r_2} \begin{pmatrix} 1 & 1 & -2 & 1 & \vdots & 4 \\ 2 & -1 & -1 & 1 & \vdots & 2 \\ 2 & -3 & 1 & -1 & \vdots & 2 \\ 3 & 6 & -9 & 7 & \vdots & 9 \end{pmatrix}$$

$$\xrightarrow[r_4-3r_1]{r_2-r_3,\,r_3-2r_1} \begin{pmatrix} 1 & 1 & -2 & 1 & \vdots & 4 \\ 0 & 2 & -2 & 2 & \vdots & 0 \\ 0 & -5 & 5 & -3 & \vdots & -6 \\ 0 & 3 & -3 & 4 & \vdots & -3 \end{pmatrix} \xrightarrow[r_3+5r_2,\,r_4-3r_2]{\frac{1}{2}r_2} \begin{pmatrix} 1 & 1 & -2 & 1 & \vdots & 4 \\ 0 & 1 & -1 & 1 & \vdots & 0 \\ 0 & 0 & 0 & 2 & \vdots & -6 \\ 0 & 0 & 0 & 1 & \vdots & -3 \end{pmatrix}$$

$$\xrightarrow[r_4-2r_3]{r_3 \leftrightarrow r_4} \begin{pmatrix} 1 & 1 & -2 & 1 & \vdots & 4 \\ 0 & 1 & -1 & 1 & \vdots & 0 \\ 0 & 0 & 0 & 1 & \vdots & -3 \\ 0 & 0 & 0 & 0 & \vdots & 0 \end{pmatrix} \xrightarrow[r_2-r_3]{r_1-r_2} \begin{pmatrix} 1 & 0 & -1 & 0 & \vdots & 4 \\ 0 & 1 & -1 & 0 & \vdots & 3 \\ 0 & 0 & 0 & 1 & \vdots & -3 \\ 0 & 0 & 0 & 0 & \vdots & 0 \end{pmatrix}$$

$$\xrightarrow{c_3 \leftrightarrow c_4} \begin{pmatrix} 1 & 0 & 0 & -1 & \vdots & 4 \\ 0 & 1 & 0 & -1 & \vdots & 3 \\ 0 & 0 & 1 & 0 & \vdots & -3 \\ 0 & 0 & 0 & 0 & \vdots & 0 \end{pmatrix}.$$

注意, 交换 3、4 列的变换相当于改变未知量 x_3 和 x_4 的顺序. 最后得到的矩阵对应原方程组的同解方程组 $\begin{cases} x_1 - x_3 = 4 \\ x_2 - x_3 = 3 \\ x_4 = -3 \end{cases}$, 亦即 $\begin{cases} x_1 = x_3 + 4 \\ x_2 = x_3 + 3 \\ x_4 = -3 \end{cases}$. 将 x_3 称为**自由未知量**, 为 x_3 任取一个值就可得到方程组的一个解, 故原方程组有无穷多个解.

练习 3.4 解线性方程组 $\begin{cases} x_1 + x_2 - 3x_3 - x_4 = 1 \\ 3x_1 - x_2 - 3x_3 + 4x_4 = 4 \\ x_1 + 5x_2 - 9x_3 - 8x_4 = 0 \end{cases}$.

(参考答案: $\begin{cases} x_1 = \dfrac{3}{2}x_3 - \dfrac{3}{4}x_4 + \dfrac{5}{4} \\ x_2 = \dfrac{3}{2}x_3 + \dfrac{7}{4}x_4 - \dfrac{1}{4} \end{cases}$, x_3, x_4 为自由未知量)

例 3.6 解线性方程组 $\begin{cases} 4x_1 + 2x_2 - x_3 = 2 \\ 3x_1 - x_2 + 2x_3 = 10 \\ 11x_1 + 3x_2 \quad\quad = 8 \end{cases}$.

解　对方程组对应的增广矩阵进行初等变换

$$\begin{pmatrix} 4 & 2 & -1 & 2 \\ 3 & -1 & 2 & 10 \\ 11 & 3 & 0 & 8 \end{pmatrix} \xrightarrow{c_3 \leftrightarrow c_1} \begin{pmatrix} -1 & 2 & 4 & 2 \\ 2 & -1 & 3 & 10 \\ 0 & 3 & 11 & 8 \end{pmatrix}$$

$$\xrightarrow{r_2 + 2r_1} \begin{pmatrix} -1 & 2 & 4 & 2 \\ 0 & 3 & 11 & 12 \\ 0 & 3 & 11 & 8 \end{pmatrix} \xrightarrow{r_3 - r_2} \begin{pmatrix} -1 & 2 & 4 & 2 \\ 0 & 3 & 11 & 12 \\ 0 & 0 & 0 & -4 \end{pmatrix}.$$

最后得到的矩阵对应原方程组的同解方程组 $\begin{cases} -x_3 + 2x_2 + 4x_1 = 2 \\ 3x_2 + 11x_1 = 12 \\ 0x_1 = -4 \end{cases}$. 这是一个包含矛盾

式 $0x_1 = -4$ 的方程组, 故无解.

　　　　练习 3.5　解线性方程组 $\begin{cases} x_1 - 2x_2 + 3x_3 - x_4 = 1 \\ 3x_1 - x_2 + 5x_3 - 3x_4 = 2 \\ 2x_1 + x_2 + 2x_3 - 2x_4 = 3 \end{cases}$.

(参考答案: 无解)

3.2.2　消元法的形式化描述

　　综合以上各例, 归纳出用消元法解线性方程组 $\boldsymbol{Ax} = \boldsymbol{b}$ 的过程如下.

(1) 构造增广矩阵 $(\boldsymbol{A}, \boldsymbol{b}) = \begin{pmatrix} a_{11} & a_{12} & \cdots & a_{1n} & b_1 \\ a_{21} & a_{22} & \cdots & a_{2n} & b_2 \\ \vdots & \vdots & & \vdots & \vdots \\ a_{m1} & a_{m2} & \cdots & a_{mn} & b_m \end{pmatrix}$.

(2) 消元. 从 $i = 1$ 开始, 只要系数矩阵部分 (竖线左侧部分) 第 i 行至最后一行内有非

零行就进行如下操作. 若 $a_{ii} = 0$, 先在 $\begin{pmatrix} a_{ii} \\ a_{i+1,i} \\ \vdots \\ a_{mi} \end{pmatrix}$ 中找第一个非零元素, 譬如第 $a_{ji} \neq 0$, 交

换第 i 行与第 j 行. 否则再在 $\begin{pmatrix} a_{i,i+1}, & a_{i,i+2}, & \cdots, & a_{in} \end{pmatrix}$ 中找第一个非零元素. 如果找到了, 譬如 $a_{ij} \neq 0$, 交换第 i 列与第 j 列. 否则, 意味着第 i 行元素全为 0, 将此行与以下的某一非零行 (其中的首个非零元素的列标 j 必不小于 i) 交换第 i 列与第 j 列, 使得 $a_{ii} \neq 0$. 用 $1/a_{ii}$ 乘第 i 行, 使得 $a_{ii} = 1$. 对每一个 $j > i$ 的行, 用 $-a_{ji}$ 乘第 i 行后将其加到第 j

行, 使得 $\begin{pmatrix} a_{i+1,i} \\ a_{i+2,i} \\ \vdots \\ a_{mi} \end{pmatrix}$ 全为 0. i 自增 1, 进入下一轮消元. 消元过程结束时, 得到如下的**行阶梯矩阵**:

$$\left(\begin{array}{cccccc|c} 1 & a_{12} & \cdots & a_{1r} & \cdots & a_{1n} & b_1 \\ 0 & 1 & \cdots & a_{2r} & \cdots & a_{2n} & b_2 \\ \vdots & \vdots & & \vdots & & \vdots & \vdots \\ 0 & 0 & \cdots & 1 & \cdots & a_{rn} & b_r \\ 0 & 0 & \cdots & 0 & \cdots & 0 & b_{r+1} \\ \vdots & \vdots & & \vdots & & \vdots & \vdots \\ 0 & 0 & \cdots & 0 & \cdots & 0 & b_m \end{array}\right).$$

若 $\begin{pmatrix} b_{r+1} \\ \vdots \\ b_m \end{pmatrix}$ 中至少有一个元素的值非 0, 意味着存在矛盾方程, 如例 3.6 的情形, 可判断方程组无解. 否则进行下列操作.

(3) 回代. 回代过程的操作和消元过程的操作几乎一致, 从 $i = r$ 开始依次用 $-a_{i-1,i}$ 乘第 i 行后将其加到前 $i-1$ 行, i 自减 1, 直至 $i = 0$. 结束时, 得到**最简行阶梯矩阵**

$$\left(\begin{array}{cccccc|c} 1 & 0 & \cdots & 0 & a_{1,r+1} & \cdots & a_{1n} & b_1 \\ 0 & 1 & \cdots & 0 & a_{2,r+1} & \cdots & a_{2n} & b_2 \\ \vdots & \vdots & & \vdots & \vdots & & \vdots & \vdots \\ 0 & 0 & \cdots & 1 & a_{r,r+1} & \cdots & a_{rn} & b_r \\ 0 & 0 & \cdots & 0 & 0 & \cdots & 0 & 0 \\ \vdots & \vdots & & \vdots & \vdots & & \vdots & \vdots \\ 0 & 0 & \cdots & 0 & 0 & \cdots & 0 & 0 \end{array}\right).$$

若 $r = n$, 则上述矩阵为

$$\left(\begin{array}{cccc|c} 1 & 0 & \cdots & 0 & b_1 \\ 0 & 1 & \cdots & 0 & b_2 \\ \vdots & \vdots & & \vdots & \vdots \\ 0 & 0 & \cdots & 1 & b_n \end{array}\right),$$

如例 3.4 的情形, 得唯一解. 否则, 即 $r < n$, 如例 3.5 的情形, 方程组有 $n - r$ 个自由未知量, 故有无穷多个解.

需要说明的是:

(1) 对线性方程组的增广矩阵进行的操作仅限于 3 种初等变换: 交换两行 (列), 用一个非零数乘一行, 用一个数乘一行后将其加到另一行;

(2) 第一种列初等变换 (交换两列) 仅限于系数矩阵部分 (即竖线左侧部分), 这实际上意味着变换两个未知量在方程组中的位置, 不会影响方程组的解;

(3) 第二、三种列初等变换不适用于线性方程组的增广矩阵, 因为这意味着改变方程组中某个未知量的系数 (第二种列初等变换) 或将一个未知量加到另一个未知量 (第三种列初等变换), 将破坏原方程组的结构.

3.2.3　Python 解法

1. 消元过程

根据线性方程组消元法的形式化描述, 我们定义如下的执行消元过程 (将增广矩阵转换为行阶梯矩阵) 的 Python 函数.

程序 3.2　行阶梯矩阵

```
1   import numpy as np                               #导入 NumPy
2   from utility import P1,P2,P3                     #导入 P1,P2,P3
3   def rowLadder(A, m, n):
4       rank=0                                       #非零行数初始化为 0
5       zero=m                                       #全零行首行下标
6       i=0                                          #当前行标
7       order=np.array(range(n))                     #未知量顺序
8       while i<min(m,n) and i<zero:                 #自上向下处理每一行
9           flag=False                               #A[i,i]非零标志初始化为 False
10          index=np.where(abs(A[i:,i])>1e-10)       #当前列 A[i,i] 及其以下的非零元素下标
11          if len(index[0])>0:                      #存在非零元素
12              rank+=1                              #非零行数累加 1
13              flag=True                            #A[i,i]非零标志
14              k=index[0][0]                        #非零元素最小下标
15              if k>0:                              #若非第 i 行
16                  P1(A,i,i+k)                      #交换第 i, k+i 行
17          else:                                    #A[i:,i]内全为 0
18              index=np.where(abs(A[i,i:n])>1e-10)  #当前行 A[i,i:n] 的非零元素下标
19              if len(index[0])>0:                  #存在非零元素, 交换第 i, k+i 列
20                  rank+=1
21                  flag=True
22                  k=index[0][0]
23                  P1(A,i,i+k,row=False)            #列交换
24                  order[[i, k+i]]=order[[k+i, i]]  #未知量顺序
25          if flag:                                 #A[i,i]不为 0, A[i+1:m,i]消 0
26              P2(A,i,1/A[i,i])
27              for t in range(i+1, zero):
28                  P3(A,i,t,-A[t,i])
29              i+=1                                 #下一行
30          else:                                    #将全零行交换到矩阵底部
31              P1(A,i,zero-1)
32              zero-=1                              #更新全零行首行下标
33      return rank, order
```

程序的第 3~33 行定义函数 rowLadder, 其 3 个参数分别为 A、m 和 n, A 表示某线性代数的增广矩阵, m 和 n 分别表示方程组拥有的方程个数 (增广矩阵的行数) 和方程组的未知量个数. 第 4~7 行分别设置 4 个变量: 行阶梯矩阵非零行数 rank(初始化为 0), 全零行起始行标 (自该行起后全为全零行)zero(初始化为 m, 即末行后), 当前行标 i(初始化为 0, 即表示第 1 行) 和用来表示未知量顺序的 order(初始化为 **range**(n), 即自然顺序 $\{0, 1, \cdots, n-1\}$).

第 8~32 行的 **while** 循环自上而下逐行处理, 直至遇到全零行, 即 i≥zero(i<**min**(m,n) 是用来限制 "高" 的矩阵, 即 m>n 的情形下, A[i,i] 的列标超出允许范围的 "哨兵"). 其中, 第 9~24 行确定 A[i,i]≠ 0. 为此, 第 9 行设置标志 flag, 初始化为 False, 该部分操作完成, 若 A[i,i] 不等于 0, flag 为 True, 否则为 False. 按 3.2.2 节的形式化阐述知, 该部分操作分两步: 先查看第 i 列从 A[i,i] 起至 A[m-1,i] 为止各元素中是否有非零元素; 若有, 则将其所在行与第 i 行交换, 确定 A[i,i] 非 0. 方法是先在第 10 行调用 NumPy 的 where 函数寻求 A[i:,i] 中不等于 0(abs(A[i:,i])>1e-10, 即 A[i:,i] 中元素绝对值大于 $\frac{1}{10^{10}}$) 的元素的下标.

where(bool)

本质上是一个在数组中按条件查找特定元素的函数. 参数 bool 是一个与待操作数组相关的布尔表达式, 如此处的 abs(A[i:,i])>1e-10. 该函数的返回值是一个数组, 其中的元素是指数组 A 中满足条件 bool 的元素的下标. 注意 A 是一个 2 维数组, 故得到的满足条件的元素的下标也存储为一个 2 维数组, 将其赋予 index. 若 A[i:,i] 中有非零元素, 则 index 非空, 此由第 11 行的 **if** 语句检测之. 若是, 则意味着多一个非零行, 第 12 行的 rank 将自增 1, 且第 13 行将 flag 设为 True. A[i:,i] 中非零元素的最小下标应存储于 index[0,0] 处, 第 14 行将其置为 k. 若 k 为 0 意味着 A[i,i] 本身非 0, 否则第 15 行的 **if** 语句将测得此情形, 即 A[i+k] 非 0. 第 16 行调用我们在程序 2.2 中定义的第一种初等变换函数 P1(第 2 行导入), 交换 A 的第 i 行和第 i+k 行.

若第 11 行中测得 A[i:,i] 中无非零元素, 则需要考查第 i 行中自 A[i,i] 至 A[i,n-1] 为止的元素中是否有非零元素, 若有, 则找出列标最小者, 将其所在列与第 i 列交换. 第 18 行调用 NumPy 的 where 函数计算 A[i,i:n] 中诸非零元素下标, 将其赋予 index. 第 19 行测得 index 中确有非零元素下标, 在第 20、21 行更新 rank 和 flag 后, 第 22 行取得其中最小下标 k. 第 23 行调用 P1 函数交换 A 的第 i 列和第 i+k 列. 这样, 无论是执行了第 12~16 行的交换两行的操作还是第 20~24 行的交换两列的操作, 都使得 A[i,i] 非 0(此时 flag 为 True, rank 增加了 1). 否则 (即第 11 行的检测和第 19 行的检测均不成功), 意味着 A[i] 是一个全零行 (flag 保持为 False, rank 保持不变).

第 25~32 行的 **if-else** 语句通过检测 flag 的值决定是将 A[i,i] 以下元素消 0(第 26~29 行) 还是将全零行 A[i] 换到矩阵底部. 若 flag 为 True, 第 26 行调用程序 2.2 定义的第二种初等变换函数 P2(第 2 行导入), 将 A[i,i] 置为 1. 第 27、28 行的 **for** 循环调用程序 2.2 定义的第三种初等变换函数 P3(第 2 行导入) 将 A[i:,i] 中 A[i,i] 以下的元素消 0, 然后第 29 行的 i 自增 1 准备检测下一行. 若 flag 为 False, 第 31 行调用第一种初等变换函数 P1 交换 A 的第 i 行和第 zero-1 行, 第 32 行的 zero 自减 1.

while 循环结束, A 成为行阶梯矩阵. rank 记录该行阶梯矩阵的非零行数, order 表示未知量顺序的变化 (执行过第 23 行交换两列的操作), 第 33 行将两者作为返回值返回. 将程序 3.2 的代码写入文件 utility.py, 以方便调用.

例 3.7　运用程序 3.2 定义的 rowLadder 函数, 将线性方程组

$$\begin{cases} x_1 - x_2 - x_3 = 2 \\ 2x_1 - x_2 - 3x_3 = 1 \\ 3x_1 + 2x_2 - 5x_3 = 0 \end{cases}$$

的增广矩阵变换为行阶梯矩阵.

解　见下列代码.

程序 3.3　行阶梯矩阵计算

```
1   import numpy as np                        #导入 NumPy
2   from utility import rowLadder             #导入 rowLadder
3   A=np.array([[1,-1,-1],                     #系数矩阵
4               [2,-1,-3],
5               [3,2,-5]],dtype='float')
6   b=np.array([2,1,0])                       #常数矩阵
7   B=np.hstack((A,b.reshape(3,1)))           #增广矩阵
8   rank,order=rowLadder(B,3,3)               #计算行阶梯矩阵
9   print(B)
10  print(rank)
11  print(order)
```

程序的第 3~6 行分别设置系数矩阵 $\boldsymbol{A}$ 和常数矩阵 $\boldsymbol{b}$ 为 A 和 b. 第 7 行调用 NumPy 的 hstack 函数将 A 和 b 横向地连接成增广矩阵 B. 第 8 行调用程序 3.2 定义的 rowLadder 函数, 传递 B、3(3 个方程)、3(3 个未知量), 将 B 变换成行阶梯矩阵, 返回其中的非零行数 rank 和变换后未知量的顺序 order. 运行程序, 输出

```
[[ 1. -1. -1.  2.]
 [ 0.  1. -1. -3.]
 [ 0.  0.  1.  3.]]
3
[0 1 2]
```

输出结果的前 3 行为 B 在变换后得到的行阶梯矩阵 $\begin{pmatrix} 1 & -1 & -1 & 2 \\ 0 & 1 & -1 & -3 \\ 0 & 0 & 1 & 3 \end{pmatrix}$, 对应同解方程组为

$$\begin{cases} x_1 - x_2 - x_3 = 2 \\ \quad\ x_2 - x_3 = -3 \\ \quad\qquad x_3 = 3 \end{cases}.$$

第 4 行输出 3, 意味着行阶梯矩阵中非零行数为 3, 第 5 行输出自然序列 0, 1, 2 意味着变换过程中没有进行列交换.

练习 3.6 运用 rowLadder 函数, 将线性方程组

$$\begin{cases} 2x_1 - x_2 - x_3 + x_4 = 2 \\ x_1 + x_2 - 2x_3 + x_4 = 4 \\ 4x_1 - 6x_2 + 2x_3 - 2x_4 = 4 \\ 3x_1 + 6x_2 - 9x_3 + 7x_4 = 9 \end{cases}$$

的增广矩阵变换为行阶梯矩阵.

(参考答案: 参见文件 chapt03.ipynb 中相应代码)

2. 回代过程

下面实现线性方程组的回代过程, 即将由增广矩阵变换得到的行阶梯矩阵变换为最简行阶梯矩阵.

程序 3.4 最简行阶梯矩阵

```
1  import numpy as np                              #导入NumPy
2  from utility import P3                          #导入P3
3  def simplestLadder(A,rank):
4      for i in range(rank-1,0,-1):                #自下而上逐行处理
5          for j in range(i-1, -1,-1):             #自下而上将A[i,i]上方元素消0
6              P3(A,i,j,-A[j,i])
```

根据 3.2.2 节对回代过程的形式化描述可知, 操作应从行阶梯矩阵的最后非零行开始, 逐行地将 A[i,i](i=1) 上方的元素 A[i,j] 通过第三种初等变换, 即用-A[j,i] 乘第 i 行后将其加到第 j 行上, 消为 0. 最后得到一个最简行阶梯矩阵. 程序的第 3~6 行定义的 simplestLadder 函数, 用于完成这样的操作. 参数 A 中存储着一个行阶梯矩阵, rank 表示 A 的非零行数. 函数体中仅含一个嵌套的 **for** 循环: 外层循环 (第 4~6 行) 对 A 的前 rank 个非零行自下向上 (i 从 rank 减少到 1) 进行扫描, 内层循环 (第 5、6 行) 调用第三种初等变换函数 P3, 完成将第 i 列中 A[i,i](i=1) 上方的元素 A[j,i](j 从 i-1 减少到 0) 化为 0. 将程序 3.4 的代码写入文件 utility.py, 以方便调用.

例 3.8 下列代码用于完成例 3.7 中消元后的回代.

程序 3.5 最简行阶梯矩阵计算

```
1  import numpy as np                                 #导入NumPy
2  from utility import rowLadder,simplestLadder       #导入rowLadder,simplestLadder
3  np.set_printoptions(suppress=True)                 #设置数组输出精度
4  A=np.array([[1, 1, 1],                             #系数矩阵
5              [2,-1,-3],
6              [3,2,-5]],dtype='float')
7  b=np.array([2,1,0])                                #常数矩阵
8  B=np.hstack((A,b.reshape(3,1)))                    #增广矩阵
```

```
9   rank, order=rowLadder(B,3,3)          #转换为行阶梯矩阵
10  simplestLadder(B,rank)                #转换为最简行阶梯矩阵
11  print(B)
```

程序的第 1~9 行和程序 3.3 的代码几乎一样, 此时 B 变换为行阶梯矩阵 $\begin{pmatrix} 1 & -1 & -1 & 2 \\ 0 & 1 & -1 & -3 \\ 0 & 0 & 1 & 3 \end{pmatrix}$

(参见例 3.7). 第 10 行调用程序 3.4 定义的 simplestLadder 函数, 对 B 进行变换. 运行程序, 输出

```
[[1. 0. 0. 5.]
 [0. 1. 0. 0.]
 [0. 0. 1. 3.]]
```

即回代变换后的矩阵 B 为 $\begin{pmatrix} 1 & 0 & 0 & 5 \\ 0 & 1 & 0 & 0 \\ 0 & 0 & 1 & 3 \end{pmatrix}$, 对应同解方程组为

$$\begin{cases} x_1 & & = 5 \\ & x_2 & = 0 \\ & & x_3 = 3 \end{cases}.$$

此即原方程组的解. 这与我们在例 3.4 中计算的结果是一致的.

　　练习 3.7　用 simplestLadder 函数对由练习 3.6 的线性方程组增广矩阵变换所得的行阶梯矩阵计算其最简行阶梯矩阵.

(参考答案: 见文件 chapt03.ipynb 中相应代码)

3.3　线性方程组的解

3.3.1　矩阵的秩

　　根据第 2 章的例 2.34 和练习 2.29 知, 3 种初等矩阵 $\boldsymbol{E}(i,j)$、$\boldsymbol{E}(i(\lambda))$ 和 $\boldsymbol{E}(i(\lambda),j)$ 都是可逆阵. 回顾第 2 章的例 2.14、例 2.15 和练习 2.11、练习 2.12, 对矩阵 $\boldsymbol{A}$ 进行行初等变换, 相当于用相应的初等矩阵 (见例 2.2) 左乘 $\boldsymbol{A}$, 对矩阵 $\boldsymbol{A}$ 进行行列初等变换相当于用相应的初等矩阵右乘 $\boldsymbol{A}$.

　　定义 3.1　对于数域 P 上的矩阵 $\boldsymbol{A}$ 和 $\boldsymbol{B}$, 若有可逆阵 $\boldsymbol{P}$ 和 $\boldsymbol{Q}$, 使得 $\boldsymbol{PAQ} = \boldsymbol{B}$, 则称 $\boldsymbol{A}$ 和 $\boldsymbol{B}$ **等价**, 记为 $\boldsymbol{A} \sim \boldsymbol{B}$.

　　按此定义, 有:

　　(1) $\boldsymbol{E}(i,j)\boldsymbol{A} \sim \boldsymbol{A}$, $\boldsymbol{A}\boldsymbol{E}(i,j) \sim \boldsymbol{A}$;

　　(2) 对 $\lambda \neq 0$, $\boldsymbol{E}(i(\lambda))\boldsymbol{A} \sim \boldsymbol{A}$, $\boldsymbol{A}\boldsymbol{E}(i(\lambda)) \sim \boldsymbol{A}$;

　　(3) $\boldsymbol{E}(i(\lambda),j)\boldsymbol{A} \sim \boldsymbol{A}$, $\boldsymbol{A}\boldsymbol{E}(i(\lambda),j) \sim \boldsymbol{A}$.

也就是说, 对矩阵 $\boldsymbol{A}$ 进行任何一种初等变换 (第二种初等变换要求 $\lambda \neq 0$) 得到的矩阵与 $\boldsymbol{A}$ 等价.

定理 3.1   矩阵的等价关系具有如下性质.

(1) 自反性: $\boldsymbol{A} \sim \boldsymbol{A}$.

(2) 对称性: 若 $\boldsymbol{A} \sim \boldsymbol{B}$, 则 $\boldsymbol{B} \sim \boldsymbol{A}$.

(3) 传递性: 若 $\boldsymbol{A} \sim \boldsymbol{B}$ 且 $\boldsymbol{B} \sim \boldsymbol{C}$, 则 $\boldsymbol{A} \sim \boldsymbol{C}$.

(证明见本章附录 A1.)

用消元法解线性方程组 (3.1) 相当于对其矩阵表达式 (3.2) 的系数矩阵和常数矩阵连接成的增广矩阵 $(\boldsymbol{A}, \boldsymbol{b})$ 进行初等变换得到一个行阶梯矩阵. 于是, 根据矩阵等价的定义及其性质知, 用消元法解线性方程组的过程, 就是寻求与增广矩阵等价的最简行阶梯矩阵的过程.

一般地, 对一个矩阵 $\boldsymbol{A}$, 通过初等变换还可以得到与之等价的 "标准形态" 的矩阵.

例 3.9   对矩阵 $\boldsymbol{A} = \begin{pmatrix} 2 & 3 & 1 & 4 \\ 1 & -2 & 4 & -5 \\ 3 & 8 & -2 & 13 \\ 4 & -1 & 9 & -6 \end{pmatrix}$ 进行初等变换:

$$\begin{pmatrix} 2 & 3 & 1 & 4 \\ 1 & -2 & 4 & -5 \\ 3 & 8 & -2 & 13 \\ 4 & -1 & 9 & -6 \end{pmatrix} \xrightarrow[r_2-2r_1,r_3-3r_1,r_4-4r_1]{r_1 \leftrightarrow r_2} \begin{pmatrix} 1 & -2 & 4 & -5 \\ 0 & 7 & -7 & 14 \\ 0 & 14 & -14 & 28 \\ 0 & 7 & -7 & 14 \end{pmatrix}$$

$$\xrightarrow[\frac{1}{7}r_4]{\frac{1}{7}r_2,\frac{1}{14}r_3} \begin{pmatrix} 1 & -2 & 4 & -5 \\ 0 & 1 & -1 & 2 \\ 0 & 1 & -1 & 2 \\ 0 & 1 & -1 & 2 \end{pmatrix} \xrightarrow[c_4+5c_1]{c_2+2c_1,c_3-4c_1} \begin{pmatrix} 1 & 0 & 0 & 0 \\ 0 & 1 & -1 & 2 \\ 0 & 1 & -1 & 2 \\ 0 & 1 & -1 & 2 \end{pmatrix}$$

$$\xrightarrow[r_4-r_2]{r_3-r_2} \begin{pmatrix} 1 & 0 & 0 & 0 \\ 0 & 1 & -1 & 2 \\ 0 & 0 & 0 & 0 \\ 0 & 0 & 0 & 0 \end{pmatrix} \xrightarrow[c_4-2c_2]{c_3+c_2} \begin{pmatrix} 1 & 0 & 0 & 0 \\ 0 & 1 & 0 & 0 \\ 0 & 0 & 0 & 0 \\ 0 & 0 & 0 & 0 \end{pmatrix},$$

即 $\boldsymbol{A} = \begin{pmatrix} 2 & 3 & 1 & 4 \\ 1 & -2 & 4 & -5 \\ 3 & 8 & -2 & 13 \\ 4 & -1 & 9 & -6 \end{pmatrix} \sim \begin{pmatrix} 1 & 0 & 0 & 0 \\ 0 & 1 & 0 & 0 \\ 0 & 0 & 0 & 0 \\ 0 & 0 & 0 & 0 \end{pmatrix} = \begin{pmatrix} \boldsymbol{I}_2 & \boldsymbol{O}_2 \\ \boldsymbol{O}_2 & \boldsymbol{O}_2 \end{pmatrix}.$

引理 3.1   对于数域 P 上任一矩阵 $\boldsymbol{A}_{m \times n}$, 存在整数 $0 \leqslant r \leqslant \min(m, n)$, 使得

$$\boldsymbol{A} \sim \begin{pmatrix} \boldsymbol{I}_r & \boldsymbol{O}_{r \times (n-r)} \\ \boldsymbol{O}_{(m-r) \times r} & \boldsymbol{O}_{(m-r) \times (n-r)} \end{pmatrix}.$$

(证明见本章附录 A2.)

对于矩阵 $\boldsymbol{A}$, 按引理 3.1 算得的与之等价的矩阵 $\begin{pmatrix} \boldsymbol{I}_r & \boldsymbol{O} \\ \boldsymbol{O} & \boldsymbol{O} \end{pmatrix}$ 称为 $\boldsymbol{A}$ 的**标准形**.

练习 3.8　计算矩阵 $\boldsymbol{A} = \begin{pmatrix} 3 & 1 & 0 & 2 \\ 1 & -1 & 2 & -2 \\ 1 & 3 & -4 & 4 \end{pmatrix}$ 的标准形.

(参考答案: $\begin{pmatrix} 1 & 0 & 0 & 0 \\ 0 & 1 & 0 & 0 \\ 0 & 0 & 0 & 0 \end{pmatrix}$)

不难理解, 矩阵 $\begin{pmatrix} \boldsymbol{I}_r & \boldsymbol{O} \\ \boldsymbol{O} & \boldsymbol{O} \end{pmatrix}$ 的标准形为其自身. 计算矩阵的标准形时, 初等变换的顺序及非零元素都有多种选择. 这自然需要回答 "不同的变换过程算得的标准形是否一致" 的问题.

引理 3.2　数域 P 上矩阵 $\boldsymbol{A}$ 的标准形是唯一的. (证明见本章附录 A3.)

定义 3.2　数域 P 上矩阵 $\boldsymbol{A} \in P^{m \times n}$ 的标准形为 $\begin{pmatrix} \boldsymbol{I}_r & \boldsymbol{O} \\ \boldsymbol{O} & \boldsymbol{O} \end{pmatrix}$, 称 r 为 $\boldsymbol{A}$ 的**秩**, 记为 $\mathrm{rank}\boldsymbol{A}$, 即 $\mathrm{rank}\boldsymbol{A} = r \leqslant \min\{m, n\}$. 若 $\mathrm{rank}\boldsymbol{A} = \min\{m, n\}$, 称 $\boldsymbol{A}$ 为**满秩阵**.

实践中, 要计算矩阵 $\boldsymbol{A}$ 的秩, 只需将其变换成行阶梯矩阵, 检测非零行数即可. n 阶方阵 $\boldsymbol{A}$ 为满秩阵, 当且仅当 $\boldsymbol{A}$ 可逆时成立. 对于线性方程组 $\boldsymbol{A}\boldsymbol{x} = \boldsymbol{b}$, 由于 $\boldsymbol{A}$ 是 $(\boldsymbol{A}, \boldsymbol{b})$ 的一部分, 故必有 $\mathrm{rank}\boldsymbol{A} \leqslant \mathrm{rank}(\boldsymbol{A}, \boldsymbol{b})$.

回顾例 3.4 中的线性方程组, 其有唯一解. 观察其系数矩阵 $\boldsymbol{A} = \begin{pmatrix} 1 & -1 & -1 \\ 2 & -1 & -3 \\ 3 & 2 & -5 \end{pmatrix}$, 常数矩阵 $\boldsymbol{b} = \begin{pmatrix} 2 \\ 1 \\ 0 \end{pmatrix}$. 增广矩阵 $(\boldsymbol{A}, \boldsymbol{b}) = \begin{pmatrix} 1 & -1 & -1 & \vdots & 2 \\ 2 & -1 & -3 & \vdots & 1 \\ 3 & 2 & -5 & \vdots & 0 \end{pmatrix} \sim \begin{pmatrix} 1 & 0 & 0 & \vdots & 5 \\ 0 & 1 & 0 & \vdots & 0 \\ 0 & 0 & 1 & \vdots & 3 \end{pmatrix}$, $\mathrm{rank}\boldsymbol{A} = \mathrm{rank}(\boldsymbol{A}, \boldsymbol{b}) = 3 = $ 未知量个数.

例 3.5 中的线性方程组有无穷多个解. 其系数矩阵 $\boldsymbol{A} = \begin{pmatrix} 2 & -1 & -1 & 1 \\ 1 & 1 & -2 & 1 \\ 4 & -6 & 2 & -2 \\ 3 & 6 & -9 & 7 \end{pmatrix}$, 常数矩阵 $\boldsymbol{b} = \begin{pmatrix} 2 \\ 4 \\ 4 \\ 9 \end{pmatrix}$. 增广矩阵 $(\boldsymbol{A}, \boldsymbol{b}) = \begin{pmatrix} 2 & -1 & -1 & 1 & \vdots & 2 \\ 1 & 1 & -2 & 1 & \vdots & 4 \\ 4 & -6 & 2 & -2 & \vdots & 4 \\ 3 & 6 & -9 & 7 & \vdots & 9 \end{pmatrix} \sim \begin{pmatrix} 1 & 0 & 0 & -1 & \vdots & 4 \\ 0 & 1 & 0 & -1 & \vdots & 3 \\ 0 & 0 & 1 & 0 & \vdots & -3 \\ 0 & 0 & 0 & 0 & \vdots & 0 \end{pmatrix}$, rank$\boldsymbol{A}$ =rank$(\boldsymbol{A}, \boldsymbol{b}) = 2 < 3 =$ 未知量个数.

例 3.6 中的线性方程组无解. 其系数矩阵 $\boldsymbol{A} = \begin{pmatrix} 4 & 2 & -1 \\ 3 & -1 & 2 \\ 11 & 3 & 0 \end{pmatrix}$, 常数矩阵 $\boldsymbol{b} =$

$\begin{pmatrix} 2 \\ 10 \\ 8 \end{pmatrix}$. 增广矩阵 $(\boldsymbol{A}, \boldsymbol{b}) = \begin{pmatrix} 4 & 2 & -1 & \vdots & 2 \\ 3 & -1 & 2 & \vdots & 10 \\ 11 & 3 & 0 & \vdots & 8 \end{pmatrix} \sim \begin{pmatrix} -1 & 2 & 4 & \vdots & 2 \\ 0 & 3 & 11 & \vdots & 12 \\ 0 & 0 & 0 & \vdots & -4 \end{pmatrix}$, rank$\boldsymbol{A} = 2 <$

$3 =$rank$(\boldsymbol{A}, \boldsymbol{b})$.

一般地, 有以下定理.

定理 3.2 设数域 P 上的 n 元线性方程组 (3.2) 为 $\boldsymbol{Ax} = \boldsymbol{b}$,

(1) 无解的充分必要条件是 rank$\boldsymbol{A}$ <rank$(\boldsymbol{A}, \boldsymbol{b})$;

(2) 有唯一解的充分必要条件是 rank$\boldsymbol{A}$ =rank$(\boldsymbol{A}, \boldsymbol{b}) = n$;

(3) 有无穷多个解的充分必要条件是 rank$\boldsymbol{A}$ =rank$(\boldsymbol{A}, \boldsymbol{b}) < n$.

(证明见本章附录 A4.)

定理 3.2 回答了 3.1 节中提出的前两个问题: 方程组 (3.2) 有解的条件, 解的唯一性条件. 尚存一个问题: 有无穷多个解时, 所有解构成的集合的结构.

3.3.2 齐次线性方程组的解

在线性方程组 (3.1)

$$\begin{cases} a_{11}x_1 + a_{12}x_2 + \cdots + a_{1n}x_n = b_1 \\ a_{21}x_1 + a_{22}x_2 + \cdots + a_{2n}x_n = b_2 \\ \quad\vdots \\ a_{m1}x_1 + a_{m2}x_2 + \cdots + a_{mn}x_n = b_n \end{cases}$$

中, 若常数矩阵 $\begin{pmatrix} b_1 \\ b_2 \\ \vdots \\ b_m \end{pmatrix} = \begin{pmatrix} 0 \\ 0 \\ \vdots \\ 0 \end{pmatrix}$, 则

$$\begin{cases} a_{11}x_1 + a_{12}x_2 + \cdots + a_{1n}x_n = 0 \\ a_{21}x_1 + a_{22}x_2 + \cdots + a_{2n}x_n = 0 \\ \quad\vdots \\ a_{m1}x_1 + a_{m2}x_2 + \cdots + a_{mn}x_n = 0 \end{cases} \tag{3.3}$$

称为**齐次线性方程组**. 齐次线性方程组的矩阵表达形式为

$$\boldsymbol{Ax} = \boldsymbol{o} \tag{3.4}$$

由于 $\mathrm{rank}(\boldsymbol{A},\boldsymbol{o})=\mathrm{rank}\boldsymbol{A}$, 根据定理 3.2, 齐次线性方程组必有零解 $\begin{cases} x_1=0 \\ x_2=0 \\ \vdots \\ x_n=0 \end{cases}$. 当

$\mathrm{rank}\boldsymbol{A}<n$ 时, 由于存在自由未知量, 齐次线性方程组除了有零解, 还有无穷多个非零解.

例 3.10　在实数域 **R** 上解齐次线性方程组 $\begin{cases} 3x_1+4x_2-5x_3+7x_4=0 \\ 2x_1-3x_2+3x_3-2x_4=0 \\ 4x_1+11x_2-13x_3+16x_4=0 \\ 7x_1-2x_2+x_3+3x_4=0 \end{cases}$.

解　对方程组的系数矩阵 $\boldsymbol{A}=\begin{pmatrix} 3 & 4 & -5 & 7 \\ 2 & -3 & 3 & -2 \\ 4 & 11 & -13 & 16 \\ 7 & -2 & 1 & 3 \end{pmatrix}$ 进行初等变换

$$\begin{pmatrix} 3 & 4 & -5 & 7 \\ 2 & -3 & 3 & -2 \\ 4 & 11 & -13 & 16 \\ 7 & -2 & 1 & 3 \end{pmatrix} \xrightarrow{r_1-r_2} \begin{pmatrix} 1 & 7 & -8 & 9 \\ 2 & -3 & 3 & -2 \\ 4 & 11 & -13 & 16 \\ 7 & -2 & 1 & 3 \end{pmatrix} \xrightarrow[r_4-7r_1]{r_2-2r_1,r_3-4r_1} \begin{pmatrix} 1 & 7 & -8 & 9 \\ 0 & -17 & 19 & -20 \\ 0 & -17 & 19 & -20 \\ 0 & -51 & 57 & -60 \end{pmatrix}$$

$$\xrightarrow[r_4-3r_2]{r_3-r_2} \begin{pmatrix} 1 & 7 & -8 & 9 \\ 0 & -17 & 19 & -20 \\ 0 & 0 & 0 & 0 \\ 0 & 0 & 0 & 0 \end{pmatrix} \xrightarrow{-\frac{1}{17}r_2} \begin{pmatrix} 1 & 7 & -8 & 9 \\ 0 & 1 & -\frac{19}{17} & \frac{20}{17} \\ 0 & 0 & 0 & 0 \\ 0 & 0 & 0 & 0 \end{pmatrix} \xrightarrow{r_1-7r_2} \begin{pmatrix} 1 & 0 & -\frac{3}{17} & \frac{13}{17} \\ 0 & 1 & -\frac{19}{17} & \frac{20}{17} \\ 0 & 0 & 0 & 0 \\ 0 & 0 & 0 & 0 \end{pmatrix}.$$

对应同解方程组为 $\begin{cases} x_1-\dfrac{3}{17}x_3+\dfrac{13}{17}x_4=0 \\ x_2-\dfrac{19}{17}x_3+\dfrac{20}{17}x_4=0 \end{cases}$. 此时, $\mathrm{rank}\boldsymbol{A}=\mathrm{rank}(\boldsymbol{A},\boldsymbol{b})=2<$ 未知量个

数 4. 设 x_3 和 x_4 为自由未知量, 可取任意实数 c_1、c_2. 方程组的解写为

$$\begin{cases} x_1=\dfrac{3}{17}c_1-\dfrac{13}{17}c_2 \\ x_2=\dfrac{19}{17}c_1-\dfrac{20}{17}c_2 \\ x_3=c_1 \\ x_4=c_2 \end{cases},$$

写成矩阵形式为

$$\begin{pmatrix} x_1 \\ x_2 \\ x_3 \\ x_4 \end{pmatrix} = \begin{pmatrix} \dfrac{3}{17}c_1 - \dfrac{13}{17}c_2 \\ \dfrac{19}{17}c_1 - \dfrac{20}{17}c_2 \\ c_1 + 0 \cdot c_2 \\ 0 \cdot c_1 + c_2 \end{pmatrix} = c_1 \begin{pmatrix} \dfrac{3}{17} \\ \dfrac{19}{17} \\ 1 \\ 0 \end{pmatrix} + c_2 \begin{pmatrix} -\dfrac{13}{17} \\ -\dfrac{20}{17} \\ 0 \\ 1 \end{pmatrix}.$$

其中, $c_1, c_2 \in \mathbf{R}$.

练习 3.9　在实数域 $\mathbf{R}$ 上解齐次线性方程组 $\begin{cases} x_1 + 2x_2 + 2x_3 + x_4 = 0 \\ 2x_1 + x_2 - 2x_3 - 2x_4 = 0 \\ x_1 - x_2 - 4x_3 - 3x_4 = 0 \end{cases}$.

(参考答案: $\begin{pmatrix} x_1 \\ x_2 \\ x_3 \\ x_4 \end{pmatrix} = c_1 \begin{pmatrix} 2 \\ -2 \\ 1 \\ 0 \end{pmatrix} + c_2 \begin{pmatrix} \dfrac{5}{3} \\ -\dfrac{4}{3} \\ 0 \\ 1 \end{pmatrix}, c_1, c_2 \in \mathbf{R}$)

通常, 对于数域 P 上的 n 元齐次线性方程组 (3.4), 当 $\text{rank}\,\boldsymbol{A} = r < n$ 时, $\boldsymbol{A}$ 可通过初等变换变为最简行阶梯矩阵 (略去全零行)

$$\begin{pmatrix} 1 & 0 & \cdots & 0 & b_{11} & \cdots & b_{1(n-r)} \\ 0 & 1 & \cdots & 0 & b_{21} & \cdots & b_{2(n-r)} \\ \vdots & \vdots & & \vdots & \vdots & & \vdots \\ 0 & 0 & \cdots & 1 & b_{r1} & \cdots & b_{r(n-r)} \end{pmatrix}. \tag{3.5}$$

由于变换过程中可能有列交换, 设变换后的未知量为 $x_1', x_2' \cdots, x_n'$, 为 $x_1, x_2 \cdots, x_n$ 的一个排列. 其中, $x_{r+1}', \cdots, x_n'$ 为自由未知量. 于是, 最简行阶梯矩阵对应同解方程组为

$$\begin{cases} x_1' = -b_{11}x_{r+1}' - \cdots - b_{1(n-r)}x_n' \\ x_2' = -b_{21}'x_{r+1} - \cdots - b_{2(n-r)}'x_n \\ \qquad \vdots \\ x_r' = -b_{r1}x_{r+1}' - \cdots - b_{r(n-r)}x_n' \end{cases}.$$

设 $c_1, \cdots, c_{n-r} \in P$ 为任意数, $x_{r+1}' = c_1, \cdots, x_n' = c_{n-r}$, 将其代入上式, 表示为矩阵形式

$$
\begin{pmatrix} x'_1 \\ \vdots \\ x'_r \\ x'_{r+1} \\ \vdots \\ x'_n \end{pmatrix} = c_1 \begin{pmatrix} -b_{11} \\ \vdots \\ -b_{r1} \\ 1 \\ \vdots \\ 0 \end{pmatrix} + \cdots + c_{n-r} \begin{pmatrix} -b_{1(n-r)} \\ \vdots \\ -b_{r(n-r)} \\ 0 \\ \vdots \\ 1 \end{pmatrix}.
$$

这个有限形式的表达式表示了 n 元齐次线性方程组 (3.4) 当 $\text{rank}\boldsymbol{A} < n$ 时的所有解——称

为齐次线性方程组的**通解**. 将矩阵组 $\boldsymbol{s}_1 = \begin{pmatrix} -b_{11} \\ \vdots \\ -b_{r1} \\ 1 \\ \vdots \\ 0 \end{pmatrix}, \cdots, \boldsymbol{s}_{n-r} = \begin{pmatrix} -b_{1(n-r)} \\ \vdots \\ -b_{r(n-r)} \\ 0 \\ \vdots \\ 1 \end{pmatrix}$ 称为 n 元齐

次线性方程组 (3.4) 的**基础解系**. 这样, 我们证明了以下定理.

定理 3.3　设数域 P 上的 n 元齐次线性方程组 (3.3) 的系数矩阵秩 $\text{rank}\boldsymbol{A} = r$.

(1) 方程组 (3.3) 仅有零解的充分必要条件是 $r = n$.

(2) $r < n$ 时, 方程组 (3.3) 有基础解系 $\boldsymbol{s}_1, \boldsymbol{s}_2, \cdots, \boldsymbol{s}_{n-r}$, 方程组的通解可表示为

$$
\boldsymbol{s} = c_1 \boldsymbol{s}_1 + c_2 \boldsymbol{s}_2 + \cdots + c_{n-r} \boldsymbol{s}_{n-r}, \quad c_1, c_2, \cdots, c_{n-r} \in P.
$$

在 $\text{rank}\boldsymbol{A} = r < n$ 的情形下, 构造齐次线性方程组 (3.4) 的基础解系的方法形式化描述如下:

(1) 对系数矩阵 $\boldsymbol{A}$ 做初等变换得到最简行阶梯矩阵 (3.5);

(2) 截取最简行阶梯矩阵 (3.5) 中的后 $n - r$ 列, 取反为 $\begin{pmatrix} -b_{11} & \cdots & -b_{1(n-r)} \\ \vdots & & \vdots \\ -b_{r1} & \cdots & -b_{r(n-r)} \end{pmatrix}$, 将其

与一个 $n - r$ 阶单位阵 $\begin{pmatrix} 1 & \cdots & 0 \\ \vdots & & \vdots \\ 0 & \cdots & 1 \end{pmatrix}$ 纵向连接构成 $(n - r) \times n$ 矩阵

$$
\begin{pmatrix} -b_{11} & \cdots & -b_{1(n-r)} \\ \vdots & & \vdots \\ -b_{r1} & \cdots & -b_{r(n-r)} \\ 1 & \cdots & 0 \\ \vdots & & \vdots \\ 0 & \cdots & 1 \end{pmatrix},
$$

该矩阵的 $n-r$ 列构成齐次方程组的基础解系.

例 3.11   在实数域 $\mathbf{R}$ 上解齐次线性方程组 $\begin{cases} 2x_1 - x_2 - x_3 + x_4 = 0 \\ x_1 + x_2 - 2x_3 + x_4 = 0 \\ 4x_1 - 6x_2 + 2x_3 - 2x_4 = 0 \\ 3x_1 + 6x_2 - 9x_3 + 7x_4 = 0 \end{cases}$

解   对系数矩阵 $\boldsymbol{A} = \begin{pmatrix} 2 & -1 & -1 & 1 \\ 1 & 1 & -2 & 1 \\ 4 & -6 & 2 & -2 \\ 3 & 6 & -9 & 7 \end{pmatrix}$ 进行初等变换

$$\begin{pmatrix} 2 & -1 & -1 & 1 \\ 1 & 1 & -2 & 1 \\ 4 & -6 & 2 & -2 \\ 3 & 6 & -9 & 7 \end{pmatrix} \xrightarrow[\frac{1}{2}r_3]{r_1 \leftrightarrow r_2} \begin{pmatrix} 1 & 1 & -2 & 1 \\ 2 & -1 & -1 & 1 \\ 2 & -3 & 1 & -1 \\ 3 & 6 & -9 & 7 \end{pmatrix} \xrightarrow[r_4-3r_1]{r_2-r_3, r_3-2r_1} \begin{pmatrix} 1 & 1 & -2 & 1 \\ 0 & 2 & -2 & 2 \\ 0 & -5 & 5 & -3 \\ 0 & 3 & -3 & 4 \end{pmatrix}$$

$$\xrightarrow[r_3+5r_2, r_4-3r_2]{\frac{1}{2}r_2} \begin{pmatrix} 1 & 1 & -2 & 1 \\ 0 & 1 & -1 & 1 \\ 0 & 0 & 0 & 2 \\ 0 & 0 & 0 & 1 \end{pmatrix} \xrightarrow[r_4-2r_3]{r_3 \leftrightarrow r_4} \begin{pmatrix} 1 & 1 & -2 & 1 \\ 0 & 1 & -1 & 1 \\ 0 & 0 & 0 & 1 \\ 0 & 0 & 0 & 0 \end{pmatrix} \xrightarrow[r_2-r_3]{r_1-r_2} \begin{pmatrix} 1 & 0 & -1 & 0 \\ 0 & 1 & -1 & 0 \\ 0 & 0 & 0 & 1 \\ 0 & 0 & 0 & 0 \end{pmatrix}$$

$$\xrightarrow{c_3 \leftrightarrow c_4} \begin{pmatrix} 1 & 0 & 0 & -1 \\ 0 & 1 & 0 & -1 \\ 0 & 0 & 1 & 0 \\ 0 & 0 & 0 & 0 \end{pmatrix}.$$ 可见 $\mathrm{rank}\boldsymbol{A} = 3 <$ 未知量个数 4. x_3 为自由未知量. 截取行阶

梯矩阵最后一列的前 3 个元素 $\begin{pmatrix} -1 \\ -1 \\ 0 \end{pmatrix}$ 并将其乘 -1 然后连接 1, 得基础解系 $\begin{pmatrix} 1 \\ 1 \\ 0 \\ 1 \end{pmatrix}$, 即方程

组的通解为 $\begin{pmatrix} x_1 \\ x_2 \\ x_4 \\ x_3 \end{pmatrix} = c \begin{pmatrix} 1 \\ 1 \\ 0 \\ 1 \end{pmatrix}$, 亦即 $\begin{pmatrix} x_1 \\ x_2 \\ x_3 \\ x_4 \end{pmatrix} = c \begin{pmatrix} 1 \\ 1 \\ 1 \\ 0 \end{pmatrix}$, $c \in \mathbf{R}$.

练习 3.10   解实数域 $\mathbf{R}$ 上的齐次线性方程组 $\begin{cases} x_1 + 2x_2 + 2x_3 + x_4 = 0 \\ 2x_1 + x_2 - 2x_3 - 2x_4 = 0 \\ x_1 - x_2 - 4x_3 - 3x_4 = 0 \end{cases}$

(参考答案: $\boldsymbol{x} = c_1 \begin{pmatrix} 2 \\ -2 \\ 1 \\ 0 \end{pmatrix} + c_2 \begin{pmatrix} \dfrac{5}{3} \\ -\dfrac{4}{3} \\ 0 \\ 1 \end{pmatrix}, c_1, c_2 \in \mathbf{R}$)

定理 3.4　数域 P 上的 n 元齐次线性方程组 $\boldsymbol{Ax} = \boldsymbol{o}$ 的所有解构成的集合 S, 对矩阵的加法 "+" 和数乘法 "·" 构成一个线性空间 (证明见本章附录 A5.)

3.3.3　非齐次线性方程组的解

当 n 元线性方程组 (3.2)$\boldsymbol{Ax} = \boldsymbol{b}$ 的常数矩阵 $\boldsymbol{b}$ 为非零矩阵时, 该方程组为非齐次线性方程组. 对于非齐次线性方程组, 令常数矩阵 $\boldsymbol{b}$ 为零列矩阵 $\boldsymbol{o}$, 得到的齐次线性方程组称为原非齐次线性方程组的**导出组**.

定理 3.5　对于数域 P 上的 n 元非齐次线性方程组 $\boldsymbol{Ax} = \boldsymbol{b}$, 当 $\mathrm{rank}\boldsymbol{A} = \mathrm{rank}(\boldsymbol{A}, \boldsymbol{b}) = r < n$ 时, 方程组的通解可表示成 $\boldsymbol{x}_0 + \displaystyle\sum_{i=1}^{n-r} c_i \boldsymbol{s}_i, c_1, c_2, \cdots, c_{n-r} \in P$. 其中, $\boldsymbol{x}_0$ 为方程组的一个**特解** (即方程组的一个具体的解 $\boldsymbol{Ax}_0 = \boldsymbol{b}$), $\boldsymbol{s}_1, \boldsymbol{s}_2, \cdots, \boldsymbol{s}_{n-r}$ 为其导出组 $\boldsymbol{Ax} = \boldsymbol{o}$ 的基础解系. (证明见本章附录 A6.)

根据定理 3.5, n 元线性方程组 $\boldsymbol{Ax} = \boldsymbol{b}$ 满足 $\mathrm{rank}\boldsymbol{A} = \mathrm{rank}(\boldsymbol{A}, \boldsymbol{b}) = r < n$ 时, 只要找到它的一个特解及导出组的基础解系, 就可表示出其通解. 至此, 我们明确了线性方程组的解集结构. 计算非齐次线性方程组的过程形式化描述如下.

(1) 构造增广矩阵 $(\boldsymbol{A}, \boldsymbol{b})$ 并通过初等变换得到最简行阶梯矩阵

$$\left(\begin{array}{cccccc:c} 1 & \cdots & 0 & b_{11} & \cdots & b_{1(n-r)} & d_1 \\ \vdots & & \vdots & \vdots & & \vdots & \vdots \\ 0 & \cdots & 1 & b_{r1} & \cdots & b_{r(n-r)} & d_r \end{array} \right), \tag{3.6}$$

由于变换过程中可能有列交换, 设变换后的未知量为 $x_1', x_2' \cdots, x_n'$, 为 $x_1, x_2 \cdots, x_n$ 的一个排列. 其中, $x_{r+1}', \cdots, x_n'$ 为自由未知量. 于是, 最简行阶梯矩阵对应的同解方程组为

$$\begin{cases} x_1' = -b_{11} x_{r+1}' - \cdots - b_{1(n-r)} x_n' + d_1 \\ x_2' = -b_{21}' x_{r+1} - \cdots - b_{2(n-r)}' x_n + d_2 \\ \qquad\qquad \vdots \\ x_r' = -b_{r1} x_{r+1}' - \cdots - b_{r(n-r)} x_n' + d_r \end{cases}$$

令自由未知量 $x_{r+1}' = \cdots = x_n' = 0$, 将其代入上式得特解

$$\begin{cases} x'_1 = d_1 \\ \vdots \\ x'_r = d_r \\ x'_{r+1} = 0 \\ \vdots \\ x'_n = 0 \end{cases},$$

它的矩阵形式为

$$\boldsymbol{x}_0 = \begin{pmatrix} x'_1 \\ \vdots \\ x'_r \\ x'_{r+1} \\ \vdots \\ x'_n \end{pmatrix} = \begin{pmatrix} d_1 \\ \vdots \\ d_r \\ 0 \\ \vdots \\ 0 \end{pmatrix}.$$

该方程组的特解可通过在最简行阶梯矩阵竖线右侧的 $\begin{pmatrix} d_1 \\ \vdots \\ d_r \end{pmatrix}$ 下添加 $n-r$ 个 0 而得.

(2) 截取矩阵 (3.6) 中竖线左侧部分, 即可得与方程组的导出组系数矩阵等价的最简行阶梯矩阵 (3.5), 运用齐次线性方程组基础解系的计算方法即可得导出组的基础解系 $\boldsymbol{s}_1, \boldsymbol{s}_2,$ $\cdots, \boldsymbol{s}_{n-r}$. 根据定理 3.5, 方程组的任一解为

$$\boldsymbol{x} = \boldsymbol{x}_0 + \sum_{i=1}^{n-r} c_i \boldsymbol{s}_i, \quad c_1, \cdots, c_{n-r} \in P.$$

例 3.12　解实数域 **R** 上的线性方程组 $\begin{cases} 2x_1 + x_2 - x_3 + x_4 = 1 \\ 4x_1 + 2x_2 - 2x_3 + x_4 = 2 \\ 2x_1 + x_2 - x_3 - x_4 = 1 \end{cases}$　.

解　对方程组的增广矩阵 $(\boldsymbol{A}, \boldsymbol{b})$ 进行初等变换

$$\begin{pmatrix} 2 & 1 & -1 & 1 & \vdots & 1 \\ 4 & 2 & -2 & 1 & \vdots & 2 \\ 2 & 1 & -1 & -1 & \vdots & 1 \end{pmatrix} \xrightarrow[r_3 - r_1]{r_2 - 2r_1} \begin{pmatrix} 2 & 1 & -1 & 1 & \vdots & 1 \\ 0 & 0 & 0 & -1 & \vdots & 0 \\ 0 & 0 & 0 & -2 & \vdots & 0 \end{pmatrix}$$

$$\xrightarrow[r_3 + 2r_2]{-r_2, r_1 - r_2} \begin{pmatrix} 2 & 1 & -1 & 0 & \vdots & 1 \\ 0 & 0 & 0 & 1 & \vdots & 0 \\ 0 & 0 & 0 & 0 & \vdots & 0 \end{pmatrix} \xrightarrow[\frac{1}{2} r_1]{c_2 \leftrightarrow c_4} \begin{pmatrix} 1 & 0 & \dfrac{1}{2} & \dfrac{1}{2} & \vdots & \dfrac{1}{2} \\ 0 & 1 & 0 & 0 & \vdots & 0 \\ 0 & 0 & 0 & 0 & \vdots & 0 \end{pmatrix}.$$

可见 rank$\boldsymbol{A}$ =rank$(\boldsymbol{A},\boldsymbol{b})=2<$ 未知量个数 4, x_2, x_3 为自由未知量. 截取行阶梯矩阵中竖

线右侧的两个元素 $\begin{pmatrix} \dfrac{1}{2} \\ 0 \end{pmatrix}$, 在其后添加两个 0, 得方程组的特解 $\boldsymbol{x}_0 = \begin{pmatrix} x_1 \\ x_4 \\ x_3 \\ x_2 \end{pmatrix} = \begin{pmatrix} \dfrac{1}{2} \\ 0 \\ 0 \\ 0 \end{pmatrix}$. 注意,

由于在矩阵的初等变换过程中交换了第 2 列和第 4 列, 所以方程组的特解中未知量的顺序

有对应的改变. 特解调整后, 为 $\boldsymbol{x}_0 = \begin{pmatrix} x_1 \\ x_2 \\ x_3 \\ x_4 \end{pmatrix} = \begin{pmatrix} \dfrac{1}{2} \\ 0 \\ 0 \\ 0 \end{pmatrix}$.

截取到的行阶梯矩阵中竖线左侧的非零行部分为

$$\begin{pmatrix} 1 & 0 & -\dfrac{1}{2} & \dfrac{1}{2} \\ 0 & 1 & 0 & 0 \end{pmatrix},$$

用后面两列的数据取反后分别连接 $\begin{pmatrix} 1 \\ 0 \end{pmatrix}$ 和 $\begin{pmatrix} 0 \\ 1 \end{pmatrix}$ 得到方程组的导出组的基础解系:

$$\boldsymbol{s}_1 = \begin{pmatrix} x_1 \\ x_4 \\ x_3 \\ x_2 \end{pmatrix} = \begin{pmatrix} \dfrac{1}{2} \\ 0 \\ 1 \\ 0 \end{pmatrix}, \boldsymbol{s}_2 = \begin{pmatrix} x_1 \\ x_4 \\ x_3 \\ x_2 \end{pmatrix} = \begin{pmatrix} -\dfrac{1}{2} \\ 0 \\ 0 \\ 1 \end{pmatrix}.$$

调整未知量顺序后, 导出组的基础解系为:

$$\boldsymbol{s}_1 = \begin{pmatrix} x_1 \\ x_2 \\ x_3 \\ x_4 \end{pmatrix} = \begin{pmatrix} \dfrac{1}{2} \\ 0 \\ 1 \\ 0 \end{pmatrix}, \boldsymbol{s}_2 = \begin{pmatrix} x_1 \\ x_2 \\ x_3 \\ x_4 \end{pmatrix} = \begin{pmatrix} -\dfrac{1}{2} \\ 1 \\ 0 \\ 0 \end{pmatrix}.$$

于是, 方程组的通解表示为:

$$\boldsymbol{x} = \begin{pmatrix} \dfrac{1}{2} \\ 0 \\ 0 \\ 0 \end{pmatrix} + c_1 \begin{pmatrix} \dfrac{1}{2} \\ 0 \\ 1 \\ 0 \end{pmatrix} + c_2 \begin{pmatrix} -\dfrac{1}{2} \\ 1 \\ 0 \\ 0 \end{pmatrix}, \quad c_1, c_2 \in \mathbf{R}.$$

练习 3.11　解实数域 **R** 上的线性方程组 $\begin{cases} 2x_1 + x_2 - x_3 + x_4 = 1 \\ 3x_1 - 2x_2 + x_3 - 3x_4 = 4 \\ x_1 + 4x_2 - 3x_3 + 5x_4 = -2 \end{cases}$.

(参考答案: $x = \begin{pmatrix} \dfrac{6}{7} \\ -\dfrac{5}{7} \\ 0 \\ 0 \end{pmatrix} + c_1 \begin{pmatrix} \dfrac{1}{7} \\ \dfrac{5}{7} \\ 1 \\ 0 \end{pmatrix} + c_2 \begin{pmatrix} \dfrac{1}{7} \\ -\dfrac{9}{7} \\ 0 \\ 1 \end{pmatrix}, c_1, c_2 \in \mathbf{R}$)

3.3.4　Python 解法

根据定理 3.2、定理 3.3 并利用程序 3.2 定义的 rowLadder 函数、程序 3.4 定义的 simplestLadder 函数, 可定义如下的解线性方程组的函数.

程序 3.6　解线性方程组

```
1   import numpy as np                                    #导入 NumPy
2   from utility import rowLadder,simplestLadder          #导入 rowLadder,simplestLadder
3   def mySolve(A,b):
4       m,n=A.shape                                       #系数矩阵的结构
5       b=b.reshape(b.size, 1)                            #常量矩阵
6       B=np.hstack((A, b))                               #构造增广矩阵
7       r, order=rowLadder(B, m, n)                       #消元
8       X=np.array([])                                    #解集初始化为空
9       index=np.where(abs(B[:,n])>1e-10)                 #常数矩阵中非零元素下标
10      nonhomo=index[0].size>0                           #判断是否非齐次
11      r1=r                                              #初始化增广矩阵秩
12      if nonhomo:                                       #非齐次
13          r1=np.max(index)+1                            #修改增广阵秩
14      solvable=(r>=r1)                                  #判断是否有解
15      if solvable:                                      #若有解
16          simplestLadder(B, r)                          #回代
17          X=np.vstack((B[:r,n].reshape(r,1),           #特解
18                       np.zeros((n-r,1))))
19          if r<n:                                       #导出组的基础解系
20              x1=np.vstack((-B[:r,r:n],np.eye(n-r)))
21              X=np.hstack((X,x1))
22      X=X[order]
23      return X
```

程序的第 3~23 行定义函数 mySolve, 参数 A 和 b 分别表示线性方程组 (3.2) 的系数矩阵 **A** 和常数矩阵 **b**.

第 4 行读取二维数组 A 的 shape 属性表示的行数 m(方程个数) 和列数 n(未知量个数). 第 5 行调用 b 的 reshape 方法将其设置为 $n \times 1$ 的矩阵. 第 6 行调用 NumPy(第 1 行导入) 的 hstack 函数将 A 和 b 横向连接成增广矩阵 $(\boldsymbol{A}, \boldsymbol{b})$, 表示为数组 B.

第 7 行调用程序 3.2 定义的 rowLadder 函数 (第 2 行导入) 将 B 变换成与之等价的行

阶梯矩阵并返回系数矩阵的秩 r 和未知量顺序 order. 第 8 行将解集 X 初始化为空数组. 第 9 行调用 NumPy 的 where 函数, 计算变换后常数矩阵中非零元素的下标集合 index. 第 10 行根据 index 是否为空设置标志 nonhomo: 非空, 即常数矩阵 b 有非零元素 (b.size>0), 为 True; 否则, b 的所有元素均为 0, 为 False. 第 11 行将增广矩阵的秩 r1 初始化为系数矩阵的秩 r. 第 12、13 行对非齐次线性方程组更新增广矩阵的秩 r1: 变换后 b 中最后非零元素的下标, 因为 Python 中数组的下标从 0 开始编排, 故还需加 1.

第 14 行根据 r 与 r1 的大小比较算得线性方程组是否有解的标志 solvable. 第 15~22 行的 if 语句对有解方程组求解. 具体而言, 第 16 行调用程序 3.4 定义的 simplestLadder 函数 (第 2 行导入) 将行阶梯矩阵 B 转换成最简行阶梯矩阵. 第 17、18 行截取行阶梯矩阵 B 中前 r 行最后一列 (对应常数矩阵 b)B[:r,n].reshape(r,1) 与 n−r 个 0 构成的列矩阵 (由 NumPy 的 zeros((n−r,1)) 得到) 通过 NumPy 的 vstack 函数纵向连接为特解. 第 19~21 行的 if 语句构造解集 X. 第 20 行算得齐次线性方程组或非齐次线性方程组的导出组的基础解系 x1: 截取矩阵 B 的前 r 行后 n−r 列 B[:r,r:n], 取反后将其与 NumPy 的 eye 函数生成的 n−r 阶单位阵纵向连接 (调用 NumPy 的 vstack 函数) 成一个 $n \times (n-r)$ 矩阵. 第 21 行调用 hstack 函数将 x1 连接到 X 的右方. 第 22 行用 order 调整解集 X 中各行的顺序 (使之符合未知量顺序).

第 23 行将解集 X 返回, 有 3 种情况: 方程组无解, 返回的是空列表; 方程组有唯一解, 返回的是一个列矩阵; 方程组有无穷多个解, 齐次线性方程组的零解位于 X 首列, 基础解系位于 X 的后 n−r 列, 非齐次线性方程组的特解位于 X 的首列, 后 n−r 列表示导出组的基础解系.

将程序 3.6 的代码写入 utility.py, 以方便调用.

例 3.13 利用程序 3.6 定义的 mySolve 函数解例 3.10 中的齐次线性方程组

$$\begin{cases} 3x_1 + 4x_2 - 5x_3 + 7x_4 = 0 \\ 2x_1 - 3x_2 + 3x_3 - 2x_4 = 0 \\ 4x_1 + 11x_2 - 13x_3 + 16x_4 = 0 \\ 7x_1 - 2x_2 + x_3 + 3x_4 = 0 \end{cases}$$

解 根据例 3.10 知, 对于这个齐次线性方程组, rank$\boldsymbol{A} = 2 < 4 =$ 未知量个数, 基础解系含 $4 - 2 = 2$ 个列矩阵. 见下列代码.

程序 3.7 解例 3.10 的线性方程组

```
1  import numpy as np                                  #导入 NumPy
2  from utility import mySolve                         #导入 mySolve
3  from fractions import Fraction as F                 #导入 Fraction
4  np.set_printoptions(formatter=                      #设置输出数据的格式
5                    {'all':lambda x:str(F(x).limit_denominator())})
6  A=np.array([[3,4,-5,7],                             #系数矩阵
7              [2,-3,3,-2],
8              [4,11,-13,16],
9              [7,-2,1,3]],dtype='float')
```

```
10    b=np.array([0,0,0,0])                          #常数矩阵
11    s=mySolve(A,b)                                 #解方程
12    print(s)
```

程序的第 6~10 行按题设设置系数矩阵和常数矩阵. 第 11 行调用程序 3.6 定义的 mySolve 函数解方程组, 将返回值赋予 s. 运行程序, 输出

$$
\begin{array}{llll}
[[0 & 3/17 & -13/17] \\
[0 & 19/17 & -20/17] \\
[0 & 1 & 0 \quad] \\
[0 & 0 & 1 \quad]]
\end{array}
$$

3 列数据分别对应零解 $\begin{pmatrix} 0 \\ 0 \\ 0 \\ 0 \end{pmatrix}$ 和基础解系 $\begin{pmatrix} \dfrac{3}{17} \\ \dfrac{19}{17} \\ 1 \\ 0 \end{pmatrix}, \begin{pmatrix} -\dfrac{13}{17} \\ -\dfrac{20}{17} \\ 0 \\ 1 \end{pmatrix}$.

练习 3.12　用 Python 解练习 3.9 中的齐次线性方程组

$$
\begin{cases}
x_1 + 2x_2 + 2x_3 + x_4 = 0 \\
2x_1 + x_2 - 2x_3 - 2x_4 = 0 \\
x_1 - x_2 - 4x_3 - 3x_4 = 0
\end{cases}.
$$

(参考答案: 见文件 chapt03.ipynb 中相应代码)

例 3.14　用 Python 解例 3.4 中的线性方程组

$$
\begin{cases}
x_1 - x_2 - x_3 = 2 \\
2x_1 - x_2 - 3x_3 = 1 \\
3x_1 + 2x_2 - 5x_3 = 0
\end{cases}.
$$

解　根据例 3.4 知, 对于这个方程组, rank$A$ = 3 = 未知量个数, 有唯一解. 见下列代码.

程序 3.8　解例 3.4 的线性方程组

```
1     import numpy as np                             #导入 NumPy
2     from utility import mySolve                    #导入 mySolve
3     from fractions import Fraction as F            #导入 Fraction
4     np.set_printoptions(formatter=                 #设置输出数据的格式
5                     {'all':lambda x:str(F(x).limit_denominator())})
6     A=np.array([[1,-1,-1],                         #系数矩阵
7                 [2,-1,-3],
8                 [3,2,-5]],dtype='float')
9     b=np.array([2,1,0])                            #常数矩阵
10    s=mySolve(A,b)                                 #解方程
11    print(s)
```

运行程序, 输出

```
[[5]
 [0]
 [3]]
```

输出结果表示唯一解 $\begin{pmatrix} x_1 \\ x_2 \\ x_3 \end{pmatrix} = \begin{pmatrix} 5 \\ 0 \\ 3 \end{pmatrix}$.

练习 3.13 用 Python 解练习 3.3 中的线性方程组

$$\begin{cases} x_1 + 2x_2 + 3x_3 = 1 \\ 2x_1 + x_2 + 5x_3 = 2 \\ 3x_1 + 5x_2 + x_3 = 3 \end{cases}.$$

(参考答案: 见文件 chapt03.ipynb 中对应代码)

例 3.15 用 Python 解例 3.6 中线性方程组 $\begin{cases} 4x_1 + 2x_2 - x_3 = 2 \\ 3x_1 - x_2 + 2x_3 = 10 \\ 11x_1 + 3x_2 \quad = 8 \end{cases}.$

解 根据例 3.6 知, 对于这个方程组, rank$A = 2 < 3 =$rank(A, b), 无解. 见下列代码

程序 3.9 解例 3.6 的线性方程组

```
1  import numpy as np                          #导入 NumPy
2  from utility import mySolve                 #导入 mySolve
3  A=np.array([[4,2,-1],                       #系数矩阵
4            [3,-1,2],
5            [11,3,0]],dtype='float')
6  b=np.array([2,10,8])                        #常数矩阵
7  s=mySolve(A,b)                              #解方程
8  print(s)
```

运行程序, 输出

```
[]
```

练习 3.14 用 Python 解练习 3.5 中的线性方程组 $\begin{cases} x_1 - 2x_2 + 3x_3 - x_4 = 1 \\ 3x_1 - x_2 + 5x_3 - 3x_4 = 2 \\ 2x_1 + x_2 + 2x_3 - 2x_4 = 3 \end{cases}.$

(参考答案: 见文件 chapt03.ipynb 中对应代码)

例 3.16 用 Python 解例 3.12 的线性方程组 $\begin{cases} 2x_1 + x_2 - x_3 + x_4 = 1 \\ 4x_1 + 2x_2 - 2x_3 + x_4 = 2 \\ 2x_1 + x_2 - x_3 - x_4 = 1 \end{cases}.$

解 根据例 3.12 知, 对于这个方程组, $\text{rank}\boldsymbol{A} = \text{rank}(\boldsymbol{A}, \boldsymbol{b}) = 2 < 4 =$ 未知量个数, 其解包含 1 个特解与其导出组的基础解系中的 2(即 $4 - 2$) 个列矩阵. 见下列代码

程序 3.10　解例 3.12 的线性方程组

```
1   import numpy as np                              #导入NumPy
2   from utility import mySolve                     #导入mySolve
3   from fractions import Fraction as F             #导入Fraction
4   np.set_printoptions(formatter=                  #设置输出数据的格式
5                   {'all':lambda x:str(F(x).limit_denominator())})
6   A=np.array([[2,1,-1,1],                         #系数矩阵
7               [4,2,-2,1],
8               [2,1,-1,-1]],dtype='float')
9   b=np.array([1,2,1])                             #常数矩阵
10  s=mySolve(A,b)                                  #解方程组
11  print(s)
```

运行程序, 输出

$$\begin{bmatrix} [1/2 & 1/2 & -1/2] \\ [0 & 0 & 1] \\ [0 & 1 & 0] \\ [0 & 0 & 0] \end{bmatrix}$$

对应特解 $\boldsymbol{s}_0 = \begin{pmatrix} x_1 \\ x_2 \\ x_3 \\ x_4 \end{pmatrix} = \begin{pmatrix} \dfrac{1}{2} \\ 0 \\ 0 \\ 0 \end{pmatrix}$, 导出组的基础解系 $\boldsymbol{s}_1 = \begin{pmatrix} x_1 \\ x_2 \\ x_3 \\ x_4 \end{pmatrix} = \begin{pmatrix} \dfrac{1}{2} \\ 0 \\ 1 \\ 0 \end{pmatrix}$, $\boldsymbol{s}_2 = \begin{pmatrix} x_1 \\ x_2 \\ x_3 \\ x_4 \end{pmatrix}$

$= \begin{pmatrix} -\dfrac{1}{2} \\ 1 \\ 0 \\ 0 \end{pmatrix}$.

练习 3.15　用 Python 解练习 3.11 的线性方程组 $\begin{cases} 2x_1 + x_2 - x_3 + x_4 = 1 \\ 3x_1 - 2x_2 + x_3 - 3x_4 = 4 \\ x_1 + 4x_2 - 3x_3 + 5x_4 = -2 \end{cases}$.

(参考答案: 见文件 chapt03.ipynb 中对应代码)

　　由例 3.13、例 3.14、例 3.15 和例 3.16 可见, 程序 3.6 定义的 mySolve 函数适用于解实数域 $\mathbf{R}$ 上的各种情形的线性方程组, 而 NumPy 提供的 solve 函数只适用于解有可逆系数矩阵的线性方程组的特殊情形 (见例 3.3).

3.4　本章附录

A1. 定理 3.1 的证明

　　证明　(1) 设 $\boldsymbol{A}$ 为 $m \times n$ 矩阵, 令 $\boldsymbol{P} = \boldsymbol{I}_m$, $\boldsymbol{Q} = \boldsymbol{I}_n$, 则 $\boldsymbol{P}$ 及 $\boldsymbol{Q}$ 均可逆, 且

$$PAQ = I_m A I_n = A;$$

(2) 设有可逆阵 P 和 Q, 使得 $PAQ = B$, 用可逆阵 P^{-1} 和 Q^{-1} 分别左乘、右乘 B, 即 $P^{-1}BQ^{-1} = P^{-1}(PAQ)Q^{-1} = (P^{-1}P)A(Q^{-1}Q) = IAI = A;$

(3) 设有可逆阵 P_1、Q_1 以及 P_2、Q_2, 使得 $P_1 A Q_1 = B$ 及 $P_2 B Q_2 = C$, 于是, $P_2 P_1 A Q_1 Q_2 = P_2 B Q_2 = C.$

A2. 引理 3.1 的证明

证明　若 A 中的元素全为 0, 则 $r = 0$, 引理证毕. 若有元素 $a_{ij} \neq 0$, 则可对 A 进行第一种行初等变换, 即交换第 1 行和第 i 行, 第一种列初等变换, 即交换第 1 列和第 j 列. 此时, $a_{11} \neq 0$, 进行第二种初等变换, 即用 $\dfrac{1}{a_{11}}$ 乘第 1 行或第 1 列, 使得 $a_{11} = 1$. 然后进行第三种初等变换: 分别用 $-a_{i1}(i = 2, 3, \cdots, m)$ 乘第 1 行后将其加到第 i 行, 用 $-a_{1j}(j = 2, 3, \cdots, n)$ 乘第 1 列后将其加到第 j 列, 使得

$$A \sim \begin{pmatrix} 1 & 0 & \cdots & 0 \\ 0 & a'_{22} & \cdots & a'_{2n} \\ \vdots & \vdots & & \vdots \\ 0 & a'_{m2} & \cdots & a'_{mn} \end{pmatrix} = \begin{pmatrix} 1 & O \\ O & A'_{(m-1)\times(n-1)} \end{pmatrix}.$$

若 $A'_{(m-1)\times(n-1)} = O_{(m-1)\times(n-1)}$, 则 $r = 1$, 引理证毕. 否则用同样的方法对 $A'_{(m-1)\times(n-1)}$ 进行初等变换, 可得

$$A \sim \begin{pmatrix} I_2 & O \\ O & A'_{(m-2)\times(n-2)} \end{pmatrix},$$

以此类推. 由 m 和 n 的有限性知, 这个过程当遇到某个右下角矩阵 $A'_{(m-r)\times(n-r)} = O_{(m-r)\times(n-r)}(r < \min(m,n))$ 或当 $r = \min(m, r)$ 时会停止, 证毕.

A3. 引理 3.2 的证明

证明　假定 $A \sim \begin{pmatrix} I_{r_1} & O \\ O & O \end{pmatrix}$, 且 $A \sim \begin{pmatrix} I_{r_2} & O \\ O & O \end{pmatrix}$. 由等价关系的对称性和传递性可得

$$\begin{pmatrix} I_{r_1} & O \\ O & O \end{pmatrix} \sim \begin{pmatrix} I_{r_2} & O \\ O & O \end{pmatrix},$$

即 $\begin{pmatrix} I_{r_2} & O \\ O & O \end{pmatrix}$ 是 $\begin{pmatrix} I_{r_1} & O \\ O & O \end{pmatrix}$ 的标准形, 故 $\begin{pmatrix} I_{r_1} & O \\ O & O \end{pmatrix} = \begin{pmatrix} I_{r_2} & O \\ O & O \end{pmatrix}.$

A4. 定理 3.2 的证明

证明　先证明各条件的充分性.

(1) 设 $\text{rank}A = r_1 < r_2 = \text{rank}(A, b)$, 在方程组的消元过程得到的行阶梯矩阵中最后的非零行仅有最后一列处的元素 (属常数矩阵部分, 系数矩阵与增广矩阵仅有最后一列之差) 非 0. 这意味着至少存在一个矛盾方程, 故方程组无解.

(2) 设 $\text{rank}\boldsymbol{A} = \text{rank}(\boldsymbol{A}, \boldsymbol{b}) = n$, 这意味着增广矩阵 $(\boldsymbol{A}, \boldsymbol{b})$ 经消元所得最简行阶梯矩阵中对应系数矩阵的前 n 行、n 列构成一个 "单位阵", 即系数矩阵 $\boldsymbol{A}$ 等价于一个单位阵. 根据矩阵等价关系的定义可知 $\boldsymbol{A}$ 可逆, 故方程组有唯一解.

(3) 设 $\text{rank}\boldsymbol{A} = \text{rank}(\boldsymbol{A}, \boldsymbol{b}) = r < n$, 此时增广矩阵经消元得到的最简行阶梯矩阵中对应系数矩阵部分的左端的 r 阶单位阵右边的 $n - r$ 列尚有非零元素, 对应的是自由未知量. 故方程组有无穷多个解.

接下来考虑各条件的必要性.

(1) 若 $\boldsymbol{A}\boldsymbol{x} = \boldsymbol{b}$ 无解, 即既不是有唯一解, 也不是有无穷多个解, 亦即否定了 (2) 和 (3) 的结论, 按 (2) 和 (3) 条件的充分性知, $\text{rank}\boldsymbol{A} \neq \text{rank}(\boldsymbol{A}, \boldsymbol{b})$. 由于 $\boldsymbol{A}$ 是 $(\boldsymbol{A}, \boldsymbol{b})$ 的一部分, 故必有 $\text{rank}\boldsymbol{A} < \text{rank}(\boldsymbol{A}, \boldsymbol{b})$.

(2) 若 $\boldsymbol{A}\boldsymbol{x} = \boldsymbol{b}$ 有唯一解, 否定了 (1) 和 (3) 的结论, 按条件 (1) 和 (3) 的充分性, 应有 $\text{rank}\boldsymbol{A} = \text{rank}(\boldsymbol{A}, \boldsymbol{b}) = n$.

(3) 若 $\boldsymbol{A}\boldsymbol{x} = \boldsymbol{b}$ 有无穷多个解, 否定了 (1) 和 (2) 的结论, 按条件 (1) 和 (2) 的充分性, 应有 $\text{rank}\boldsymbol{A} = \text{rank}(\boldsymbol{A}, \boldsymbol{b}) < n$.

A5. 定理 3.4 的证明

证明 n 元齐次线性方程组 $\boldsymbol{A}\boldsymbol{x} = \boldsymbol{o}$ 的解集 $S = \{\boldsymbol{x} | \boldsymbol{A}\boldsymbol{x} = \boldsymbol{o}\}$ 中的元素为 $n \times 1$ 的列矩阵, 即 $S \subseteq P^{n \times 1}$. 根据定理 2.1, 矩阵集合 $P^{n \times 1}$ 构成一个线性空间.

$\forall \boldsymbol{x}_1, \boldsymbol{x}_2 \in S, \boldsymbol{A}\boldsymbol{x_1} = \boldsymbol{o}$ 及 $\boldsymbol{A}\boldsymbol{x_2} = \boldsymbol{o}, \forall \lambda_1, \lambda_2 \in P$,

$$\boldsymbol{A}(\lambda_1 \boldsymbol{x}_1 + \lambda_2 \boldsymbol{x}_2) = \lambda_1 \boldsymbol{A}\boldsymbol{x}_1 + \lambda_2 \boldsymbol{A}\boldsymbol{x}_2 = \lambda_1 \boldsymbol{o} + \lambda_2 \boldsymbol{o} = \boldsymbol{o},$$

即 $\lambda_1 \boldsymbol{x}_1 + \lambda_2 \boldsymbol{x}_2 \in S$, 亦即列矩阵的加法及数乘法对 S 是封闭的. 根据定理 1.1, S 是 $P^{n \times 1}$ 的子线性空间.

A6. 定理 3.5 的证明

证明 设方程组的解集合为 $S = \{\boldsymbol{x} | \boldsymbol{A}\boldsymbol{x} = \boldsymbol{b}\}, \forall \boldsymbol{x}_1 \in S$, 考虑 $\boldsymbol{x}_1$ 与方程组的特解 $\boldsymbol{x}_0$ 的差 $\boldsymbol{x}_1 - \boldsymbol{x}_0$. 由引理 2.1 知, 同形矩阵构成一个交换群, 减法是加法的特殊情形, 即 $\boldsymbol{x}_1 - \boldsymbol{x}_0 = \boldsymbol{x}_1 + (-\boldsymbol{x}_0)$. 根据矩阵乘法对加法的分配律 (见定理 2.2) 知

$$\boldsymbol{A}(\boldsymbol{x}_1 - \boldsymbol{x}_0) = \boldsymbol{A}\boldsymbol{x}_1 - \boldsymbol{A}\boldsymbol{x}_0 = \boldsymbol{b} - \boldsymbol{b} = \boldsymbol{o},$$

即 $\boldsymbol{x}_1 - \boldsymbol{x}_0$ 是导出组 $\boldsymbol{A}\boldsymbol{x} = \boldsymbol{o}$ 的解. 根据定理 3.3 知, 有 $c_1, c_2, \cdots, c_{n-r} \in P$, 使得

$$\boldsymbol{x}_1 - \boldsymbol{x}_0 = c_1 \boldsymbol{s}_1 + c_2 \boldsymbol{s}_2 + \cdots + c_{n-r} \boldsymbol{s}_{n-r} = \sum_{i=1}^{n-r} c_i \boldsymbol{s}_i,$$

即 $\boldsymbol{x}_1 = \boldsymbol{x}_0 + \sum_{i=1}^{n-r} c_i \boldsymbol{s}_i$

第 4 章　向量空间

4.1　n 维向量与向量组

4.1.1　n 维向量及其线性运算

直角坐标平面上的任一点 (a,b) 为一个 2 维向量 (见图 4.1(a)), 建立了直角坐标系的空间中任一点 (a,b,c) 为一个 3 维向量 (见图 4.1(b)), 将此概念拓展为以下定义.

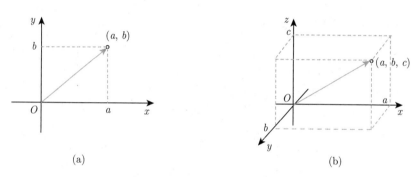

(a)　　　　　　　　　　　　　　　　　(b)

图 4.1　2 维和 3 维向量

定义 4.1　$n \in \mathbf{N}$, 数域 P 的 n 个数构成的序列 $a_1, a_2, \cdots, a_n$ 称为数域 P 上的一个n 维向量. 向量中的每一个数 $a_i(1 \leqslant i \leqslant n)$ 称为该向量的第 i 个**分量**. 分量全为 0 的向量称为**零向量**, 记为 $\boldsymbol{o}$. 数域 P 上所有 n 维向量构成的集合记为 P^n.

作为向量的序列用圆括号括起来, 序列竖排 $\begin{pmatrix} a_1 \\ a_2 \\ \vdots \\ a_n \end{pmatrix}$ 称为**列向量**, 序列横排 $(a_1,$

$a_2, \cdots, a_n)$ 则称为**行向量**. 本书用黑斜体格式的小写字母表示列向量, 如 $\boldsymbol{\alpha} = \begin{pmatrix} a_1 \\ a_2 \\ \vdots \\ a_n \end{pmatrix}$,

行向量 $(a_1, a_2, \cdots, a_n)$ 则表示为 $\boldsymbol{\alpha}^\top$. 两个 n 维向量 $\boldsymbol{\alpha} = (a_1, a_2, \cdots, a_n)^\top$ 和 $\boldsymbol{\beta} = (b_1, b_2, \cdots, b_n)^\top$ **相等**, 当且仅当对应分量全部相等时成立, 即 $\boldsymbol{\alpha} = \boldsymbol{\beta}$, 当且仅当 $a_i = b_i(i = 1, 2, \cdots, n)$ 时成立.

例 4.1　数域 P 上的线性方程组 (3.1)

$$\begin{cases} a_{11}x_1 + a_{12}x_2 + \cdots + a_{1n}x_n = b_1 \\ a_{21}x_1 + a_{22}x_2 + \cdots + a_{2n}x_n = b_2 \\ \qquad\qquad\qquad \vdots \\ a_{m1}x_1 + a_{m2}x_2 + \cdots + a_{mn}x_n = b_m \end{cases}$$

的矩阵表达形式 (3.2)

$$Ax = b$$

中, 系数矩阵

$$A = \begin{pmatrix} a_{11} & a_{12} & \cdots & a_{1n} \\ a_{21} & a_{22} & \cdots & a_{2n} \\ \vdots & \vdots & & \vdots \\ a_{m1} & a_{m2} & \cdots & a_{mn} \end{pmatrix}$$

可视为由 m 个行向量 $(a_{11}, a_{12}, \cdots, a_{1n}), (a_{21}, a_{22}, \cdots, a_{2n}), \cdots, (a_{m1}, a_{m2}, \cdots, a_{mn})$ 构成,

也可以视为由 n 个列向量 $\begin{pmatrix} a_{11} \\ a_{21} \\ \vdots \\ a_{m1} \end{pmatrix}, \begin{pmatrix} a_{12} \\ a_{22} \\ \vdots \\ a_{m2} \end{pmatrix}, \cdots, \begin{pmatrix} a_{1n} \\ a_{2n} \\ \vdots \\ a_{mn} \end{pmatrix}$ 构成. n 个未知数也可构成向量

$x = \begin{pmatrix} x_1 \\ x_2 \\ \vdots \\ x_n \end{pmatrix}$, 常数矩阵 $b = \begin{pmatrix} b_1 \\ b_2 \\ \vdots \\ b_m \end{pmatrix}$ 亦可视为列向量.

例 4.2 数域 P 上次数小于 $n \in \mathbf{N}$ 的一元多项式 (见例 1.14)$f(x) = a_0 + a_1 x + a_2 x^2 + \cdots + a_{n-1}x^{n-1} \in P[x]_n$, 可对应 P 上的一个 n 维向量

$$f = \begin{pmatrix} a_0 \\ a_1 \\ \vdots \\ a_{n-1} \end{pmatrix}.$$

这一对应关系构成 $P[x]_n$ 与 P^n 之间的一个 "1-1" 映射.

我们知道, 在坐标平面和坐标空间中, 向量 $\boldsymbol{\alpha}$ 和 $\boldsymbol{\beta}$ 可以相加得向量 $\boldsymbol{\alpha} + \boldsymbol{\beta}$(见图 4.2(a)), 向量 $\boldsymbol{\alpha}$ 也可以与实数 λ 相乘 (见图 4.2(b)) 得向量 $\lambda\boldsymbol{\alpha}$. 我们将这两个运算推广到 n 维向量上.

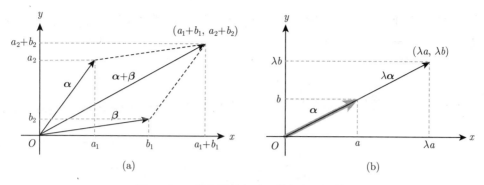

图 4.2　2 维向量的加法运算与数乘运算

定义 4.2　$n \in \mathbf{N}$, P 为一数域, $\forall \boldsymbol{\alpha} = \begin{pmatrix} a_1 \\ a_2 \\ \vdots \\ a_n \end{pmatrix}, \boldsymbol{\beta} = \begin{pmatrix} b_1 \\ b_2 \\ \vdots \\ b_n \end{pmatrix} \in P^n$, $\forall \lambda \in P$,

(1)　$\begin{pmatrix} a_1 + b_1 \\ a_2 + b_2 \\ \vdots \\ a_n + b_n \end{pmatrix} \in P^n$ 称为 $\boldsymbol{\alpha}$ 和 $\boldsymbol{\beta}$ 的和, 记为 $\boldsymbol{\alpha} + \boldsymbol{\beta}$;

(2)　$\begin{pmatrix} \lambda a_1 \\ \lambda a_2 \\ \vdots \\ \lambda a_n \end{pmatrix} \in P^n$ 称为**数 λ 与向量 $\boldsymbol{\alpha}$ 的积**, 记为 $\lambda \cdot \boldsymbol{\alpha}$, 简记为 $\lambda \boldsymbol{\alpha}$.

向量的加法运算与数乘运算统称为向量的线性运算.

例 4.3　本例为例 4.1 续. 设线性方程组 (3.2) 的系数矩阵 $\boldsymbol{A}$ 中 n 个列向量为 $\boldsymbol{\alpha}_1 = \begin{pmatrix} a_{11} \\ a_{21} \\ \vdots \\ a_{m1} \end{pmatrix}, \boldsymbol{\alpha}_2 = \begin{pmatrix} a_{12} \\ a_{22} \\ \vdots \\ a_{m2} \end{pmatrix}, \cdots, \boldsymbol{\alpha}_n = \begin{pmatrix} a_{1n} \\ a_{2n} \\ \vdots \\ a_{mn} \end{pmatrix}$, 常数列向量 $\boldsymbol{b} = \begin{pmatrix} b_1 \\ b_2 \\ \vdots \\ b_m \end{pmatrix}$, 则方程组 (3.1) 的向量形式为

$$x_1 \boldsymbol{\alpha}_1 + x_2 \boldsymbol{\alpha}_2 + \cdots + x_n \boldsymbol{\alpha}_n = \boldsymbol{b}. \tag{4.1}$$

例 4.4　设 $n \in \mathbf{N}$, 考虑数域 P 上的 $n \times 1$ 矩阵全体 $P^{n \times 1}$ 及 n 维向量全体 P^n. 构造 $P^{n \times 1}$ 与 P^n 之间的 "1-1" 映射 σ: $\forall \boldsymbol{\alpha} = \begin{pmatrix} a_1 \\ a_2 \\ \vdots \\ a_n \end{pmatrix}_{n \times 1} \in P^{n \times 1}$, 对应 P^n 中向量 $\boldsymbol{\beta} = \begin{pmatrix} a_1 \\ a_2 \\ \vdots \\ a_n \end{pmatrix}$, 即

$\sigma(\boldsymbol{\alpha}) = \boldsymbol{\beta}$. 根据矩阵的线性运算 (见定义 2.2、定义 2.3) 和向量的线性运算 (见定义 4.2), 不难验证 σ 为 $(P^{n \times 1}, +, \cdot)$ 和 $(P^n, +, \cdot)$ 之间的同构映射. 根据定理 2.1, $(P^{n \times 1}, +, \cdot)$ 为一

线性空间, 由此可得 $(P^n, +, \cdot)$ 构成 P 上的一个线性代数 (线性空间).

按上例, $(P^n, +, \cdot)$ 作为线性空间, $(P^n, +)$ 就是一个交换群. P^n 中向量 $\boldsymbol{\alpha}$ 与 $\boldsymbol{\beta}$ 的负元 $-\boldsymbol{\beta}$ 之和 $\boldsymbol{\alpha} + (-\boldsymbol{\beta}) = (a_1 - b_1, a_2 - b_2, \cdots, a_n - b_n)$ 称为$\boldsymbol{\alpha}$ 与 $\boldsymbol{\beta}$ 的差, 记为 $\boldsymbol{\alpha} - \boldsymbol{\beta}$. 换句话说, 在 P^n 中的向量是可以做减法运算的.

练习 4.1　设 P 为数域, $m, n \in \mathbf{N}$. 证明 $(P^{m \times n}, +, \cdot)$ 与 $(P^{mn}, +, \cdot)$ 同构.

(提示: 构造映射 σ, 即 $\forall \begin{pmatrix} a_{11} & \cdots & a_{1n} \\ \vdots & & \vdots \\ a_{m1} & \cdots & a_{mn} \end{pmatrix} \in P^{m \times n}$, 对应 $\begin{pmatrix} a_{11} \\ \vdots \\ a_{1n} \\ \vdots \\ a_{m1} \\ \vdots \\ a_{mn} \end{pmatrix} \in P^{mn}$)

例4.5　本例为例 4.2 续. $\forall f(x) = a_0 + a_1 x + \cdots + a_{n-1} x^{n-1} \in P[x]_n$, 令 $\boldsymbol{f} = \begin{pmatrix} a_0 \\ a_1 \\ \vdots \\ a_{n-1} \end{pmatrix} \in P^n$

与之对应, 则构成 $P[x]_n$ 与 P^n 之间的一个 "1-1" 映射 σ. 根据例 1.14 中两个多项式线性运算的意义与定义 4.2 中向量线性运算的意义, 在 σ 下多项式相加意味着对应向量相加. 在 σ 下数域 P 中数 k 乘多项式, 意味着对应数与向量相乘. 故按定义 1.8, $(P[x]_n, +, \cdot)$ 与 $(P^n, +, \cdot)$ 同构.

练习 4.2　设 $V = \left\{ \boldsymbol{A} \middle| \boldsymbol{A} = \begin{pmatrix} x_1 & x_2 \\ x_2 & x_3 \end{pmatrix} \in P^{2 \times 2} \right\}$, 证明 $(V, +, \cdot)$ 与 $(P^3, +, \cdot)$ 同构.

(提示: 建立映射 $\begin{pmatrix} x_1 & x_2 \\ x_2 & x_3 \end{pmatrix} \overset{\sigma}{\longleftrightarrow} \begin{pmatrix} x_1 \\ x_2 \\ x_3 \end{pmatrix}$)

4.1.2　向量组的线性表示

定义 4.3　数域 P 上 n 个 m 维向量 $\boldsymbol{\alpha}_1, \boldsymbol{\alpha}_2, \cdots, \boldsymbol{\alpha}_n$ 构成一个**向量组**. 设 $\lambda_1, \lambda_2, \cdots, \lambda_n \in P$, 称

$$\lambda_1 \boldsymbol{\alpha}_1 + \lambda_2 \boldsymbol{\alpha}_2 + \cdots + \lambda_n \boldsymbol{\alpha}_n$$

为向量组 $\boldsymbol{\alpha}_1, \boldsymbol{\alpha}_2, \cdots, \boldsymbol{\alpha}_n$ 的一个**线性组合**, $\lambda_1, \lambda_2, \cdots, \lambda_n$ 称为这个线性组合的**系数**.

例 4.6　对于数域 P 上的 n 元齐次线性方程组 (3.3)

$$\begin{cases} a_{11} x_1 + a_{12} x_2 + \cdots + a_{1n} x_n = 0 \\ a_{21} x_1 + a_{22} x_2 + \cdots + a_{2n} x_n = 0 \\ \qquad\qquad\qquad \vdots \\ a_{m1} x_1 + a_{m2} x_2 + \cdots + a_{mn} x_n = 0 \end{cases}$$

的矩阵表达形式 (3.4)

$$Ax = o,$$

若系数矩阵的秩 $\mathrm{rank}A = r < n$, 根据定理 3.3, 有基础解系 $s_1, s_2, \cdots, s_{n-r}$, 其中的每一个解 $s_i(i = 1, 2, \cdots, n-r)$ 均可视为一个 n 维向量, 使得方程组的通解 x 表示为向量组 $s_1, s_2, \cdots, s_{n-r}$ 的线性组合

$$x = c_1 s_1 + c_2 s_2 + \cdots + c_{n-r} s_{n-r}.$$

其中, $c_1, c_2, \cdots, c_{n-r} \in P$ 为线性组合的系数.

由上例可见, 向量组 $s_1, s_2, \cdots, s_{n-r}$ 的线性组合 $\sum\limits_{i=1}^{n-r} c_i s_i$ 仍为一个向量 x.

定义 4.4　设数域 P 上向量 β 是向量组 $\alpha_1, \alpha_2, \cdots, \alpha_n$ 的一个线性组合, 即有 $\lambda_1, \lambda_2, \cdots, \lambda_n \in P$, 使得

$$\beta = \lambda_1 \alpha_1 + \lambda_2 \alpha_2 + \cdots + \lambda_n \alpha_n.$$

称向量 β 可由向量组 $\alpha_1, \alpha_2, \cdots, \alpha_n$ **线性表示**.

按定义 4.4, 例 4.6 的结论可表为: 有非零解的齐次线性方程组 $Ax = o$ 的任一解 x 均可由其基础解系 $s_1, s_2, \cdots, s_{n-r}$ 线性表示.

例 4.7　根据例 4.3, 数域 P 上的 n 元线性方程组 (3.1) 的向量形式为

$$x_1 \alpha_1 + x_2 \alpha_2 + \cdots + x_n \alpha_n = b.$$

其中 $\alpha_1 = \begin{pmatrix} a_{11} \\ a_{21} \\ \vdots \\ a_{m1} \end{pmatrix}, \alpha_2 = \begin{pmatrix} a_{12} \\ a_{22} \\ \vdots \\ a_{m2} \end{pmatrix}, \cdots, \alpha_n = \begin{pmatrix} a_{1n} \\ a_{2n} \\ \vdots \\ a_{mn} \end{pmatrix}, b = \begin{pmatrix} b_1 \\ b_2 \\ \vdots \\ b_m \end{pmatrix} \in P^n$. 于是, 方程组有

解当且仅当存在 $\lambda_1, \lambda_2, \cdots, \lambda_n \in P$, 使得

$$b = \lambda_1 \alpha_1 + \lambda_2 \alpha_2 + \cdots + \lambda_n \alpha_n$$

成立, 即 b 可由 $\alpha_1, \alpha_2, \cdots, \alpha_n$ 线性表示.

例 4.8　$n \in \mathbf{N}$, 数域 P 上的 n 维**单位向量组**为

$$e_1 = \begin{pmatrix} 1 \\ 0 \\ \vdots \\ 0 \end{pmatrix}, e_2 = \begin{pmatrix} 0 \\ 1 \\ \vdots \\ 0 \end{pmatrix}, \cdots, e_n = \begin{pmatrix} 0 \\ 0 \\ \vdots \\ 1 \end{pmatrix} \in P^n,$$

P 上的任一 n 维向量 $\alpha = \begin{pmatrix} a_1 \\ a_2 \\ \vdots \\ a_n \end{pmatrix}$ 均可由 $e_1, e_2, \cdots, e_n$ 线性表示. 这是因为

$$\boldsymbol{\alpha} = \begin{pmatrix} a_1 \\ a_2 \\ \vdots \\ a_n \end{pmatrix} = \begin{pmatrix} a_1 + 0 + \cdots + 0 \\ 0 + a_2 + \cdots + 0 \\ \vdots \\ 0 + 0 + \cdots + a_n \end{pmatrix} = a_1 \begin{pmatrix} 1 \\ 0 \\ \vdots \\ 0 \end{pmatrix} + a_2 \begin{pmatrix} 0 \\ 1 \\ \vdots \\ 0 \end{pmatrix} + \cdots + a_n \begin{pmatrix} 0 \\ 0 \\ \vdots \\ 1 \end{pmatrix}$$

$$= a_1 \boldsymbol{e}_1 + a_2 \boldsymbol{e}_2 + \cdots + a_n \boldsymbol{e}_n.$$

例 4.9 设实数域 **R** 上有向量 $\boldsymbol{\alpha}_1 = \begin{pmatrix} 1 \\ 1 \\ 2 \\ 2 \end{pmatrix}, \boldsymbol{\alpha}_2 = \begin{pmatrix} 1 \\ 2 \\ 1 \\ 3 \end{pmatrix}, \boldsymbol{\alpha}_3 = \begin{pmatrix} 1 \\ -1 \\ 4 \\ 0 \end{pmatrix}$ 和 $\boldsymbol{\beta} = \begin{pmatrix} 1 \\ 0 \\ 3 \\ 1 \end{pmatrix}$.

说明向量 $\boldsymbol{\beta}$ 能由向量组 $\boldsymbol{\alpha}_1, \boldsymbol{\alpha}_2, \boldsymbol{\alpha}_3$ 线性表示, 并求出一个表示式.

解 根据例 4.7 的结论, $\boldsymbol{\beta}$ 能由 $\boldsymbol{\alpha}_1, \boldsymbol{\alpha}_2, \boldsymbol{\alpha}_3$ 线性表示, 当且仅当线性方程组

$$x_1 \boldsymbol{\alpha}_1 + x_2 \boldsymbol{\alpha}_2 + x_3 \boldsymbol{\alpha}_3 = \boldsymbol{\beta}$$

有解. 设 $\boldsymbol{A} = (\boldsymbol{\alpha}_1, \boldsymbol{\alpha}_2, \boldsymbol{\alpha}_3) = \begin{pmatrix} 1 & 1 & 1 \\ 1 & 2 & -1 \\ 2 & 1 & 4 \\ 2 & 3 & 0 \end{pmatrix}, \boldsymbol{B} = (\boldsymbol{A}, \boldsymbol{\beta}) = \begin{pmatrix} 1 & 1 & 1 & \vdots & 1 \\ 1 & 2 & -1 & \vdots & 0 \\ 2 & 1 & 4 & \vdots & 3 \\ 2 & 3 & 0 & \vdots & 1 \end{pmatrix}$. 根据定理 3.2,

这只需要说明 $\text{rank}\boldsymbol{A} = \text{rank}\boldsymbol{B}$. 为此, 对矩阵 $\boldsymbol{B}$ 进行初等变换

$$\begin{pmatrix} 1 & 1 & 1 & \vdots & 1 \\ 1 & 2 & -1 & \vdots & 0 \\ 2 & 1 & 4 & \vdots & 3 \\ 2 & 3 & 0 & \vdots & 1 \end{pmatrix} \xrightarrow[r_4 - 2r_1]{r_2 - r_1, r_3 - 2r_1} \begin{pmatrix} 1 & 1 & 1 & \vdots & 1 \\ 0 & 1 & -2 & \vdots & -1 \\ 0 & -1 & 2 & \vdots & 1 \\ 0 & 1 & -2 & \vdots & -1 \end{pmatrix} \xrightarrow[r_1 - r_2]{r_3 + r_2, r_4 - r_2} \begin{pmatrix} 1 & 0 & 3 & \vdots & 2 \\ 0 & 1 & -2 & \vdots & -1 \\ 0 & 0 & 0 & \vdots & 0 \\ 0 & 0 & 0 & \vdots & 0 \end{pmatrix}.$$

可知 $\text{rank}\boldsymbol{A} = \text{rank}\boldsymbol{B} = 2$, 方程组有解. 特解为 $\begin{pmatrix} 2 \\ -1 \\ 0 \end{pmatrix}$. 故 $\boldsymbol{\beta}$ 能由 $\boldsymbol{\alpha}_1, \boldsymbol{\alpha}_2, \boldsymbol{\alpha}_3$ 线性表示,

且 $\boldsymbol{\beta} = 2\boldsymbol{\alpha}_1 - \boldsymbol{\alpha}_2 + 0\boldsymbol{\alpha}_3$ 为一个表示式. 事实上, 对于任一常数 $c \in \mathbf{R}$, $\boldsymbol{\beta} = (2 - 3c)\boldsymbol{\alpha}_1 + (2c - 1)\boldsymbol{\alpha}_2 + c\boldsymbol{\alpha}_3$, 即 $\boldsymbol{\beta}$ 由 $\boldsymbol{\alpha}_1, \boldsymbol{\alpha}_2, \boldsymbol{\alpha}_3$ 线性表示的表示式不是唯一的.

练习 4.3 考察向量 $\boldsymbol{\beta} = \begin{pmatrix} 1 \\ 2 \\ 3 \end{pmatrix}$ 能否由向量组 $\boldsymbol{\alpha}_1 = \begin{pmatrix} 1 \\ 3 \\ 2 \end{pmatrix}, \boldsymbol{\alpha}_2 = \begin{pmatrix} -2 \\ -1 \\ 1 \end{pmatrix}, \boldsymbol{\alpha}_3 = \begin{pmatrix} 3 \\ 5 \\ 2 \end{pmatrix},$

$\boldsymbol{\alpha}_4 = \begin{pmatrix} -1 \\ -3 \\ -2 \end{pmatrix}$ 线性表示.

(参考答案: 不能)

定义 4.5　对于数域 P 上的向量组 $A:\boldsymbol{\alpha}_1,\boldsymbol{\alpha}_2,\cdots,\boldsymbol{\alpha}_m$ 和 $B:\boldsymbol{\beta}_1,\boldsymbol{\beta}_2,\cdots,\boldsymbol{\beta}_l$，若组 B 中的所有向量均可被组 A 线性表示，则称组 B 能被组 A 线性表示. 若组 A 和组 B 能相互线性表示，则称组 A 与组 B **等价**.

例 4.10　设有向量组

$$A:\boldsymbol{\alpha}_1=\begin{pmatrix}0\\1\\2\\3\end{pmatrix},\boldsymbol{\alpha}_2=\begin{pmatrix}3\\0\\1\\2\end{pmatrix},\boldsymbol{\alpha}_3=\begin{pmatrix}2\\3\\0\\1\end{pmatrix};B:\boldsymbol{\beta}_1=\begin{pmatrix}2\\1\\1\\2\end{pmatrix},\boldsymbol{\beta}_2=\begin{pmatrix}0\\-2\\1\\1\end{pmatrix},\boldsymbol{\beta}_3=\begin{pmatrix}4\\4\\1\\3\end{pmatrix},$$

说明向量组 B 可由向量组 A 线性表示，但向量组 A 不能由向量组 B 线性表示.

解　为说明 B 可由 A 线性表示，仿照例4.9，构造矩阵 $\boldsymbol{A}=(\boldsymbol{\alpha}_1,\boldsymbol{\alpha}_2,\boldsymbol{\alpha}_3)=\begin{pmatrix}0&3&2\\1&0&3\\2&1&0\\3&2&1\end{pmatrix}$.

运用第 3 章讨论的方法，考察线性方程组 $\boldsymbol{A}\boldsymbol{x}=\boldsymbol{\beta}_j\,(j=1,2,3)$ 是否有解. 也就是对 $(\boldsymbol{A},\boldsymbol{\beta}_j)$ 进行初等变换，将其转换成与之等价的最简行阶梯矩阵，比较 $\mathrm{rank}\boldsymbol{A}$ 和 $\mathrm{rank}(\boldsymbol{A},\boldsymbol{\beta}_j)$，进而得出结论. 注意到，变换过程中我们把交换列的初等变换限制在 $\boldsymbol{A}$ 的部分，变换的结果都是在 $\boldsymbol{A}$ 部分得到一个 $r(r\leqslant 3)$ 阶的"单位矩阵". 事实上，如果构造矩阵 $\boldsymbol{B}=(\boldsymbol{\beta}_1,\boldsymbol{\beta}_2,\boldsymbol{\beta}_3)=\begin{pmatrix}2&0&4\\1&-2&4\\1&1&1\\2&1&3\end{pmatrix}$，我们可以把工作集中一次完成：对矩阵 $(\boldsymbol{A},\boldsymbol{B})$ 进行初等变换 (列交换限制在 $\boldsymbol{A}$ 部分)，得到与之等价的最简行阶梯矩阵. 其中对应 $\boldsymbol{A}$ 部分的"单位矩阵"的阶数记为 $\mathrm{rank}\boldsymbol{A}$，而对应 $\boldsymbol{\beta}_j$ 的非零元素最大下标决定了 $\mathrm{rank}(\boldsymbol{A},\boldsymbol{\beta}_j)$.

$$\begin{pmatrix}0&3&2&\vdots&2&0&4\\1&0&3&\vdots&1&-2&4\\2&1&0&\vdots&1&1&1\\3&2&1&\vdots&2&1&3\end{pmatrix}\xrightarrow[r_3-2r_1,r_4-3r_1]{r_1\leftrightarrow r_2}\begin{pmatrix}1&0&3&\vdots&1&-2&4\\0&3&2&\vdots&2&0&4\\0&1&-6&\vdots&-1&5&-7\\0&2&-8&\vdots&-1&7&-9\end{pmatrix}$$

$$\xrightarrow[r_3-3r_2,r_4-2r_2]{r_2\leftrightarrow r_3}\begin{pmatrix}1&0&3&\vdots&1&-2&4\\0&1&-6&\vdots&-1&5&-7\\0&0&20&\vdots&5&-15&25\\0&0&4&\vdots&1&-3&5\end{pmatrix}\xrightarrow[r_4-5r_3,\frac{1}{4}r_3]{r_3\leftrightarrow r_4}\begin{pmatrix}1&0&3&\vdots&1&-2&4\\0&1&-6&\vdots&-1&5&-7\\0&0&1&\vdots&\dfrac{1}{4}&-\dfrac{3}{4}&\dfrac{5}{4}\\0&0&0&\vdots&0&0&0\end{pmatrix}$$

$$\xrightarrow[r_1-3r_3]{r_2+6r_3} \begin{pmatrix} 1 & 0 & 0 & \vdots & \dfrac{1}{4} & \dfrac{1}{4} & \dfrac{1}{4} \\ 0 & 1 & 0 & \vdots & \dfrac{1}{2} & \dfrac{1}{2} & \dfrac{1}{2} \\ 0 & 0 & 1 & \vdots & \dfrac{1}{4} & -\dfrac{3}{4} & \dfrac{5}{4} \\ 0 & 0 & 0 & \vdots & 0 & 0 & 0 \end{pmatrix}.$$

这意味着 $\boldsymbol{A}\boldsymbol{x} = \boldsymbol{\beta}_1$ 有解 $\begin{pmatrix} \dfrac{1}{4} \\ \dfrac{1}{2} \\ \dfrac{1}{4} \end{pmatrix}$, $\boldsymbol{A}\boldsymbol{x} = \boldsymbol{\beta}_2$ 有解 $\begin{pmatrix} \dfrac{1}{4} \\ \dfrac{1}{2} \\ -\dfrac{3}{4} \end{pmatrix}$, $\boldsymbol{A}\boldsymbol{x} = \boldsymbol{\beta}_3$ 有解 $\begin{pmatrix} \dfrac{1}{4} \\ \dfrac{1}{2} \\ \dfrac{5}{4} \end{pmatrix}$. 根据例 4.7,

等价地意味着

$$\begin{cases} \boldsymbol{\beta}_1 = \dfrac{1}{4}\boldsymbol{\alpha}_1 + \dfrac{1}{2}\boldsymbol{\alpha}_2 + \dfrac{1}{4}\boldsymbol{\alpha}_3 \\ \boldsymbol{\beta}_2 = \dfrac{1}{4}\boldsymbol{\alpha}_1 + \dfrac{1}{2}\boldsymbol{\alpha}_2 - \dfrac{3}{4}\boldsymbol{\alpha}_3 \\ \boldsymbol{\beta}_3 = \dfrac{1}{4}\boldsymbol{\alpha}_1 + \dfrac{1}{2}\boldsymbol{\alpha}_2 + \dfrac{5}{4}\boldsymbol{\alpha}_3 \end{cases},$$

即向量组 B 可由向量组 A 线性表示. 注意, 此时 $\mathrm{rank}\boldsymbol{A} = 3 = \mathrm{rank}(\boldsymbol{A}, \boldsymbol{B})$.

相仿地, 可对矩阵

$$(\boldsymbol{B}, \boldsymbol{A}) = \begin{pmatrix} 2 & 0 & 4 & \vdots & 0 & 3 & 2 \\ 1 & -2 & 4 & \vdots & 1 & 0 & 3 \\ 1 & 1 & 1 & \vdots & 2 & 1 & 0 \\ 2 & 1 & 3 & \vdots & 3 & 2 & 1 \end{pmatrix}$$

进行行初等变换, 得到与之等价的行阶梯矩阵

$$\begin{pmatrix} 1 & 0 & 2 & \vdots & 1 & 1 & 1 \\ 0 & 1 & -1 & \vdots & 1 & 0 & -1 \\ 0 & 0 & 0 & \vdots & 2 & -1 & 0 \\ 0 & 0 & 0 & \vdots & 0 & 0 & 0 \end{pmatrix}.$$

这意味着虽然方程组 $\boldsymbol{B}\boldsymbol{x} = \boldsymbol{\alpha}_3$ 有解 $\begin{pmatrix} 1 \\ -1 \\ 0 \end{pmatrix}$, 但方程组 $\boldsymbol{B}\boldsymbol{x} = \boldsymbol{\alpha}_1$ 和 $\boldsymbol{B}\boldsymbol{x} = \boldsymbol{\alpha}_2$ 无解. 根据

例 4.7 知 $\boldsymbol{\alpha}_1$ 和 $\boldsymbol{\alpha}_2$ 不能由向量组 B 线性表示. 当然, 向量组 A 不能由向量组 B 线性表示. 注意, 此时 $\mathrm{rank}\boldsymbol{B} = 2 < 3 = \mathrm{rank}(\boldsymbol{B}, \boldsymbol{A})$.

由例 4.10 可见, 由与 $(\boldsymbol{A}, \boldsymbol{B})$ 等价的行阶梯矩阵得到 $\mathrm{rank}\boldsymbol{A} \geqslant \mathrm{rank}(\boldsymbol{A}, \boldsymbol{B})$ 时, 向量组 B 可由向量组 A 线性表示. 而因 $\mathrm{rank}\boldsymbol{B} < \mathrm{rank}(\boldsymbol{B}, \boldsymbol{A})$, 向量组 A 不能由向量组 B 线性表示. 通常, 有以下定理.

定理 4.1　设数域 P 上有 n 维向量组 $A:\boldsymbol{\alpha}_1,\boldsymbol{\alpha}_2,\cdots,\boldsymbol{\alpha}_m$ 和向量组 $B:\boldsymbol{\beta}_1,\boldsymbol{\beta}_2,\cdots,\boldsymbol{\beta}_l$. 构造矩阵 $\boldsymbol{A}=(\boldsymbol{\alpha}_1,\boldsymbol{\alpha}_2,\cdots,\boldsymbol{\alpha}_m)$, $\boldsymbol{B}=(\boldsymbol{\beta}_1,\boldsymbol{\beta}_2,\cdots,\boldsymbol{\beta}_l)$, 则

(1) 向量组 B 能由向量组 A 线性表示, 当且仅当 $\mathrm{rank}\boldsymbol{A}=\mathrm{rank}(\boldsymbol{A},\boldsymbol{B})$ 时成立;

(2) 向量组 A 与向量组 B 等价, 当且仅当 $\mathrm{rank}\boldsymbol{A}=\mathrm{rank}\boldsymbol{B}=\mathrm{rank}(\boldsymbol{A},\boldsymbol{B})$ 时成立.

(证明见本章附录 A1.)

练习 4.4　有实数域 $\mathbf{R}$ 上的向量组 $A:\boldsymbol{\alpha}_1=\begin{pmatrix}1\\-1\\1\\-1\end{pmatrix},\boldsymbol{\alpha}_2=\begin{pmatrix}3\\1\\1\\3\end{pmatrix}$ 和 $B:\boldsymbol{\beta}_1=\begin{pmatrix}2\\0\\1\\1\end{pmatrix},$

$\boldsymbol{\beta}_2=\begin{pmatrix}1\\1\\0\\2\end{pmatrix},\boldsymbol{\beta}_3=\begin{pmatrix}3\\-1\\2\\0\end{pmatrix}$. 说明 A 和 B 是等价的.

(提示: 运用定理 4.1)

4.1.3　Python 解法

判断两个 n 维向量组 $A:\boldsymbol{\alpha}_1,\boldsymbol{\alpha}_2,\cdots,\boldsymbol{\alpha}_m$ 和 $B:\boldsymbol{\beta}_1,\boldsymbol{\beta}_2,\cdots,\boldsymbol{\beta}_l$ 能否互相线性表示, 实际上是判断方程组 $\boldsymbol{A}\boldsymbol{x}=\boldsymbol{\beta}_j\ (j\in\{1,2,\cdots,l\})$ 及 $\boldsymbol{B}\boldsymbol{x}=\boldsymbol{\alpha}_i\ (i\in\{1,2,\cdots,m\})$ 是否有解, 也等价于判断矩阵方程 $\boldsymbol{A}\boldsymbol{X}=\boldsymbol{B}$ 及 $\boldsymbol{B}\boldsymbol{X}=\boldsymbol{A}$ 是否有解. 其中, 矩阵 $\boldsymbol{A}=(\boldsymbol{\alpha}_1,\boldsymbol{\alpha}_2,\cdots,$
$\boldsymbol{\alpha}_m)$, $\boldsymbol{B}=(\boldsymbol{\beta}_1,\boldsymbol{\beta}_2,\cdots,\boldsymbol{\beta}_l)$. 若 $\boldsymbol{A}\boldsymbol{X}=\boldsymbol{B}$(或 $\boldsymbol{B}\boldsymbol{X}=\boldsymbol{A}$) 有解 $\boldsymbol{X}=\begin{pmatrix}\lambda_{11}&\lambda_{12}&\cdots&\lambda_{1l}\\\lambda_{21}&\lambda_{22}&\cdots&\lambda_{2l}\\\vdots&\vdots&&\vdots\\\lambda_{m1}&\lambda_{m2}&\cdots&\lambda_{ml}\end{pmatrix}$

(或 $\boldsymbol{X}=\begin{pmatrix}\lambda_{11}&\lambda_{12}&\cdots&\lambda_{1m}\\\lambda_{21}&\lambda_{22}&\cdots&\lambda_{2m}\\\vdots&\vdots&&\vdots\\\lambda_{l1}&\lambda_{l2}&\cdots&\lambda_{lm}\end{pmatrix}$), 则向量组 $B(A)$ 可由向量组 $A(B)$ 线性表示, 即

$$\boldsymbol{\beta}_j=\lambda_{1j}\boldsymbol{\alpha}_1+\lambda_{2j}\boldsymbol{\alpha}_2+\cdots+\lambda_{mj}\boldsymbol{\alpha}_m, j=1,2,\cdots,l$$

$$(或\boldsymbol{\alpha}_i=\lambda_{1i}\boldsymbol{\beta}_1+\lambda_{2i}\boldsymbol{\beta}_2+\cdots+\lambda_{li}\boldsymbol{\beta}_l, i=1,2,\cdots,m),$$

否则, B(或 A) 不能由 A(或 B) 线性表示.

虽然我们可以通过重复调用程序 3.6 定义的函数 mySolve 解方程组 $\boldsymbol{A}\boldsymbol{x}=\boldsymbol{\beta}_j$, $j\in\{1,2,\cdots,l\}$($\boldsymbol{B}\boldsymbol{x}=\boldsymbol{\alpha}_i$, $i\in\{1,2,\cdots,m\}$), 从而解矩阵方程 $\boldsymbol{A}\boldsymbol{X}=\boldsymbol{B}$($\boldsymbol{B}\boldsymbol{X}=\boldsymbol{A}$), 但是, 此处在有解的情形下只需得到特解就能满足需求, 故将 mySolve 函数简化为如下的 matrixSolve 函数.

程序 4.1　解矩阵方程

```
1   import numpy as np                              #导入 NumPy
2   from utility import rowLadder, simplestLadder   #导入 rowLadder,simplestLadder
3   def matrixSolve(A,B):
4       m,n=A.shape                                 #读取 A 的行数、列数
5       _,n1=B.shape                                #读取 B 的列数
6       X=np.array([])                              #解集初始化为空
7       C=np.hstack((A, B))                         #连接 A、B
8       r, order=rowLadder(C, m, n)                 #变换为行阶梯矩阵
9       simplestLadder(C, r)                        #变换为最简行阶梯矩阵
10      index=np.where(abs(C[:,n:])>1e-10)          #对应 B 的非零元素分布
11      r1=max(index[0])+1                          #rank(A,B)
12      if r==r1:                                   #rankA=rank(A,B)
13          X=np.vstack((C[:r,n:],                  #解集
14                       np.zeros((n-r,n1))))
15          X=X[order,:]
16      return X
```

程序的第 3~16 行定义 matrixSolve 函数, 用于解矩阵方程 $AX = B$. 参数 A 和 B 分别表示矩阵 A 和 B(也可视为列向量组 A 和列向量组 B).

第 4~6 行分别读取 A 的行数 m 和列数 n、B 的列数 n1, 并将解集 X 初始化为空.

第 7 行调用 NumPy(第 1 行导入) 的函数 hstack, 将 A 和 B 横向连接成 C (表示矩阵 (A, B)). 第 8 行调用程序 3.2 定义的函数 rowLadder(第 2 行导入) 将 C 转换成行阶梯矩阵, 同时计算出 rank$A$ 为 r, 变换中交换列而得到的未知量顺序 order. 第 9 行调用程序 3.4 定义的 simplestLadder 函数 (第 2 行导入), 最终将 C 转换成最简行阶梯矩阵. 第 10 行寻求对应 B 的非零元素分布情况. 第 11 行计算 B 部分的最后非零行的下标加 1(Python 数组的下标从 0 开始编排) 得出 rank(A, B) 为 r1.

第 12~15 行的 if 语句对有解情形 (rank$A$ =rank(A, B)) 计算解集 X. 第 13~14 行调用 NumPy 的函数 vstack, 将 C 的最简行阶梯矩阵中前 r 个非零行对应 B 的部分 (C[:r,n:]) 纵向叠加 $(n-r) \times n_1$ 的零矩阵 (np.zeros((n-r,n1))) 形成解集 X. 第 15 行用 order 调整未知量顺序.

为方便调用, 将程序 4.1 的代码写入文件 utility.py.

例 4.11　利用程序 4.1 定义的 matrixSolve 函数, 验证例 4.10 的结论: 向量组 $B : \beta_1 = \begin{pmatrix} 2 \\ 1 \\ 1 \\ 2 \end{pmatrix}, \beta_2 = \begin{pmatrix} 0 \\ -2 \\ 1 \\ 1 \end{pmatrix}, \beta_3 = \begin{pmatrix} 4 \\ 4 \\ 1 \\ 3 \end{pmatrix}$ 可由向量组 $A : \alpha_1 = \begin{pmatrix} 0 \\ 1 \\ 2 \\ 3 \end{pmatrix}, \alpha_2 = \begin{pmatrix} 3 \\ 0 \\ 1 \\ 2 \end{pmatrix}, \alpha_3 = \begin{pmatrix} 2 \\ 3 \\ 0 \\ 1 \end{pmatrix}$ 线性表示, 但向量组 A 不能由向量组 B 线性表示.

解　见下列代码.

程序 4.2　验算例 4.10

```
1   import numpy as np                    #导入 NumPy
2   from utility import matrixSolve       #导入 matrixSolve
```

```
3   from fractions import Fraction as Q              #导入Fraction
4   np.set_printoptions(formatter={ 'all':lambda x:    #设置数组的输出格式
5                                    str(Q(x).limit_denominator())})
6   a1=np.array([0,1,2,3],dtype='float')             #向量组a1,a2,a3
7   a2=np.array([3,0,1,2],dtype='float')
8   a3=np.array([2,3,0,1],dtype='float')
9   b1=np.array([2,1,1,2],dtype='float')             #向量组b1,b2,b3
10  b2=np.array([0,-2,1,1],dtype='float')
11  b3=np.array([4,4,1,3],dtype='float')
12  A=np.hstack((a1.reshape(4,1),                     #矩阵A
13                a2.reshape(4,1),a3.reshape(4,1)))
14  B=np.hstack((b1.reshape(4,1),                     #矩阵B
15                b2.reshape(4,1),b3.reshape(4,1)))
16  X=matrixSolve(A,B)                                #解方程AX=B
17  print(X)
18  X=matrixSolve(B,A)                                #解方程BX=A
19  print(X)
```

根据代码内各行注释, 读者不难理解本程序. 运行程序, 输出

```
[[1/4   1/4 1/4]
 [1/2   1/2 1/2]
 [1/4 -3/4 5/4]]
[]
```

这表明, $\boldsymbol{AX} = \boldsymbol{B}$ 有解, 即向量组 B 可由向量组 A 线性表示: $\boldsymbol{\beta}_1 = \dfrac{1}{4}\boldsymbol{\alpha}_1 + \dfrac{1}{2}\boldsymbol{\alpha}_2 + \dfrac{1}{4}\boldsymbol{\alpha}_3$, $\boldsymbol{\beta}_2 = \dfrac{1}{4}\boldsymbol{\alpha}_1 + \dfrac{1}{2}\boldsymbol{\alpha}_2 - \dfrac{3}{4}\boldsymbol{\alpha}_3$, $\boldsymbol{\beta}_3 = \dfrac{1}{4}\boldsymbol{\alpha}_1 + \dfrac{1}{2}\boldsymbol{\alpha}_2 + \dfrac{5}{4}\boldsymbol{\alpha}_3$. 但 $\boldsymbol{BX} = \boldsymbol{A}$ 无解, 故向量组 A 不能由向量组 B 线性表示.

练习 4.5 用 matrixSolve 函数验算练习 4.4 的结论: 向量组 A : $\boldsymbol{\alpha}_1 = \begin{pmatrix} 1 \\ -1 \\ 1 \\ -1 \end{pmatrix}, \boldsymbol{\alpha}_2 = \begin{pmatrix} 3 \\ 1 \\ 1 \\ 3 \end{pmatrix}$

和 B : $\boldsymbol{\beta}_1 = \begin{pmatrix} 2 \\ 0 \\ 1 \\ 1 \end{pmatrix}, \boldsymbol{\beta}_2 = \begin{pmatrix} 1 \\ 1 \\ 0 \\ 2 \end{pmatrix}, \boldsymbol{\beta}_3 = \begin{pmatrix} 3 \\ -1 \\ 2 \\ 0 \end{pmatrix}$ 等价.

(参考答案: 参见文件 chapt04.ipynb 中的相应代码)

函数 matrixSolve 也可以用来判断一个向量能否由向量组线性表示.

例 4.12 用 matrixSolve 函数验证例 4.9 的结论: 向量 $\boldsymbol{\beta} = \begin{pmatrix} 1 \\ 0 \\ 3 \\ 1 \end{pmatrix}$ 能由向量组 $\boldsymbol{\alpha}_1 = \begin{pmatrix} 1 \\ 1 \\ 2 \\ 2 \end{pmatrix},$

$$\boldsymbol{\alpha}_2 = \begin{pmatrix} 1 \\ 2 \\ 1 \\ 3 \end{pmatrix}, \boldsymbol{\alpha}_3 = \begin{pmatrix} 1 \\ -1 \\ 4 \\ 0 \end{pmatrix} \text{线性表示.}$$

解 见下列代码.

程序 4.3 验算例 4.9

```
1   import numpy as np                                    #导入 NumPy
2   from utility import matrixSolve                       #导入 matrixSolve
3   from fractions import Fraction as Q                   #导入 Fraction
4   np.set_printoptions(formatter={ 'all':lambda x:       #设置数组的输出格式
5                        str(Q(x).limit_denominator())})
6   a1=np.array([1,1,2,2],dtype= 'float' )                #向量组 A
7   a2=np.array([1,2,1,3],dtype= 'float' )
8   a3=np.array([1,-1,4,0],dtype= 'float' )
9   b=np.array([1,0,3,1],dtype= 'float' )                 #向量 b
10  A=np.hstack((a1.reshape(4,1),a2.reshape(4,1)          #矩阵 A
11                ,a3.reshape(4,1)))
12  X=matrixSolve(A,b.reshape(4,1))                       #解方程 AX=b
13  print(X)
```

运行程序, 输出

```
[[ 2]
 [-1]
 [ 0]]
```

这意味着向量 $\boldsymbol{\beta}$ 可由向量组 $A : \boldsymbol{\alpha}_1, \boldsymbol{\alpha}_2, \boldsymbol{\alpha}_3$ 线性表示为 $\boldsymbol{\beta} = 2\boldsymbol{\alpha}_1 - \boldsymbol{\alpha}_2 + 0\boldsymbol{\alpha}_3$.

练习 4.6 用 matrixSolve 函数判断练习 4.3 中向量 $\boldsymbol{\beta} = \begin{pmatrix} 1 \\ 2 \\ 3 \end{pmatrix}$ 能否由向量组 $\boldsymbol{\alpha}_1 = \begin{pmatrix} 1 \\ 3 \\ 2 \end{pmatrix},$

$\boldsymbol{\alpha}_2 = \begin{pmatrix} -2 \\ -1 \\ 1 \end{pmatrix}, \boldsymbol{\alpha}_3 = \begin{pmatrix} 3 \\ 5 \\ 2 \end{pmatrix}, \boldsymbol{\alpha}_4 = \begin{pmatrix} -1 \\ -3 \\ -2 \end{pmatrix}$ 线性表示.

(参考答案: 参见文件 chapt04.ipynb 中相应代码)

4.2 向量组的线性关系

4.2.1 线性相关与线性无关

定义 4.6 对于数域 P 上 m 维向量组 $A : \boldsymbol{\alpha}_1, \boldsymbol{\alpha}_2, \cdots, \boldsymbol{\alpha}_n$, 若有 $\lambda_1, \lambda_2, \cdots, \lambda_n \in P$ 不全为 0, 使得

$$\lambda_1 \boldsymbol{\alpha}_1 + \lambda_2 \boldsymbol{\alpha}_2 + \cdots + \lambda_n \boldsymbol{\alpha}_n = \boldsymbol{o},$$

其中 $\boldsymbol{o}$ 为 m 维零向量, 称向量组 A **线性相关**, 否则称其**线性无关**.

若设 $\boldsymbol{\alpha}_1 = \begin{pmatrix} a_{11} \\ a_{21} \\ \vdots \\ a_{m1} \end{pmatrix}, \boldsymbol{\alpha}_2 = \begin{pmatrix} a_{12} \\ a_{22} \\ \vdots \\ a_{m2} \end{pmatrix}, \cdots, \boldsymbol{\alpha}_n = \begin{pmatrix} a_{1n} \\ a_{2n} \\ \vdots \\ a_{mn} \end{pmatrix}$, 则定义 4.6 中向量组 A:

$\boldsymbol{\alpha}_1, \boldsymbol{\alpha}_2, \cdots, \boldsymbol{\alpha}_n$ 线性相关, 当且仅当齐次线性方程组 (3.3)

$$\begin{cases} a_{11}x_1 + a_{12}x_2 + \cdots + a_{1n}x_n = 0 \\ a_{21}x_1 + a_{22}x_2 + \cdots + a_{2n}x_n = 0 \\ \qquad\qquad\qquad \vdots \\ a_{m1}x_1 + a_{m2}x_2 + \cdots + a_{mn}x_n = 0 \end{cases}$$

有非零解时成立. 而向量组 A 线性无关, 当且仅当齐次线性方程组 (3.3) 只有零解时成立. 根据定理 3.3, 我们有以下定理.

定理4.2 设数域 P 上的 m 维向量组 $A: \boldsymbol{\alpha}_1, \boldsymbol{\alpha}_2, \cdots, \boldsymbol{\alpha}_n$ 构成的矩阵 $\boldsymbol{A} = (\boldsymbol{\alpha}_1, \boldsymbol{\alpha}_2, \cdots, \boldsymbol{\alpha}_n)$.

(1) 向量组 A 线性相关的充分必要条件是 $\mathrm{rank}\boldsymbol{A} < n$;

(2) 向量组 A 线性无关的充分必要条件是 $\mathrm{rank}\boldsymbol{A} = n$.

例 4.13 判定向量组 $\begin{pmatrix} -1 \\ 3 \\ 1 \end{pmatrix}, \begin{pmatrix} 2 \\ 1 \\ 0 \end{pmatrix}, \begin{pmatrix} 1 \\ 4 \\ 1 \end{pmatrix}$ 是线性相关的还是线性无关的.

解 令 $\boldsymbol{\alpha}_1 = \begin{pmatrix} -1 \\ 3 \\ 1 \end{pmatrix}, \boldsymbol{\alpha}_2 = \begin{pmatrix} 2 \\ 1 \\ 0 \end{pmatrix}, \boldsymbol{\alpha}_3 = \begin{pmatrix} 1 \\ 4 \\ 1 \end{pmatrix}$,

$$\boldsymbol{A} = (\boldsymbol{\alpha}_1, \boldsymbol{\alpha}_2, \boldsymbol{\alpha}_3) = \begin{pmatrix} -1 & 2 & 1 \\ 3 & 1 & 4 \\ 1 & 0 & 1 \end{pmatrix}.$$

矩阵 $\boldsymbol{A}$ 通过行初等变换得到与之等价的最简行阶梯矩阵为

$$\boldsymbol{A} = \begin{pmatrix} -1 & 2 & 1 \\ 3 & 1 & 4 \\ 1 & 0 & 1 \end{pmatrix} \xrightarrow[r_2-3r_1, r_3+r_1]{r_1 \leftrightarrow r_3} \begin{pmatrix} 1 & 0 & 1 \\ 0 & 1 & 1 \\ 0 & 2 & 2 \end{pmatrix} \xrightarrow{r_3-2r_2} \begin{pmatrix} 1 & 0 & 1 \\ 0 & 1 & 1 \\ 0 & 0 & 0 \end{pmatrix}.$$

由于 $\mathrm{rank}\boldsymbol{A} = 2 < 3 = $ 向量个数, 根据定理 4.2 的 (1), $\boldsymbol{\alpha}_1, \boldsymbol{\alpha}_2, \boldsymbol{\alpha}_3$ 线性相关. 对应最简行阶梯矩阵的同解方程组为 $\begin{cases} x_1 + x_3 = 0 \\ x_2 + x_3 = 0 \end{cases}$, 令自由未知量 $x_3 = 1$ 得非零解 $\begin{cases} x_1 = -1 \\ x_2 = -1 \\ x_3 = 1 \end{cases}$, 使得

$$-\boldsymbol{\alpha}_1 - \boldsymbol{\alpha}_2 + \boldsymbol{\alpha}_3 = \boldsymbol{o}.$$

练习 4.7 判定向量组 $\begin{pmatrix} 2 \\ 3 \\ 0 \end{pmatrix}, \begin{pmatrix} -1 \\ 4 \\ 0 \end{pmatrix}, \begin{pmatrix} 0 \\ 0 \\ 2 \end{pmatrix}$ 是线性相关的还是线性无关的.

(参考答案: 线性无关)

我们在例 4.9 中曾经见到一个向量 $\boldsymbol{\beta}$ 被一组向量 $\{\boldsymbol{\alpha}_1, \boldsymbol{\alpha}_2, \boldsymbol{\alpha}_3\}$ 线性表示时表示式不是唯一的情形. 但是, 若向量组 $\{\boldsymbol{\alpha}_1, \boldsymbol{\alpha}_2, \boldsymbol{\alpha}_3\}$ 是线性无关的, 则其线性表示式就是唯一的.

推论 4.1 设数域 P 上向量组 $A: \boldsymbol{\alpha}_1, \boldsymbol{\alpha}_2, \cdots, \boldsymbol{\alpha}_m$ 线性无关, 加入向量 $\boldsymbol{\beta}$ 后向量组 $B: \boldsymbol{\alpha}_1, \boldsymbol{\alpha}_2, \cdots, \boldsymbol{\alpha}_m, \boldsymbol{\beta}$ 线性相关, 则 $\boldsymbol{\beta}$ 可由向量组 $A: \boldsymbol{\alpha}_1, \boldsymbol{\alpha}_2, \cdots, \boldsymbol{\alpha}_m$ 线性表示, 且表示式是唯一的. (证明见本章附录 A2.)

例 4.14 数域 P 上的 n 维单位向量组 (见例 4.8)

$$\boldsymbol{e}_1 = \begin{pmatrix} 1 \\ 0 \\ \vdots \\ 0 \end{pmatrix}, \boldsymbol{e}_2 = \begin{pmatrix} 0 \\ 1 \\ \vdots \\ 0 \end{pmatrix}, \cdots, \boldsymbol{e}_n = \begin{pmatrix} 0 \\ 0 \\ \vdots \\ 1 \end{pmatrix}$$

线性无关. 这是因为

$$\mathrm{rank}(\boldsymbol{e}_1, \boldsymbol{e}_2, \cdots, \boldsymbol{e}_n) = \mathrm{rank} \begin{pmatrix} 1 & 0 & \cdots & 0 \\ 0 & 1 & \cdots & 0 \\ \vdots & \vdots & & \vdots \\ 0 & 0 & \cdots & 1 \end{pmatrix} = \mathrm{rank} \boldsymbol{I}_n = n.$$

根据例 4.8 及推论 4.1, 数域 P 上的任一 n 维向量 $\boldsymbol{\alpha} = \begin{pmatrix} a_1 \\ a_2 \\ \vdots \\ a_n \end{pmatrix}$ 均可唯一地表示为

$$\boldsymbol{\alpha} = a_1 \boldsymbol{e}_1 + a_2 \boldsymbol{e}_2 + \cdots + a_n \boldsymbol{e}_n.$$

推论 4.2 对于数域 P 上的 m 维向量组 $A: \boldsymbol{\alpha}_1, \boldsymbol{\alpha}_2, \cdots, \boldsymbol{\alpha}_n$, 若向量个数 $n > m$, 则向量组 $A: \boldsymbol{\alpha}_1, \boldsymbol{\alpha}_2, \cdots, \boldsymbol{\alpha}_n$ 必线性相关.

证明 这是因为矩阵

$$\boldsymbol{A}_{m \times n} = (\boldsymbol{\alpha}_1, \boldsymbol{\alpha}_2, \cdots, \boldsymbol{\alpha}_n)$$

的秩 $\mathrm{rank} \boldsymbol{A} \leqslant \min\{m, n\} = m < n$, 根据定理 4.2 的 (1) 和, $A \cdot \boldsymbol{\alpha}_1, \boldsymbol{\alpha}_2, \cdots, \boldsymbol{\alpha}_n$ 线性相关.

假定数域 P 上的向量组 $B: \boldsymbol{\beta}_1, \boldsymbol{\beta}_2, \cdots, \boldsymbol{\beta}_n$ 可由线性无关向量组 $A: \boldsymbol{\alpha}_1, \boldsymbol{\alpha}_2, \cdots, \boldsymbol{\alpha}_m$ 线性表示为

$$\begin{cases} \boldsymbol{\beta}_1 = \lambda_{11}\boldsymbol{\alpha}_1 + \lambda_{12}\boldsymbol{\alpha}_2 + \cdots + \lambda_{1m}\boldsymbol{\alpha}_m \\ \boldsymbol{\beta}_2 = \lambda_{21}\boldsymbol{\alpha}_1 + \lambda_{22}\boldsymbol{\alpha}_2 + \cdots + \lambda_{2m}\boldsymbol{\alpha}_m \\ \qquad\qquad\qquad \vdots \\ \boldsymbol{\beta}_n = \lambda_{n1}\boldsymbol{\alpha}_1 + \lambda_{n2}\boldsymbol{\alpha}_2 + \cdots + \lambda_{nm}\boldsymbol{\alpha}_m \end{cases},$$

借用矩阵运算的形式, 可将其写为

$$\begin{pmatrix} \boldsymbol{\beta}_1 \\ \boldsymbol{\beta}_2 \\ \vdots \\ \boldsymbol{\beta}_n \end{pmatrix} = \begin{pmatrix} \lambda_{11} & \lambda_{12} & \cdots & \lambda_{1m} \\ \lambda_{21} & \lambda_{22} & \cdots & \lambda_{2m} \\ \vdots & \vdots & & \vdots \\ \lambda_{n1} & \lambda_{n2} & \cdots & \lambda_{nm} \end{pmatrix} \begin{pmatrix} \boldsymbol{\alpha}_1 \\ \boldsymbol{\alpha}_2 \\ \vdots \\ \boldsymbol{\alpha}_m \end{pmatrix}.$$

要判断向量组 $B : \boldsymbol{\beta}_1, \boldsymbol{\beta}_2, \cdots, \boldsymbol{\beta}_n$ 的线性相关性, 需考察使得线性表示

$$x_1\boldsymbol{\beta}_1 + x_2\boldsymbol{\beta}_2 + \cdots + x_n\boldsymbol{\beta}_n = \boldsymbol{o}$$

成立的 $x_1, x_2, \cdots, x_n \in P$ 是否必须全为 0.

$$\boldsymbol{o} = x_1\boldsymbol{\beta}_1 + x_2\boldsymbol{\beta}_2 + \cdots + x_n\boldsymbol{\beta}_n = \begin{pmatrix} x_1, & x_2, & \cdots, & x_n \end{pmatrix} \begin{pmatrix} \boldsymbol{\beta}_1 \\ \boldsymbol{\beta}_2 \\ \vdots \\ \boldsymbol{\beta}_n \end{pmatrix}$$

$$= \begin{pmatrix} x_1, & x_2, & \cdots, & x_n \end{pmatrix} \begin{pmatrix} \lambda_{11} & \lambda_{12} & \cdots & \lambda_{1m} \\ \lambda_{21} & \lambda_{22} & \cdots & \lambda_{2m} \\ \vdots & \vdots & & \vdots \\ \lambda_{n1} & \lambda_{n2} & \cdots & \lambda_{nm} \end{pmatrix} \begin{pmatrix} \boldsymbol{\alpha}_1 \\ \boldsymbol{\alpha}_2 \\ \vdots \\ \boldsymbol{\alpha}_m \end{pmatrix}.$$

令

$$\boldsymbol{A} = \begin{pmatrix} \lambda_{11} & \lambda_{12} & \cdots & \lambda_{1m} \\ \lambda_{21} & \lambda_{22} & \cdots & \lambda_{2m} \\ \vdots & \vdots & & \vdots \\ \lambda_{n1} & \lambda_{n2} & \cdots & \lambda_{nm} \end{pmatrix}^{\top} = \begin{pmatrix} \lambda_{11} & \lambda_{21} & \cdots & \lambda_{n1} \\ \lambda_{12} & \lambda_{22} & \cdots & \lambda_{n2} \\ \vdots & \vdots & & \vdots \\ \lambda_{1m} & \lambda_{2m} & \cdots & \lambda_{nm} \end{pmatrix} \text{及} \boldsymbol{x} = \begin{pmatrix} x_1 \\ x_2 \\ \vdots \\ x_n \end{pmatrix},$$

将其代入上式得 $\boldsymbol{o} = (\boldsymbol{Ax})^{\top} \begin{pmatrix} \boldsymbol{\alpha}_1 \\ \boldsymbol{\alpha}_2 \\ \vdots \\ \boldsymbol{\alpha}_m \end{pmatrix}$. 注意, $(\boldsymbol{Ax})^{\top}$ 是行向量, 且由向量组 $A : \boldsymbol{\alpha}_1, \boldsymbol{\alpha}_2, \cdots,$

$\boldsymbol{\alpha}_m$ 的线性无关性知, 必有 $\boldsymbol{Ax} = \boldsymbol{o}$. 这样, 就把判断向量组 B 的线性相关性问题转化成了判断齐次线性方程组 $\boldsymbol{Ax} = \boldsymbol{o}$ 是否有非零解的问题.

根据定理 3.2, $Ax = o$ 有非零解当且仅当 $\text{rank}A < n$. 由于 $\text{rank}A = \text{rank}A^\top$, 故我们有以下定理.

定理 4.3 设数域 P 上的向量组 $B : \beta_1, \beta_2, \cdots, \beta_n$ 可由线性无关向量组 $A : \alpha_1, \alpha_2, \cdots, \alpha_m$ 线性表示为

$$\begin{pmatrix} \beta_1 \\ \beta_2 \\ \vdots \\ \beta_n \end{pmatrix} = \begin{pmatrix} \lambda_{11} & \lambda_{12} & \cdots & \lambda_{1m} \\ \lambda_{21} & \lambda_{22} & \cdots & \lambda_{2m} \\ \vdots & \vdots & & \vdots \\ \lambda_{n1} & \lambda_{n2} & \cdots & \lambda_{nm} \end{pmatrix} \begin{pmatrix} \alpha_1 \\ \alpha_2 \\ \vdots \\ \alpha_m \end{pmatrix}.$$

令矩阵 $A = \begin{pmatrix} \lambda_{11} & \lambda_{12} & \cdots & \lambda_{1m} \\ \lambda_{21} & \lambda_{22} & \cdots & \lambda_{2m} \\ \vdots & \vdots & & \vdots \\ \lambda_{n1} & \lambda_{n2} & \cdots & \lambda_{nm} \end{pmatrix},$

(1) 向量组 B 线性相关的充分必要条件为 $\text{rank}A < n$;

(2) 向量组 B 线性无关的充分必要条件为 $\text{rank}A = n$.

例 4.15 设实数域 R 上向量组 $A : \alpha_1, \alpha_2, \alpha_3$ 线性无关, 向量组 $B : \beta_1, \beta_2, \beta_3$ 可由向量组 A 线性表示:

$$\begin{cases} \beta_1 = \alpha_1 + 2\alpha_2 + 3\alpha_3 \\ \beta_2 = 2\alpha_1 + 2\alpha_2 + 4\alpha_3 \\ \beta_3 = 3\alpha_1 + \alpha_2 + 3\alpha_3 \end{cases} . \tag{4.2}$$

判断向量组 $B : \beta_1, \beta_2, \beta_3$ 是否线性相关.

解 根据式 (4.2), 构造矩阵 $A = \begin{pmatrix} 1 & 2 & 3 \\ 2 & 2 & 4 \\ 3 & 1 & 3 \end{pmatrix}$. 对矩阵 A 进行行初等变换得到与之等价的行阶梯矩阵

$$A = \begin{pmatrix} 1 & 2 & 3 \\ 2 & 2 & 4 \\ 3 & 1 & 3 \end{pmatrix} \xrightarrow{\substack{r_2 - 2r_1 \\ r_3 - 3r_1}} \begin{pmatrix} 1 & 2 & 3 \\ 0 & -2 & -2 \\ 0 & -5 & -6 \end{pmatrix} \xrightarrow{\substack{-\frac{1}{2}r_2 \\ r_3 + 5r_2}} \begin{pmatrix} 1 & 2 & 3 \\ 0 & 1 & 1 \\ 0 & 0 & -1 \end{pmatrix},$$

可见 $\text{rank}A = 3$, 根据定理 4.3 的 (2) 知, 向量组 $B : \beta_1, \beta_2, \beta_3$ 线性无关.

练习 4.8 设实数域 R 上向量组 $A : \alpha_1, \alpha_2, \alpha_3$ 线性无关, 向量组 $B : \beta_1, \beta_2, \beta_3$ 可由向量组 A 线性表示:

$$\begin{cases} \beta_1 = \alpha_1 - \alpha_2 \\ \beta_2 = 2\alpha_2 + \alpha_3 \\ \beta_3 = \alpha_1 + \alpha_2 + \alpha_3 \end{cases} .$$

判断向量组 $B: \boldsymbol{\beta}_1, \boldsymbol{\beta}_2, \boldsymbol{\beta}_3$ 是否线性相关.

(参考答案: 线性相关)

推论 4.3 设数域 P 上向量组 $A: \boldsymbol{\alpha}_1, \boldsymbol{\alpha}_2, \cdots, \boldsymbol{\alpha}_m$ 线性无关, 则 A 的任何部分组 $B: \boldsymbol{\alpha}_{i_1}, \boldsymbol{\alpha}_{i_2}, \cdots, \boldsymbol{\alpha}_{i_n}$ 必线性无关. 其中, $1 \leqslant i_1 < i_2 < \cdots < i_n \leqslant m$. (证明见本章附录 A3.)

本推论的逆否命题为: 若向量组 $A: \boldsymbol{\alpha}_1, \boldsymbol{\alpha}_2, \cdots, \boldsymbol{\alpha}_m$ 的某部分组 $B: \boldsymbol{\alpha}_{i_1}, \boldsymbol{\alpha}_{i_2}, \cdots, \boldsymbol{\alpha}_{i_n}$ $(1 \leqslant i_1 < i_2 < \cdots < i_n \leqslant m)$ 线性相关, 则向量组 $A: \boldsymbol{\alpha}_1, \boldsymbol{\alpha}_2, \cdots, \boldsymbol{\alpha}_m$ 必线性相关. 推论 4.3 及其逆否命题可表达为: 向量组全体无关则部分无关, 部分相关则全体相关.

4.2.2 向量组的秩

定义 4.7 对于数域 P 上 n 维向量组 A(含有限个或无穷多个向量), 设 $A_0: \{\boldsymbol{\alpha}_1, \boldsymbol{\alpha}_2, \cdots, \boldsymbol{\alpha}_m\} \subseteq A, A_0$ 线性无关. $\forall \boldsymbol{\beta} \in A, \boldsymbol{\beta}$ 可由 A_0 线性表示, 称 A_0 是 A 的一个**最大无关组**.

例 4.16 数域 P 上的 n 元齐次线性方程组

$$\boldsymbol{A}\boldsymbol{x} = \boldsymbol{o}$$

至少有零解, 设解集为 S. 系数矩阵 $\boldsymbol{A}$ 的秩 $\operatorname{rank}\boldsymbol{A} = r < n$ 时, 按定理 3.3 的 (2), 方程组有基础解系 $\boldsymbol{s}_1, \boldsymbol{s}_2, \cdots, \boldsymbol{s}_{n-r}$. $\forall \boldsymbol{x} \in S$,

$$\boldsymbol{x} = c_1 \boldsymbol{s}_1 + c_2 \boldsymbol{s}_2 + \cdots + c_{n-r} \boldsymbol{s}_{n-r}, c_1, c_2, \cdots, c_{n-r} \in P.$$

下证 $\boldsymbol{s}_1, \boldsymbol{s}_2, \cdots, \boldsymbol{s}_{n-r}$ 是 S 的一个最大无关组.

这只需证明 $\boldsymbol{s}_1, \boldsymbol{s}_2, \cdots, \boldsymbol{s}_{n-r}$ 线性无关. 设对 $\boldsymbol{A}$ 做初等变换, 得到与其等价的最简行阶梯矩阵 (略去 $m-r$ 个全零行) 为

$$\begin{pmatrix} 1 & 0 & \cdots & 0 & b_{11} & b_{12} & \cdots & b_{1(n-r)} \\ 0 & 1 & \cdots & 0 & b_{21} & b_{22} & \cdots & b_{2(n-r)} \\ \vdots & \vdots & & \vdots & \vdots & \vdots & & \vdots \\ 0 & 0 & \cdots & 1 & b_{r1} & b_{r2} & \cdots & b_{r(n-r)} \end{pmatrix}.$$

我们知道, 该方程组的基础解系 $\boldsymbol{s}_1, \boldsymbol{s}_2, \cdots, \boldsymbol{s}_{n-r}$ 对应下列矩阵的各列.

$$\begin{pmatrix} -b_{11} & -b_{12} & \cdots & -b_{1(n-r)} \\ -b_{21} & -b_{22} & \cdots & -b_{2(n-r)} \\ \vdots & \vdots & & \vdots \\ -b_{r1} & -b_{r2} & \cdots & -b_{r(n-r)} \\ 1 & 0 & \cdots & 0 \\ 0 & 1 & \cdots & 0 \\ \vdots & \vdots & & \vdots \\ 0 & 0 & \cdots & 1 \end{pmatrix}.$$

而该矩阵的秩显然为 $n-r$, 即 $\boldsymbol{s}_1, \boldsymbol{s}_2, \cdots, \boldsymbol{s}_{n-r}$ 线性无关.

例 4.17 考虑数域 P 上所有 n 维向量构成的集合 P^n. 根据例 4.14 知, 数域 P 上的 n 维单位向量组 $\{e_1, e_2, \cdots, e_n\} \subseteq P^n$ 线性无关, 且 $\forall \boldsymbol{\alpha} \in P^n$, $\boldsymbol{\alpha}$ 可由 $e_1, e_2, \cdots, e_n$ 线性表示. 故 $\{e_1, e_2, \cdots, e_n\}$ 是 P^n 的一个最大无关组.

例 4.18 仍然考虑数域 P 上全体 n 维向量构成的集合 P^n. 任意线性无关组 $\{\boldsymbol{\alpha}_1, \boldsymbol{\alpha}_2, \cdots, \boldsymbol{\alpha}_n\} \subseteq P^n$, 均构成 P^n 的最大无关组. 这是因为, $\forall \boldsymbol{\beta} \in P^n$,

(1) 根据推论 4.2, $\{\boldsymbol{\alpha}_1, \boldsymbol{\alpha}_2, \cdots, \boldsymbol{\alpha}_n, \boldsymbol{\beta}\}$ 线性相关；

(2) 根据推论 4.1 知 $\boldsymbol{\beta}$ 可由 $\{\boldsymbol{\alpha}_1, \boldsymbol{\alpha}_2, \cdots, \boldsymbol{\alpha}_n\}$ 线性表示.

例 4.17 和例 4.18 说明向量组的最大无关组未必是唯一的, 但是有以下定理.

定理 4.4 向量组 A 的任意两个最大无关组所含向量个数一致.

证明 设 $A_0 : \{\boldsymbol{\alpha}_1, \boldsymbol{\alpha}_2, \cdots, \boldsymbol{\alpha}_{n_1}\}$ 和 $B_0 : \{\boldsymbol{\beta}_1, \boldsymbol{\beta}_2, \cdots, \boldsymbol{\beta}_{n_2}\}$ 都是向量组 A 的最大无关组. 显然, A_0 等价于 B_0. 由定理 4.1 的 (2) 和定理 4.2 的 (2) 知

$$n_1 = \operatorname{rank}(\boldsymbol{\alpha}_1, \boldsymbol{\alpha}_2, \cdots, \boldsymbol{\alpha}_{n_1}) = \operatorname{rank}(\boldsymbol{\beta}_1, \boldsymbol{\beta}_2, \cdots, \boldsymbol{\beta}_{n_2}) = n_2.$$

定义 4.8 向量组 A 的最大无关组所含向量个数称为向量组 A 的**秩**, 记为 $\operatorname{rank} A$.

事实上, 为计算含有有限个向量的向量组 $\boldsymbol{\alpha}_1, \boldsymbol{\alpha}_2, \cdots, \boldsymbol{\alpha}_n$ 的秩, 只需计算矩阵

$$\boldsymbol{A} = (\boldsymbol{\alpha}_1, \boldsymbol{\alpha}_2, \cdots, \boldsymbol{\alpha}_n)$$

的秩. 具体而言, 就是对该矩阵进行初等变换, 得到与其等价的最简行阶梯矩阵, 非零行数 r 即所求的秩. 且行阶梯矩阵的前 r 列就对应一个最大无关组, 后 $n-r$ 列就是组中不属于最大无关组的 $n-r$ 个向量用最大无关组线性表示的表达式中的系数.

例 4.19 计算 $\mathbf{R}^4$ 中的向量组 $\boldsymbol{\alpha}_1 = \begin{pmatrix} 2 \\ 1 \\ 4 \\ 3 \end{pmatrix}, \boldsymbol{\alpha}_2 = \begin{pmatrix} -1 \\ 1 \\ -6 \\ 6 \end{pmatrix}, \boldsymbol{\alpha}_3 = \begin{pmatrix} -1 \\ -2 \\ 2 \\ -9 \end{pmatrix}, \boldsymbol{\alpha}_4 = \begin{pmatrix} 1 \\ 1 \\ -2 \\ 7 \end{pmatrix},$

$\boldsymbol{\alpha}_5 = \begin{pmatrix} 2 \\ 4 \\ 4 \\ 9 \end{pmatrix}$ 的一个最大无关组, 并将不属于最大无关组的向量用最大无关组线性表示.

解 构造矩阵

$$\boldsymbol{A} = (\boldsymbol{\alpha}_1, \boldsymbol{\alpha}_2, \boldsymbol{\alpha}_3, \boldsymbol{\alpha}_4, \boldsymbol{\alpha}_5) = \begin{pmatrix} 2 & -1 & -1 & 1 & 2 \\ 1 & 1 & -2 & 1 & 4 \\ 4 & -6 & 2 & -2 & 4 \\ 3 & 6 & -9 & 7 & 9 \end{pmatrix},$$

对 $\boldsymbol{A}$ 进行初等变换, 得到与之等价的最简行阶梯矩阵

$$A = \begin{pmatrix} 2 & -1 & -1 & 1 & 2 \\ 1 & 1 & -2 & 1 & 4 \\ 4 & -6 & 2 & -2 & 4 \\ 3 & 6 & -9 & 7 & 9 \end{pmatrix} \xrightarrow[r_2-2r_1,r_3-2r_1,r_4-3r_1]{r_1\leftrightarrow r_2,\frac{1}{2}r_3} \begin{pmatrix} 1 & 1 & -2 & 1 & 4 \\ 0 & -3 & 3 & -1 & -6 \\ 0 & -5 & 5 & -3 & -6 \\ 0 & 3 & -3 & 4 & -3 \end{pmatrix}$$

$$\xrightarrow[r_3+5r_2,r_4-3r_2,\frac{1}{2}r_3]{r_2-r_3,\frac{1}{2}r_2} \begin{pmatrix} 1 & 1 & -2 & 1 & 4 \\ 0 & 1 & -1 & 1 & 0 \\ 0 & 0 & 0 & 1 & -3 \\ 0 & 0 & 0 & 1 & -3 \end{pmatrix} \xrightarrow[r_1-r_3,r_1-r_2]{r_4-r_3,r_2-r_3} \begin{pmatrix} 1 & 0 & -1 & 0 & 4 \\ 0 & 1 & -1 & 0 & 3 \\ 0 & 0 & 0 & 1 & -3 \\ 0 & 0 & 0 & 0 & 0 \end{pmatrix}$$

$$\xrightarrow{c_3\leftrightarrow c_4} \left(\begin{array}{ccc:cc} 1 & 0 & 0 & -1 & 4 \\ 0 & 1 & 0 & -1 & 3 \\ 0 & 0 & 1 & 0 & -3 \\ 0 & 0 & 0 & 0 & 0 \end{array} \right).$$

由此可见, $\operatorname{rank}(\boldsymbol{\alpha}_1, \boldsymbol{\alpha}_2, \boldsymbol{\alpha}_4) = \operatorname{rank}(\boldsymbol{\alpha}_1, \boldsymbol{\alpha}_2, \boldsymbol{\alpha}_4, \boldsymbol{\alpha}_3, \boldsymbol{\alpha}_5) = 3$. 行阶梯矩阵的前 3 列对应最大无关组 $\boldsymbol{\alpha}_1, \boldsymbol{\alpha}_2, \boldsymbol{\alpha}_4$(注意我们做了一次列交换 $c_3 \leftrightarrow c_4$). 根据定理 4.1 的 (1) 知, $\boldsymbol{\alpha}_3, \boldsymbol{\alpha}_5$ 可由 $\boldsymbol{\alpha}_1, \boldsymbol{\alpha}_2, \boldsymbol{\alpha}_4$ 线性表示, 根据后两列数据可得线性表示式

$$\begin{cases} \boldsymbol{\alpha}_3 = -\boldsymbol{\alpha}_1 - \boldsymbol{\alpha}_2 \\ \boldsymbol{\alpha}_5 = 4\boldsymbol{\alpha}_1 + 3\boldsymbol{\alpha}_2 - 3\boldsymbol{\alpha}_4 \end{cases}$$

练习 4.9 计算 $\mathbf{R}^4$ 中的向量组 $\boldsymbol{\alpha}_1 = \begin{pmatrix} 1 \\ 0 \\ 2 \\ 1 \end{pmatrix}, \boldsymbol{\alpha}_2 = \begin{pmatrix} 1 \\ 2 \\ 0 \\ 1 \end{pmatrix}, \boldsymbol{\alpha}_3 = \begin{pmatrix} 2 \\ 1 \\ 3 \\ 0 \end{pmatrix}, \boldsymbol{\alpha}_4 = \begin{pmatrix} 2 \\ 5 \\ -1 \\ 4 \end{pmatrix},$

$\boldsymbol{\alpha}_5 = \begin{pmatrix} 1 \\ -1 \\ 3 \\ -1 \end{pmatrix}$ 的一个最大无关组,并将不属于最大无关组的向量用最大无关组线性表示.

(参考答案: $\boldsymbol{\alpha}_1, \boldsymbol{\alpha}_2, \boldsymbol{\alpha}_3$ 为一最大无关组, $\begin{cases} \boldsymbol{\alpha}_4 = \boldsymbol{\alpha}_1 + 3\boldsymbol{\alpha}_2 - \boldsymbol{\alpha}_3 \\ \boldsymbol{\alpha}_5 = -\boldsymbol{\alpha}_2 + \boldsymbol{\alpha}_3 \end{cases}$)

4.2.3 Python 解法

1. 向量组线性相关的判断

对给定的 m 维向量组

$$\boldsymbol{\alpha}_1 = \begin{pmatrix} a_{11} \\ a_{21} \\ \vdots \\ a_{m1} \end{pmatrix}, \boldsymbol{\alpha}_2 = \begin{pmatrix} a_{12} \\ a_{22} \\ \vdots \\ a_{m2} \end{pmatrix}, \cdots, \boldsymbol{\alpha}_n = \begin{pmatrix} a_{1n} \\ a_{2n} \\ \vdots \\ a_{mn} \end{pmatrix},$$

齐次线性方程组

$$x_1\boldsymbol{\alpha}_1 + x_2\boldsymbol{\alpha}_2 + \cdots + x_n\boldsymbol{\alpha}_n = \boldsymbol{o}$$

是否有非零解决定了 $\boldsymbol{\alpha}_1, \boldsymbol{\alpha}_2, \cdots, \boldsymbol{\alpha}_n$ 是否线性相关. 所以, 可以利用程序 3.6 定义的 mySolve 函数解方程组 $\boldsymbol{Ax} = \boldsymbol{o}$, 其中 $\boldsymbol{A} = (\boldsymbol{\alpha}_1, \boldsymbol{\alpha}_2, \cdots, \boldsymbol{\alpha}_n)$, $\boldsymbol{o}$ 为 m 维零向量. 若函数返回的解集 (二维数组) 列数大于 1(除了零解还有非零解), 则该向量组线性相关, 否则线性无关.

例 4.20　用 Python 判断例 4.13 中向量组 $\begin{pmatrix} -1 \\ 3 \\ 1 \end{pmatrix}, \begin{pmatrix} 2 \\ 1 \\ 0 \end{pmatrix}, \begin{pmatrix} 1 \\ 4 \\ 1 \end{pmatrix}$ 是否线性相关.

解　见下面代码.

程序 4.4　判断例 4.13 中向量组的线性相关性

```
1   import numpy as np                          #导入NumPy
2   from utility import mySolve                 #导入mySolve
3   a1=np.array([-1,3,1]).reshape(3,1)          #向量组
4   a2=np.array([2,1,0]).reshape(3,1)
5   a3=np.array([1,4,1]).reshape(3,1)
6   o=np.zeros((3,1))                           #零向量
7   A=np.hstack((a1,a2,a3))                      #矩阵A
8   X=mySolve(A,o)                              #解齐次线性方程组
9   _,t=X.shape                                 #读取解集列数
10  if t>1:                                     #有非零解
11      print('a1,a2,a3 线性相关.')
12      print('(%s)a1+(%s)a2+(%s)a3=o'%
13          (X[0,1],X[1,1],X[2,1]))
14  else:                                       #只有零解
15      print('a1,a2,a3 线性无关.')
```

程序的第 3~5 行设置向量组 a1, a2, a3, 注意调用数组的 reshape 函数将数组设置为列向量. 第 6 行设置零向量 o. 第 7 行将向量作为列组合成矩阵 A. 第 8 行调用 mySolve 函数解齐次线性方程组 $\boldsymbol{Ax} = \boldsymbol{o}$, 返回解集 X. 注意, mySolve 的返回值是一个二维数组: 第 1 列表示方程组的特解, 自第 2 列起表示齐次线性方程组或其导出组的基础解系. 第 9 行读取 X 的列数 t. 第 10~15 行的 **if-else** 语句就齐次线性方程组是否有非零解 (解集 X 的列数 t 是否大于 1) 分别输出对应信息: 若有非零解 (t>1), 输出向量组线性相关的信息并用 X 的第 2 列 (列标为 1) 数据给出向量组的线性组合; 否则输出线性无关信息. 运行程序, 输出

a1,a2,a3 线性相关.
(-1.0)a1+(-1.0)a2+(1.0)a3=o

这与例 4.13 计算的结果一致.

练习 4.10　用 Python 判断练习 4.7 中向量组 $\begin{pmatrix} 2 \\ 3 \\ 0 \end{pmatrix}, \begin{pmatrix} -1 \\ 4 \\ 0 \end{pmatrix}, \begin{pmatrix} 0 \\ 0 \\ 2 \end{pmatrix}$ 是否线性相关.

(参考答案: 见文件 chapt04.ipynb 中对应代码)

2. 由线性无关组表示的向量组的线性相关性判断

设向量组 $B : \boldsymbol{\beta}_1, \boldsymbol{\beta}_2, \cdots, \boldsymbol{\beta}_n$ 可由线性无关组 $A : \boldsymbol{\alpha}_1, \boldsymbol{\alpha}_2, \cdots, \boldsymbol{\alpha}_m$ 线性表示为

$$
\begin{cases}
\boldsymbol{\beta}_1 = \lambda_{11}\boldsymbol{\alpha}_1 + \lambda_{12}\boldsymbol{\alpha}_2 + \cdots + \lambda_{1m}\boldsymbol{\alpha}_m \\
\boldsymbol{\beta}_2 = \lambda_{21}\boldsymbol{\alpha}_1 + \lambda_{22}\boldsymbol{\alpha}_2 + \cdots + \lambda_{2m}\boldsymbol{\alpha}_m \\
\qquad\qquad\qquad \vdots \\
\boldsymbol{\beta}_n = \lambda_{n1}\boldsymbol{\alpha}_1 + \lambda_{n2}\boldsymbol{\alpha}_2 + \cdots + \lambda_{nm}\boldsymbol{\alpha}_m
\end{cases}
$$

为判断向量组 $B : \boldsymbol{\beta}_1, \boldsymbol{\beta}_2, \cdots, \boldsymbol{\beta}_n$ 的线性相关性, 令

$$
\boldsymbol{\Lambda} = \begin{pmatrix}
\lambda_{11} & \lambda_{12} & \cdots & \lambda_{1m} \\
\lambda_{21} & \lambda_{22} & \cdots & \lambda_{2m} \\
\vdots & \vdots & & \vdots \\
\lambda_{n1} & \lambda_{n2} & \cdots & \lambda_{nm}
\end{pmatrix}.
$$

根据定理 4.3, 只需要比较矩阵 $\boldsymbol{A}$ 的秩 r 与向量组 B 所含向量个数 n: $r < n$ 则线性相关, $r = n$ 则线性无关. 我们可以调用程序 3.2 定义的 rowLadder 函数计算矩阵 $\boldsymbol{A}$ 的秩, 然后据此做出判断.

例 4.21 用 Python 判断例 4.15 中由线性无关组 $\boldsymbol{\alpha}_1, \boldsymbol{\alpha}_2, \boldsymbol{\alpha}_3$ 线性表示的向量组

$$
\begin{cases}
\boldsymbol{\beta}_1 = \boldsymbol{\alpha}_1 + 2\boldsymbol{\alpha}_2 + 3\boldsymbol{\alpha}_3 \\
\boldsymbol{\beta}_2 = 2\boldsymbol{\alpha}_1 + 2\boldsymbol{\alpha}_2 + 4\boldsymbol{\alpha}_3 \\
\boldsymbol{\beta}_3 = 3\boldsymbol{\alpha}_1 + \boldsymbol{\alpha}_2 + 3\boldsymbol{\alpha}_3
\end{cases}
$$

的线性相关性.

解 见下列代码

程序 4.5 判断例 4.15 中向量组 B 的线性相关性

```
1  import numpy as np                    #导入NumPy
2  from utility import rowLadder          #导入rowLadder
3  A=np.array([[1,2,3],                   #矩阵A
4              [2,2,4],
5              [3,1,3]])
6  n,m=A.shape                           #读取向量组B所含向量个数
7  r,_=rowLadder(A,n,m)                  #计算A的秩
8  if r<n:                               #线性相关
9      print('向量组B线性相关')
10 else:                                 #线性无关
11     print('向量组B线性无关')
```

程序的第 3~5 行设置矩阵 A. 第 6 行读取 A 的行数 n 和列数 m. 第 7 行调用程序 3.2 定义的 rowLadder 函数计算与 A 等价的行阶梯矩阵, 进而算得 A 的秩, 将其返回给 r. 注

意, rowLadder 的返回值是一个二元组: A 的秩 rank 和变换中交换列而得到的未知量顺序 order. 由于此处只需要 A 的秩, 故用 "＿" 屏蔽掉第二个值. 第 8~11 行的 **if-else** 语句根据 r 与 n 的比较, 输出向量组 B 是否线性相关. 运行程序, 输出

向量组B线性无关

这与例 4.15 计算的结果一致.

练习 4.11 用 Python 判断练习 4.8 中由线性无关组 $\boldsymbol{\alpha}_1, \boldsymbol{\alpha}_2, \boldsymbol{\alpha}_3$ 线性表示的向量组

$$\begin{cases} \boldsymbol{\beta}_1 = \boldsymbol{\alpha}_1 - \boldsymbol{\alpha}_2 \\ \boldsymbol{\beta}_2 = 2\boldsymbol{\alpha}_2 + \boldsymbol{\alpha}_3 \\ \boldsymbol{\beta}_3 = \boldsymbol{\alpha}_1 + \boldsymbol{\alpha}_2 + \boldsymbol{\alpha}_3 \end{cases}$$

是否线性相关.

(参考答案: 见文件 chapt04.ipynb 中对应代码)

3. 向量组的最大无关组计算

我们知道, 对给定的 m 维向量组

$$\boldsymbol{\alpha}_1 = \begin{pmatrix} a_{11} \\ a_{21} \\ \vdots \\ a_{m1} \end{pmatrix}, \boldsymbol{\alpha}_2 = \begin{pmatrix} a_{12} \\ a_{22} \\ \vdots \\ a_{m2} \end{pmatrix}, \cdots, \boldsymbol{\alpha}_n = \begin{pmatrix} a_{1n} \\ a_{2n} \\ \vdots \\ a_{mn} \end{pmatrix},$$

为计算它的一个最大无关组, 计算与矩阵 $\boldsymbol{A} = (\boldsymbol{\alpha}_1, \boldsymbol{\alpha}_2, \cdots, \boldsymbol{\alpha}_n)$ 等价的最简行阶梯矩阵. 设其非零行数, 即 $\boldsymbol{A}$ 的秩为 r, 则前 r 列对应 r 个向量构成的最大无关组, 后 $n-r$ 列表示其他向量被最大无关组线性表示的系数. 可以利用程序 3.2 定义的 rowLadder 函数和程序 3.4 定义的 simplestLadder 函数定义如下计算向量组的最大无关组的函数.

程序 4.6 计算最大无关组

```
1  import numpy as np                              #导入NumPy
2  from utility import rowLadder,simplestLadder    #导入rowLadder,simplestLadder
3  def maxIndepGrp(A):
4      m,n=A.shape                                 #读取向量维数m和个数n
5      r,order=rowLadder(A,m,n)                     #计算行阶梯矩阵
6      simplestLadder(A,r)                         #计算最简行阶梯矩阵
7      return r,order,A[:r,r:]
```

程序很简单, 第 4 行读取矩阵的行数 m 和列数 n, 也就是向量的维数和个数. 第 5 行调用 rowLadder 函数将 A 变换为行阶梯矩阵, 返回秩 r 和未知量顺序 order. 第 6 行调用 simplestLadder 函数将 A 变换为最简行阶梯矩阵. 第 7 行返回 3 个值: A 的秩 r, 也是最大无关组所含向量个数; 向量顺序数组 order; 最简行阶梯矩阵的后 r 行、n−r 列构成的块 A[:r,r:], 其中每一列数据对应一个不在最大无关组中的向量被最大无关组线性表示的系数. 为调用方便, 将程序 4.6 的代码写入文件 utility.py.

例 4.22 用 Python 计算例 4.19 中向量组

$$\boldsymbol{\alpha}_1 = \begin{pmatrix} 2 \\ 1 \\ 4 \\ 3 \end{pmatrix}, \boldsymbol{\alpha}_2 = \begin{pmatrix} -1 \\ 1 \\ -6 \\ 6 \end{pmatrix}, \boldsymbol{\alpha}_3 = \begin{pmatrix} -1 \\ -2 \\ 2 \\ -9 \end{pmatrix}, \boldsymbol{\alpha}_4 = \begin{pmatrix} 1 \\ 1 \\ -2 \\ 7 \end{pmatrix}, \boldsymbol{\alpha}_5 = \begin{pmatrix} 2 \\ 4 \\ 4 \\ 9 \end{pmatrix}$$

的一个最大无关组, 并将不属于最大无关组的向量用最大无关组线性表示.

解 见下列代码.

程序 4.7 计算例 4.19 中向量组的最大无关组

```
1   import numpy as np                                       #导入NumPy
2   from utility import maxIndepGrp                          #导入maxIndepGrp
3   a1=np.array([2,1,4,3],dtype='float').reshape(4,1)        #向量组设置
4   a2=np.array([-1,1,-6,6],dtype='float').reshape(4,1)
5   a3=np.array([-1,-2,2,-9],dtype='float').reshape(4,1)
6   a4=np.array([1,1,-2,7],dtype='float').reshape(4,1)
7   a5=np.array([2,4,4,9],dtype='float').reshape(4,1)
8   A=np.hstack((a1,a2,a3,a4,a5))                            #组成矩阵
9   _,n=A.shape                                             #向量个数
10  r,order,expr=maxIndepGrp(A)           #计算秩、向量顺序、线性表达式系数
11  print('最大无关组: ',end=' ')
12  for i in range(r):                                      #最大无关组
13      print('a%d'%(order[i]+1),end=' ')
14  print()
15  for i in range(n-r):                                    #其他向量线性表示式
16      print('a%d=(%.0f)a%d'%(order[r+i]+1,expr[0,i],order[0]+1),end=' ')
17      for j in range(1,r):
18          print('+(%.0f)a%d'%(expr[j,i],order[j]+1),end=' ')
19      print()
```

程序的第 3~7 行设置向量组 a1, a2, a3, a4, a5. 第 8 行将其组合成矩阵 A. 第 9 行读取 A 的列数, 也就是向量个数 n. 第 10 行调用 maxIndepGrp 函数 (第 2 行导入), 计算 A 的秩 r, 即最大无关组所含向量个数, 表示变换过程中向量间相对位置变化的数组 order 和不属于最大无关组的各向量由最大无关组线性表示的系数 expr. 第 12、13 行的 **for** 语句利用 order 的前 r 个元素确定最大无关组. 第 15~19 行的 **for** 语句利用二维数组 expr 输出每个不属十最大无关组的向量被最大无关组线性表示的表示式. 运行程序, 输出

```
最大无关组: a1 a2 a4
a3=(-1)a1+(-1)a2+(-0)a4
a5=(4)a1+(3)a2+(-3)a4
```

这与例 4.19 计算的结果一致.

练习 4.12 用 Python 计算练习 4.9 中向量组

$$\boldsymbol{\alpha}_1 = \begin{pmatrix} 1 \\ 0 \\ 2 \\ 1 \end{pmatrix}, \boldsymbol{\alpha}_2 = \begin{pmatrix} 1 \\ 2 \\ 0 \\ 1 \end{pmatrix}, \boldsymbol{\alpha}_3 = \begin{pmatrix} 2 \\ 1 \\ 3 \\ 0 \end{pmatrix}, \boldsymbol{\alpha}_4 = \begin{pmatrix} 2 \\ 5 \\ -1 \\ 4 \end{pmatrix}, \boldsymbol{\alpha}_5 = \begin{pmatrix} 1 \\ -1 \\ 3 \\ -1 \end{pmatrix}$$

的一个最大无关组, 并将不属于最大无关组的向量用最大无关组线性表示.

(参考答案: 见文件 chapt04.ipynb 中对应代码)

4.3 向量空间的基底和坐标变换

4.3.1 向量空间及其基底

迄今为止, 本书讨论了诸如数域 P 上次数小于 n 的全体多项式 $(P[x]_n, +, \cdot)$、实数区间 $[a, b]$ 上所有实值可积函数 $(F[a, b], +, \cdot)$、区间 $[a, b]$ 上所有连续函数 $(F[a, b]_c, +, \cdot)$、数域 P 上所有 $m \times n$ 矩阵 $(P^{m \times n}, +, \cdot)$ 及 P 上所有 n 维向量 $(P^n, +, \cdot)$ 等线性空间. 其中, $(P[x]_n, +, \cdot)$ 与 $(P^n, +, \cdot)$ 同构 (见例 4.5), $(P^{m \times n}, +, \cdot)$ 与 $(P^{mn}, +, \cdot)$ 同构 (见练习 4.1). 我们知道, $\forall n \in \mathbf{N}$, $(P^n, +, \cdot)$ 存在最大无关组 $\{\boldsymbol{\alpha}_1, \boldsymbol{\alpha}_2, \cdots, \boldsymbol{\alpha}_n\}$ (如 $\{\boldsymbol{e}_1, \boldsymbol{e}_2, \cdots, \boldsymbol{e}_n\}$), P^n 中任一元素均可表示为 $\boldsymbol{\alpha}_1, \boldsymbol{\alpha}_2, \cdots, \boldsymbol{\alpha}_n$ 的线性组合. 我们对所有具有这样特性的线性空间有以下定义.

定义 4.9 设 P 为一数域, P 上线性空间 $(V, +, \cdot)$ 若含有一个最大无关组 $A : \boldsymbol{v}_1, \boldsymbol{v}_2, \cdots,$ $\boldsymbol{v}_n$, 则 V 称为一个**向量空间**. 最大无关组 A 称为 V 的一个**基底**, 常简称为基. 基底所含向量个数 n 称为 V 的**维数**. V 中元素 $\boldsymbol{v}$ 称为**向量**. 在基底 A 下

$$V = \{\boldsymbol{v} | \boldsymbol{v} = \lambda_1 \boldsymbol{v}_1 + \lambda_2 \boldsymbol{v}_2 + \cdots + \lambda_n \boldsymbol{v}_n, \lambda_1, \lambda_2, \cdots, \lambda_n \in P\}.$$

$\lambda_1, \lambda_2, \cdots, \lambda_n \in P$ 称为向量 $\boldsymbol{v}$ 在基底 A 下的**坐标**.

例 4.23 对 $n \in \mathbf{N}$, 根据例 4.4 知, 数域 P 上的 n 维向量全体 P^n, 对于线性运算, 即向量的加法运算及数与向量的乘法运算构成一个线性代数 (线性空间). 例 4.17 断言

$$\boldsymbol{e}_1 = \begin{pmatrix} 1 \\ 0 \\ \vdots \\ 0 \end{pmatrix}, \boldsymbol{e}_2 = \begin{pmatrix} 0 \\ 1 \\ \vdots \\ 0 \end{pmatrix}, \cdots, \boldsymbol{e}_n = \begin{pmatrix} 0 \\ 0 \\ \vdots \\ 1 \end{pmatrix}$$

为 P^n 的一个最大无关组, 即 $\boldsymbol{e}_1, \boldsymbol{e}_2, \cdots, \boldsymbol{e}_n$ 为 P^n 的一个基底 (简称基). 于是, $(P^n, +, \cdot)$ 是一个向量空间. P^n 中任一向量 $\boldsymbol{\alpha} = \begin{pmatrix} a_1 \\ a_2 \\ \vdots \\ a_n \end{pmatrix}$ 在这个基下的坐标为 $a_1, a_2, \cdots, a_n$. 当 $P = \mathbf{R}$, $n = 1$ 时, $\boldsymbol{e}_1$ 即为数轴 $\mathbf{R}$ 正向距原点 1 个单位的点 (见图 4.3(a)). $n = 2$ 时, $\boldsymbol{e}_1, \boldsymbol{e}_2$ 分别为实平面 $\mathbf{R}^2$ 中 x 轴和 y 轴正向距原点 1 个单位的点 (见图 4.3(b)). $n = 3$ 时, $\boldsymbol{e}_1, \boldsymbol{e}_2, \boldsymbol{e}_3$ 分别为实空间 $\mathbf{R}^3$ 中 x, y, z 轴正向距原点 1 个单位的点 (见图 4.3(c)).

因此, P^n 的基 $\boldsymbol{e}_1, \boldsymbol{e}_2, \cdots, \boldsymbol{e}_n$ 是一维、二维和三维几何空间直角坐标系下各坐标轴上的单位点构成集合的自然推广, 故称为 P^n 的**自然基**.

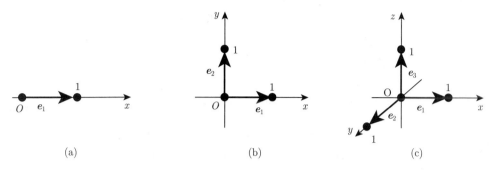

图 4.3　1 维、2 维、3 维空间的自然基

对数域 P 上任一 n 维向量空间 $(V, +, \cdot)$, 设基底为 $A : \boldsymbol{v}_1, \boldsymbol{v}_2, \cdots, \boldsymbol{v}_n$, 构造映射 σ: $\forall \boldsymbol{e}_i \in P^n$, $\sigma(\boldsymbol{e}_i) = \boldsymbol{v}_i$, $i = 1, 2, \cdots, n$. 对 $\forall \boldsymbol{\alpha} = \sum\limits_{i=1}^n a_i \boldsymbol{e}_i \in P^n$,

$$\sigma(\boldsymbol{\alpha}) = \sigma\left(\sum_{i=1}^n a_i \boldsymbol{e}_i\right) = \sum_{i=1}^n a_i \sigma(\boldsymbol{e}_i) = \sum_{i=1}^n a_i \boldsymbol{v}_i \in V.$$

由 $\boldsymbol{v}_1, \boldsymbol{v}_2, \cdots, \boldsymbol{v}_n$ 的线性无关性知, $\sigma(\boldsymbol{\alpha})$ 在 V 中唯一确定 (见推论 4.1). 故 σ 是 P^n 与 V 之间的 "1-1" 映射. 且在此映射下, $\forall \boldsymbol{\alpha} = \sum\limits_{i=1}^n a_i \boldsymbol{e}_i, \boldsymbol{\beta} = \sum\limits_{i=1}^n b_i \boldsymbol{e}_i \in P^n$, $\forall \lambda_1, \lambda_2 \in P$,

$$\sigma(\lambda_1 \boldsymbol{\alpha} + \lambda_2 \boldsymbol{\beta}) = \sigma\left(\lambda_1 \sum_{i=1}^n a_i \boldsymbol{e}_i + \lambda_2 \sum_{i=1}^n b_i \boldsymbol{e}_i\right) = \sigma\left(\sum_{i=1}^n (\lambda_1 a_i + \lambda_2 b_i) \boldsymbol{e}_i\right)$$

$$= \sum_{i=1}^n (\lambda_1 a_i + \lambda_2 b_i) \sigma(\boldsymbol{e}_i) = \sum_{i=1}^n (\lambda_1 a_i + \lambda_2 b_i) \boldsymbol{v}_i$$

$$= \lambda_1 \sum_{i=1}^n a_i \boldsymbol{v}_i + \lambda_2 \sum_{i=1}^n b_i \boldsymbol{v}_i = \lambda_1 \sigma(\boldsymbol{\alpha}) + \lambda_2 \sigma(\boldsymbol{\beta}).$$

故 σ 原像的线性组合对应像的线性组合, 即 $(V, +, \cdot)$ 与 $(P^n, +, \cdot)$ 同构. 因此对 P^n 的所有研究结论, 对于 V 都是正确的. 本书余下部分对 n 维向量空间的讨论, 若无特别声明, 均以 P^n 为对象.

例 4.24　考虑数域 P 上次数小于 $n \in \mathbf{N}$ 的所有一元多项式构成的线性空间 $P[x]_n$. 根据例 4.5, $(P[x]_n, +, \cdot)$ 同构于向量空间 $(P^n, +, \cdot)$. 根据例 4.5 给出的同构映射 σ, P^n 的自然基 $\{\boldsymbol{e}_1, \boldsymbol{e}_2, \cdots, \boldsymbol{e}_n\}$ 对应 $P[x]_n$ 的基

$$1, x, x^2, \cdots, x^{n-1}.$$

故 $(P[x]_n, +, \cdot)$ 也是一个 n 维向量空间.

需要注意的是, 向量空间 V 中向量 $\boldsymbol{v}$ 的维数与向量空间 V 的维数未必是一致的.

例 4.25　根据定理 3.4 (将 $n \times 1$ 的列矩阵视为 n 维列向量) 知, 数域 P 上的 n 元齐次线性方程组

$$\boldsymbol{A}\boldsymbol{x} = \boldsymbol{o}$$

的解集 $S = \{x \mid Ax = o\}$(其中的每一个解向量都是 n 维的) 关于向量加法和数乘法构成一个线性代数 (线性空间). 例 4.16 说明, 当 $\text{rank}A = r < n$ 时, 方程组的任一基础解系 $s_1, s_2, \cdots, s_{n-r}$ 是 S 的一个最大无关组. 故 $S \subseteq P^n$ 是一个 $n - r$ 维的向量空间.

例 4.26 设 P 为数域, 无关向量组 $\boldsymbol{\alpha}_1, \boldsymbol{\alpha}_2, \cdots, \boldsymbol{\alpha}_m \in P^n$, 考虑集合

$$V = \{x \mid x = \lambda_1 \boldsymbol{\alpha}_1 + \lambda_2 \boldsymbol{\alpha}_2 + \cdots + \lambda_m \boldsymbol{\alpha}_m, \lambda_1, \lambda_2, \cdots, \lambda_m \in P\} \subseteq P^n.$$

故 V 是由线性无关组 $\boldsymbol{\alpha}_1, \boldsymbol{\alpha}_2, \cdots, \boldsymbol{\alpha}_m$ 的所有线性组合构成的集合.

(1) $\forall \boldsymbol{x}_1, \boldsymbol{x}_2 \in V$, 假定

$$\boldsymbol{x}_1 = \lambda_{11} \boldsymbol{\alpha}_1 + \lambda_{12} \boldsymbol{\alpha}_2 + \cdots + \lambda_{1m} \boldsymbol{\alpha}_m, \lambda_{11}, \lambda_{12}, \cdots, \lambda_{1m} \in P,$$

$$\boldsymbol{x}_2 = \lambda_{21} \boldsymbol{\alpha}_1 + \lambda_{22} \boldsymbol{\alpha}_2 + \cdots + \lambda_{2m} \boldsymbol{\alpha}_m, \lambda_{21}, \lambda_{22}, \cdots, \lambda_{2m} \in P,$$

则

$$\boldsymbol{x}_1 + \boldsymbol{x}_2 = (\lambda_{11} + \lambda_{21}) \boldsymbol{\alpha}_1 + (\lambda_{12} + \lambda_{22}) \boldsymbol{\alpha}_2 + \cdots + (\lambda_{1m} + \lambda_{2m}) \boldsymbol{\alpha}_m.$$

由于 P 是数域, $\lambda_{11} + \lambda_{21}, \lambda_{12} + \lambda_{22}, \cdots, \lambda_{1m} + \lambda_{2m} \in P$, 故 $\boldsymbol{x}_1 + \boldsymbol{x}_2 \in V$.

(2) $\forall \boldsymbol{x} \in V$ 即 $\forall \lambda \in P$,

$$\lambda \boldsymbol{x} = (\lambda \lambda_1) \boldsymbol{\alpha}_1 + (\lambda \lambda_2) \boldsymbol{\alpha}_2 + \cdots + (\lambda \lambda_m) \boldsymbol{\alpha}_m.$$

由于 P 是数域, $\lambda \lambda_1, \lambda \lambda_2, \cdots, \lambda \lambda_m \in P$, 故 $\lambda \boldsymbol{x} \in V$.

由此可见, V 关于向量的加法和数乘法是封闭的. 所以 V 是一个 m 维向量空间, 称为向量组 $\boldsymbol{\alpha}_1, \boldsymbol{\alpha}_2, \cdots, \boldsymbol{\alpha}_m$ 的**生成空间**.

譬如, 设 P 为数域, 例 4.25 中 $\boldsymbol{A} \in P^{m \times n}$, $\text{rank}\boldsymbol{A} = r < n$, 齐次线性方程组 $\boldsymbol{Ax} = \boldsymbol{o}$ 的解集 $S = \{x \mid Ax = o\}$ 为该方程组的基础解系 $s_1, s_2, \cdots, s_{n-r}$ 的生成空间, 常称为 $\boldsymbol{Ax} = \boldsymbol{o}$ 的**解空间**.

练习 4.13 $\mathbf{R}^4$ 中的向量组 $\boldsymbol{\alpha}_1 = \begin{pmatrix} 1 \\ 1 \\ 0 \\ 0 \end{pmatrix}, \boldsymbol{\alpha}_2 = \begin{pmatrix} 1 \\ 0 \\ 1 \\ 1 \end{pmatrix}$ 的生成空间记为 V_1, 向量组

$\boldsymbol{\beta}_1 = \begin{pmatrix} 2 \\ -1 \\ 3 \\ 3 \end{pmatrix}, \boldsymbol{\beta}_2 = \begin{pmatrix} 0 \\ 1 \\ -1 \\ -1 \end{pmatrix}$ 的生成空间记为 V_2, 试证 $V_1 = V_2$.

(提示: 说明向量组 $\{\boldsymbol{\alpha}_1, \boldsymbol{\alpha}_2\}$ 与向量组 $\{\boldsymbol{\beta}_1, \boldsymbol{\beta}_2\}$ 等价)

4.3.2 向量空间的坐标变换

我们知道, 在二维、三维空间中基底决定了坐标系: 原点、数轴方向、数轴正向单位点. 向量空间中一个向量在不同的基底下有不同的坐标 (见图 4.4).

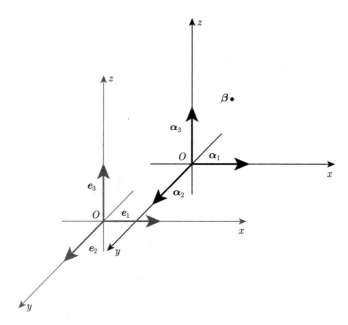

图 4.4　坐标变换

例 4.27　设 $\mathbf{R}^3$ 的一个基底为 $\boldsymbol{\alpha}_1 = \begin{pmatrix} 2 \\ 2 \\ -1 \end{pmatrix}, \boldsymbol{\alpha}_2 = \begin{pmatrix} 2 \\ -1 \\ 2 \end{pmatrix}, \boldsymbol{\alpha}_3 = \begin{pmatrix} -1 \\ 2 \\ 2 \end{pmatrix}$. 计算向量

$\boldsymbol{\beta} = \begin{pmatrix} 1 \\ 0 \\ -4 \end{pmatrix}$ 在此基底下的坐标.

解　由题设知, $\boldsymbol{\beta}$ 在自然基 $\{\boldsymbol{e}_1, \boldsymbol{e}_2, \boldsymbol{e}_3\}$ 下的坐标为 $1, 0, -4$, 即

$$\boldsymbol{\beta} = (\boldsymbol{e}_1, \boldsymbol{e}_2, \boldsymbol{e}_3) \begin{pmatrix} 1 \\ 0 \\ -4 \end{pmatrix}. \tag{4.3}$$

另外, 向量组 $\boldsymbol{\alpha}_1, \boldsymbol{\alpha}_2, \boldsymbol{\alpha}_3$ 在自然基底 $\{\boldsymbol{e}_1, \boldsymbol{c}_2, \boldsymbol{e}_3\}$ 下的坐标分别为 $\begin{pmatrix} 2 \\ 2 \\ -1 \end{pmatrix}, \begin{pmatrix} 2 \\ -1 \\ 2 \end{pmatrix}$ 和 $\begin{pmatrix} -1 \\ 2 \\ 2 \end{pmatrix}$,

即

$$(\boldsymbol{\alpha}_1, \boldsymbol{\alpha}_2, \boldsymbol{\alpha}_3) = (\boldsymbol{e}_1, \boldsymbol{e}_2, \boldsymbol{e}_3) \begin{pmatrix} 2 & 2 & -1 \\ 2 & -1 & 2 \\ -1 & 2 & 2 \end{pmatrix} = (\boldsymbol{e}_1, \boldsymbol{e}_2, \boldsymbol{e}_3)\boldsymbol{P}. \tag{4.4}$$

由于 $\boldsymbol{\alpha}_1, \boldsymbol{\alpha}_2, \boldsymbol{\alpha}_3$ 线性无关, 可知矩阵 $\boldsymbol{P} = \begin{pmatrix} 2 & 2 & -1 \\ 2 & -1 & 2 \\ -1 & 2 & 2 \end{pmatrix}$ 可逆. 故式 (4.4) 等价于

$$(\boldsymbol{e}_1, \boldsymbol{e}_2, \boldsymbol{e}_3) = (\boldsymbol{\alpha}_1, \boldsymbol{\alpha}_2, \boldsymbol{\alpha}_3)\boldsymbol{P}^{-1}. \tag{4.5}$$

不难算出, $\boldsymbol{P}^{-1} = \begin{pmatrix} \dfrac{2}{9} & \dfrac{2}{9} & -\dfrac{1}{9} \\ \dfrac{2}{9} & -\dfrac{1}{9} & \dfrac{2}{9} \\ -\dfrac{1}{9} & \dfrac{2}{9} & \dfrac{2}{9} \end{pmatrix}$. 将式 (4.5) 代入式 (4.3) 得

$$\boldsymbol{\beta} = (\boldsymbol{e}_1, \boldsymbol{e}_2, \boldsymbol{e}_3) \begin{pmatrix} 1 \\ 0 \\ -4 \end{pmatrix} = (\boldsymbol{\alpha}_1, \boldsymbol{\alpha}_2, \boldsymbol{\alpha}_3) \boldsymbol{P}^{-1} \begin{pmatrix} 1 \\ 0 \\ -4 \end{pmatrix}$$

$$= (\boldsymbol{\alpha}_1, \boldsymbol{\alpha}_2, \boldsymbol{\alpha}_3) \begin{pmatrix} \dfrac{2}{9} & \dfrac{2}{9} & -\dfrac{1}{9} \\ \dfrac{2}{9} & -\dfrac{1}{9} & \dfrac{2}{9} \\ -\dfrac{1}{9} & \dfrac{2}{9} & \dfrac{2}{9} \end{pmatrix} \begin{pmatrix} 1 \\ 0 \\ -4 \end{pmatrix} = (\boldsymbol{\alpha}_1, \boldsymbol{\alpha}_2, \boldsymbol{\alpha}_3) \begin{pmatrix} \dfrac{2}{3} \\ -\dfrac{2}{3} \\ -1 \end{pmatrix}.$$

故 $\boldsymbol{\beta}$ 在基 $\{\boldsymbol{\alpha}_1, \boldsymbol{\alpha}_2, \boldsymbol{\alpha}_3\}$ 下的坐标为 $\dfrac{2}{3}, -\dfrac{2}{3}, -1$.

练习 4.14 计算 $\mathbf{R}^3$ 中向量 $\begin{pmatrix} 4 \\ 3 \\ 2 \end{pmatrix}$ 在例 4.27 的基 $\{\boldsymbol{\alpha}_1, \boldsymbol{\alpha}_2, \boldsymbol{\alpha}_3\}$ 下的坐标.

(参考答案: $\dfrac{4}{3}, 1, \dfrac{2}{3}$)

通常, n 维向量空间 V 有两组基 $A: \boldsymbol{\alpha}_1, \boldsymbol{\alpha}_2, \cdots, \boldsymbol{\alpha}_n$ 和 $B: \boldsymbol{\beta}_1, \boldsymbol{\beta}_2, \cdots, \boldsymbol{\beta}_n$, 且 B 由 A 表示为

$$\begin{cases} \boldsymbol{\beta}_1 = a_{11}\boldsymbol{\alpha}_1 + a_{12}\boldsymbol{\alpha}_2 + \cdots + a_{1n}\boldsymbol{\alpha}_n \\ \boldsymbol{\beta}_2 = a_{21}\boldsymbol{\alpha}_1 + a_{22}\boldsymbol{\alpha}_2 + \cdots + a_{2n}\boldsymbol{\alpha}_n \\ \qquad\qquad\qquad \vdots \\ \boldsymbol{\beta}_n = a_{n1}\boldsymbol{\alpha}_1 + a_{n2}\boldsymbol{\alpha}_2 + \cdots + a_{nn}\boldsymbol{\alpha}_n \end{cases}$$

故 $\boldsymbol{\beta}_k$ 在基 $A: \boldsymbol{\alpha}_1, \boldsymbol{\alpha}_2, \cdots, \boldsymbol{\alpha}_n$ 下的坐标为 $a_{k1}, a_{k2}, \cdots, a_{kn}(k = 1, 2, \cdots, n)$. 上式的矩阵形式为:

$$\begin{pmatrix} \boldsymbol{\beta}_1 \\ \boldsymbol{\beta}_2 \\ \vdots \\ \boldsymbol{\beta}_n \end{pmatrix} = \begin{pmatrix} a_{11} & a_{12} & \cdots & a_{1n} \\ a_{21} & a_{22} & \cdots & a_{2n} \\ \vdots & \vdots & & \vdots \\ a_{n1} & a_{n2} & \cdots & a_{nn} \end{pmatrix} \begin{pmatrix} \boldsymbol{\alpha}_1 \\ \boldsymbol{\alpha}_2 \\ \vdots \\ \boldsymbol{\alpha}_n \end{pmatrix} = \boldsymbol{A} \begin{pmatrix} \boldsymbol{\alpha}_1 \\ \boldsymbol{\alpha}_2 \\ \vdots \\ \boldsymbol{\alpha}_n \end{pmatrix}$$

或

$$(\boldsymbol{\beta}_1, \boldsymbol{\beta}_2, \cdots, \boldsymbol{\beta}_n) = (\boldsymbol{\alpha}_1, \boldsymbol{\alpha}_2, \cdots, \boldsymbol{\alpha}_n)\boldsymbol{A}^\top = (\boldsymbol{\alpha}_1, \boldsymbol{\alpha}_2, \cdots, \boldsymbol{\alpha}_n)\boldsymbol{P}.$$

其中 $\boldsymbol{P} = A^{\top}$ 称为从基 $A : \boldsymbol{\alpha}_1, \boldsymbol{\alpha}_2, \cdots, \boldsymbol{\alpha}_n$ 到基 $B : \boldsymbol{\beta}_1, \boldsymbol{\beta}_2, \cdots, \boldsymbol{\beta}_n$ 的**过渡矩阵**. 由于线性无关组 A 和 B 等价, 根据定理 4.5 知矩阵 $\boldsymbol{A}$ 可逆. $(\boldsymbol{A}^{-1})^{\top} = (\boldsymbol{A}^{\top})^{-1} = \boldsymbol{P}^{-1}$, 于是, 上式等价于

$$(\boldsymbol{\alpha}_1, \boldsymbol{\alpha}_2, \cdots, \boldsymbol{\alpha}_n) = (\boldsymbol{\beta}_1, \boldsymbol{\beta}_2, \cdots, \boldsymbol{\beta}_n)\boldsymbol{P}^{-1}.$$

故从基 $B : \boldsymbol{\beta}_1, \boldsymbol{\beta}_2, \cdots, \boldsymbol{\beta}_n$ 到基 $A : \boldsymbol{\alpha}_1, \boldsymbol{\alpha}_2, \cdots, \boldsymbol{\alpha}_n$ 的过渡矩阵为 $\boldsymbol{P}^{-1}$.

定理 4.5 n 维向量空间 V 从基 $\boldsymbol{\alpha}_1, \boldsymbol{\alpha}_2, \cdots, \boldsymbol{\alpha}_n$ 到基 $\boldsymbol{\beta}_1, \boldsymbol{\beta}_2, \cdots, \boldsymbol{\beta}_n$ 的过渡矩阵为 $\boldsymbol{P}$. 向量 $\boldsymbol{\alpha} \in V$ 在基 $\boldsymbol{\alpha}_1, \boldsymbol{\alpha}_2, \cdots, \boldsymbol{\alpha}_n$ 下的坐标为 $x_1, x_2, \cdots, x_n$, 在基 $\boldsymbol{\beta}_1, \boldsymbol{\beta}_2, \cdots, \boldsymbol{\beta}_n$ 下的坐标为 $(y_1, y_2, \cdots, y_n)$, 则有如下的坐标变换公式:

$$\begin{pmatrix} x_1 \\ x_2 \\ \vdots \\ x_n \end{pmatrix} = \boldsymbol{P} \begin{pmatrix} y_1 \\ y_2 \\ \vdots \\ y_n \end{pmatrix} \text{ 或 } \begin{pmatrix} y_1 \\ y_2 \\ \vdots \\ y_n \end{pmatrix} = \boldsymbol{P}^{-1} \begin{pmatrix} x_1 \\ x_2 \\ \vdots \\ x_n \end{pmatrix}.$$

(证明见本章附录 A4.)

例 4.28 已知 $\mathbf{R}^3$ 的两个基分别为 $A : \boldsymbol{\alpha}_1 = \begin{pmatrix} 1 \\ 1 \\ 1 \end{pmatrix}, \boldsymbol{\alpha}_2 = \begin{pmatrix} 1 \\ 0 \\ -1 \end{pmatrix}, \boldsymbol{\alpha}_3 = \begin{pmatrix} 1 \\ 0 \\ 1 \end{pmatrix}$ 及 $B :$

$\boldsymbol{\beta}_1 = \begin{pmatrix} 1 \\ 2 \\ 1 \end{pmatrix}, \boldsymbol{\beta}_2 = \begin{pmatrix} 2 \\ 3 \\ 4 \end{pmatrix}, \boldsymbol{\beta}_3 = \begin{pmatrix} 3 \\ 4 \\ 3 \end{pmatrix}$.

(1) 计算从基 A 到基 B 的过渡矩阵;

(2) 设向量 $\boldsymbol{x}$ 在基 A 下的坐标为 $1, 1, 3$, 求 $\boldsymbol{x}$ 在基 B 下的坐标.

解 (1) 按题设,

$$(\boldsymbol{\alpha}_1, \boldsymbol{\alpha}_2, \boldsymbol{\alpha}_3) = (\boldsymbol{e}_1, \boldsymbol{e}_2, \boldsymbol{e}_3) \begin{pmatrix} 1 & 1 & 1 \\ 1 & 0 & 0 \\ 1 & -1 & 1 \end{pmatrix} = (\boldsymbol{e}_1, \boldsymbol{e}_2, \boldsymbol{e}_3)\boldsymbol{A} \text{ 及}$$

$$(\boldsymbol{\beta}_1, \boldsymbol{\beta}_2, \boldsymbol{\beta}_3) = (\boldsymbol{e}_1, \boldsymbol{e}_2, \boldsymbol{e}_3) \begin{pmatrix} 1 & 2 & 3 \\ 2 & 3 & 4 \\ 1 & 4 & 3 \end{pmatrix} = (\boldsymbol{e}_1, \boldsymbol{e}_2, \boldsymbol{e}_3)\boldsymbol{B}.$$

于是, $(\boldsymbol{e}_1, \boldsymbol{e}_2, \boldsymbol{e}_3) = (\boldsymbol{\alpha}_1, \boldsymbol{\alpha}_2, \boldsymbol{\alpha}_3)\boldsymbol{A}^{-1}$,

$$(\boldsymbol{\beta}_1, \boldsymbol{\beta}_2, \boldsymbol{\beta}_3) = (\boldsymbol{e}_1, \boldsymbol{e}_2, \boldsymbol{e}_3)\boldsymbol{B} = (\boldsymbol{\alpha}_1, \boldsymbol{\alpha}_2, \boldsymbol{\alpha}_3)\boldsymbol{A}^{-1}\boldsymbol{B}.$$

故从基 A 到基 B 的过渡矩阵 $\boldsymbol{P} = \boldsymbol{A}^{-1}\boldsymbol{B}$.

先计算 $A^{-1} = \begin{pmatrix} 0 & 1 & 0 \\ \frac{1}{2} & 0 & \frac{1}{2} \\ \frac{1}{2} & -1 & \frac{1}{2} \end{pmatrix}$，然后得到

$$P = A^{-1}B = \begin{pmatrix} 0 & 1 & 0 \\ \frac{1}{2} & 0 & \frac{1}{2} \\ \frac{1}{2} & -1 & \frac{1}{2} \end{pmatrix} \begin{pmatrix} 1 & 2 & 3 \\ 2 & 3 & 4 \\ 1 & 4 & 3 \end{pmatrix} = \begin{pmatrix} 2 & 3 & 4 \\ 0 & -1 & 0 \\ -1 & 0 & -1 \end{pmatrix}.$$

(2) 不难算得 $P^{-1} = \begin{pmatrix} -\frac{1}{2} & -\frac{3}{2} & -2 \\ 0 & -1 & 0 \\ \frac{1}{2} & \frac{3}{2} & 1 \end{pmatrix}$. 按题设 x 在基 A 下的坐标为 $1,1,3$. 于是, 根

据定理 4.5, x 在基 B 下的坐标为

$$\begin{pmatrix} y_1 \\ y_2 \\ y_3 \end{pmatrix} = P^{-1} \begin{pmatrix} 1 \\ 1 \\ 3 \end{pmatrix} = \begin{pmatrix} -\frac{1}{2} & -\frac{3}{2} & -2 \\ 0 & -1 & 0 \\ \frac{1}{2} & \frac{3}{2} & 1 \end{pmatrix} \begin{pmatrix} 1 \\ 1 \\ 3 \end{pmatrix} = \begin{pmatrix} -8 \\ -1 \\ 5 \end{pmatrix}.$$

练习 4.15 已知 $\mathbf{R}^3$ 的两个基分别为 $A: \boldsymbol{\alpha}_1 = \begin{pmatrix} 1 \\ 2 \\ 1 \end{pmatrix}, \boldsymbol{\alpha}_2 = \begin{pmatrix} 2 \\ 3 \\ 3 \end{pmatrix}, \boldsymbol{\alpha}_3 = \begin{pmatrix} 3 \\ 7 \\ -2 \end{pmatrix}$ 及

$B: \boldsymbol{\beta}_1 = \begin{pmatrix} 3 \\ 1 \\ 4 \end{pmatrix}, \boldsymbol{\beta}_2 = \begin{pmatrix} 5 \\ 2 \\ 1 \end{pmatrix}, \boldsymbol{\beta}_3 = \begin{pmatrix} 1 \\ 1 \\ -6 \end{pmatrix}$, 计算坐标变换公式.

(参考答案: $\begin{pmatrix} y_1 \\ y_2 \\ y_3 \end{pmatrix} = \begin{pmatrix} 13 & 19 & 43 \\ -9 & -13 & -30 \\ 7 & 10 & 24 \end{pmatrix} \begin{pmatrix} x_1 \\ x_2 \\ x_3 \end{pmatrix}$, $\begin{pmatrix} x_1 \\ x_2 \\ x_3 \end{pmatrix} = \begin{pmatrix} -12 & -26 & -11 \\ 6 & 11 & 3 \\ 1 & 3 & 2 \end{pmatrix} \begin{pmatrix} y_1 \\ y_2 \\ y_3 \end{pmatrix}$)

例 4.29 数域 P 上次数小于 $n \in \mathbf{N}$ 的一元多项式全体 $P[x]_n$, 按例 4.5, 同构于向量空间 P^n. 根据例 4.24, P^n 的自然基 $\{e_1, e_2, \cdots, e_n\}$ 对应 $P[x]_n$ 的基底 $1, x, x^2, \cdots, x^{n-1}$. 设 $a \in P$ 为一常数, 不难验证 $1, (x-a), (x-a)^2, \cdots, (x-a)^{n-1}$ 是 $P[x]_n$ 的另一个基底, 计算 $1, x, x^2, \cdots, x^{n-1}$ 与 $1, (x-a), (x-a)^2, \cdots, (x-a)^{n-1}$ 之间的坐标变换公式.

解 设 $P[x]_n$ 的基 $1, (x-a), (x-a)^2, \cdots, (x-a)^{n-1}$ 对应 P^n 的基底为 $\boldsymbol{\alpha}_1, \boldsymbol{\alpha}_2, \cdots, \boldsymbol{\alpha}_n$. 按牛顿二项式展开公式,

$$(x-a)^k = \sum_{i=0}^{k} C_k^i x^i (-a)^{k-i}, k \in \mathbf{Z}^+,$$

有

$$\begin{pmatrix} \boldsymbol{\alpha}_1, & \boldsymbol{\alpha}_2, & \cdots, & \boldsymbol{\alpha}_n \end{pmatrix} = \begin{pmatrix} \boldsymbol{e}_1, & \boldsymbol{e}_2, & \cdots, & \boldsymbol{e}_n \end{pmatrix} \begin{pmatrix} 1 & -a & (-a)^2 & \cdots & (-a)^{n-1} \\ 0 & 1 & -2a & \cdots & \mathrm{C}_{n-1}^1(-a)^{n-2} \\ 0 & 0 & 1 & \cdots & \mathrm{C}_{n-1}^2(-a)^{n-3} \\ \vdots & \vdots & \vdots & & \vdots \\ 0 & 0 & 0 & \cdots & 1 \end{pmatrix}.$$

即 $\boldsymbol{P} = \begin{pmatrix} 1 & -a & (-a)^2 & \cdots & (-a)^{n-1} \\ 0 & 1 & -2a & \cdots & \mathrm{C}_{n-1}^1(-a)^{n-2} \\ 0 & 0 & 1 & \cdots & \mathrm{C}_{n-1}^2(-a)^{n-3} \\ \vdots & \vdots & \vdots & & \vdots \\ 0 & 0 & 0 & \cdots & 1 \end{pmatrix}$ 为基 $\boldsymbol{e}_1, \boldsymbol{e}_2, \cdots, \boldsymbol{e}_n$ 到基 $\boldsymbol{\alpha}_1, \boldsymbol{\alpha}_2, \cdots, \boldsymbol{\alpha}_n$ 的

过渡矩阵, 于是, $\forall \boldsymbol{f} \in P^n$, $a_0, a_1, \cdots, a_{n-1}$ 和 $b_0, b_1, \cdots, b_{n-1}$ 分别为 $\boldsymbol{f}$ 在两个基下的坐标, 坐标变换公式为

$$\begin{pmatrix} a_0 \\ a_1 \\ \vdots \\ a_{n-1} \end{pmatrix} = \boldsymbol{P} \begin{pmatrix} b_0 \\ b_1 \\ \vdots \\ b_{n-1} \end{pmatrix} \text{ 或 } \begin{pmatrix} b_0 \\ b_1 \\ \vdots \\ b_{n-1} \end{pmatrix} = \boldsymbol{P}^{-1} \begin{pmatrix} a_0 \\ a_1 \\ \vdots \\ a_{n-1} \end{pmatrix}.$$

练习 4.16　将 $\mathbf{R}$ 上 x 的多项式 $f(x) = 3 + 2x - x^2 + 6x^3$ 转换为 $x - 1$ 的多项式形式. (参考答案: $f(x) = 10 + 18(x-1) + 17(x-1)^2 + 6(x-1)^3$)

4.3.3　Python 解法

向量空间中两组基 A 和 B 之间相互线性表示构成的矩阵为过渡矩阵. 若两组基之一为自然基, 譬如 A 为自然基, 则基 B 的各向量在自然基下的坐标即构成基 A 到基 B 的过渡矩阵 $\boldsymbol{P}$. 否则, 找到自然基到基 A 的过渡矩阵 $\boldsymbol{A}$, 自然基到基 B 的过渡矩阵 $\boldsymbol{B}$, $\boldsymbol{P} = \boldsymbol{A}^{-1}\boldsymbol{B}$ 为基 A 到基 B 的过渡矩阵, $\boldsymbol{P}^{-1}$ 为基 B 到基 A 的过渡矩阵. 利用过渡矩阵根据定理 4.5 给出的坐标变换公式即可完成同一向量在不同基下的坐标计算.

例 4.30　用 Python 计算例 4.27: $\mathbf{R}^3$ 的向量 $\boldsymbol{\beta} = \begin{pmatrix} 1 \\ 0 \\ -4 \end{pmatrix}$ 在基底 $\boldsymbol{\alpha}_1 = \begin{pmatrix} 2 \\ 2 \\ -1 \end{pmatrix}, \boldsymbol{\alpha}_2 = \begin{pmatrix} 2 \\ -1 \\ 2 \end{pmatrix}, \boldsymbol{\alpha}_3 = \begin{pmatrix} -1 \\ 2 \\ 2 \end{pmatrix}$ 下的坐标.

解　已知基底 $\boldsymbol{\alpha}_1, \boldsymbol{\alpha}_2, \boldsymbol{\alpha}_3$ 在自然基下的坐标, 故从自然基 $\boldsymbol{e}_1, \boldsymbol{e}_2, \boldsymbol{e}_3$ 到基 $\boldsymbol{\alpha}_1, \boldsymbol{\alpha}_2, \boldsymbol{\alpha}_3$ 的

过渡矩阵为 $\boldsymbol{P} = \begin{pmatrix} 2 & 2 & -1 \\ 2 & -1 & 2 \\ -1 & 2 & 2 \end{pmatrix}$. 要求 $\boldsymbol{\beta} = \begin{pmatrix} 1 \\ 0 \\ -4 \end{pmatrix}$ 在基 $\boldsymbol{\alpha}_1, \boldsymbol{\alpha}_2, \boldsymbol{\alpha}_3$ 下的坐标, 只要算得

$\boldsymbol{\alpha}_1, \boldsymbol{\alpha}_2, \boldsymbol{\alpha}_3$ 到自然基底的过渡矩阵 $\boldsymbol{P}^{-1}$, 并用坐标变换公式计算 $\boldsymbol{P}^{-1}\boldsymbol{\beta}$ 即可. 下列代码完成
计算.

程序 4.8　验算例 4.27

```
1   import numpy as np                              #导入NumPy
2   from fractions import Fraction as F             #导入Fraction
3   np.set_printoptions(formatter={ 'all' :lambda x:
4                               str(F(x).limit_denominator())})
5   P=np.array([[2,2,-1],                           #设置过渡矩阵P
6               [2,-1,2],
7               [-1,2,2]],dtype= 'float' )
8   b=np.array([1,0,-4],dtype= 'float' ).reshape(3,1)  #向量在自然基下的坐标
9   P1=np.linalg.inv(P)                             #P的逆矩阵
10  s=np.matmul(P1,b)                               #在新基下的坐标
11  print(s)
```

　　程序的第 5~7 行设置从自然基 $\boldsymbol{e}_1, \boldsymbol{e}_2, \boldsymbol{e}_3$ 到基 $\boldsymbol{\alpha}_1, \boldsymbol{\alpha}_2, \boldsymbol{\alpha}_3$ 的过渡矩阵 P. 第 8 行设置向量在自然基下的坐标. 第 9 行调用 inv 函数计算 P 的逆矩阵 P1. 第 10 行调用 NumPy 的 matmul 函数计算 P1 与 b 的积 s. 运行程序, 输出

```
[[2/3]
 [-2/3]
 [-1]]
```

即向量 $\boldsymbol{\beta}$ 在基 $\{\boldsymbol{\alpha}_1, \boldsymbol{\alpha}_2, \boldsymbol{\alpha}_3\}$ 下的坐标为 $\begin{pmatrix} \dfrac{2}{3} \\ -\dfrac{2}{3} \\ -1 \end{pmatrix}$, 与例 4.27 的计算结果一致.

　　练习 4.17　用 Python 计算 $\mathbf{R}^3$ 中向量 $\begin{pmatrix} 4 \\ 3 \\ 2 \end{pmatrix}$ 在例 4.30 的基 $\boldsymbol{\alpha}_1, \boldsymbol{\alpha}_2, \boldsymbol{\alpha}_3$ 下的坐标.

(参考答案: 见文件 chapt04.ipynb 中相应代码)

　　例 4.31　用 Python 解例 4.28: 对 $\mathbf{R}^3$ 的两个基 $A : \boldsymbol{\alpha}_1 = \begin{pmatrix} 1 \\ 1 \\ 1 \end{pmatrix}, \boldsymbol{\alpha}_2 = \begin{pmatrix} 1 \\ 0 \\ -1 \end{pmatrix}, \boldsymbol{\alpha}_2 =$

$\begin{pmatrix} 1 \\ 0 \\ 1 \end{pmatrix}$ 及 $B : \boldsymbol{\beta}_1 = \begin{pmatrix} 1 \\ 2 \\ 1 \end{pmatrix}, \boldsymbol{\beta}_2 = \begin{pmatrix} 2 \\ 3 \\ 4 \end{pmatrix}, \boldsymbol{\beta}_3 = \begin{pmatrix} 3 \\ 4 \\ 3 \end{pmatrix},$

　　(1) 计算从基 A 到基 B 的过渡矩阵;

(2) 设向量 x 在基 A 下的坐标为 $(1,1,3)$, 求 x 在基 B 下的坐标.

解 先按题设算得自然基到基 A 的过渡矩阵 $A = \begin{pmatrix} 1 & 1 & 1 \\ 1 & 0 & 0 \\ 1 & -1 & 1 \end{pmatrix}$ 和自然基到基 B 的

过渡矩阵 $\begin{pmatrix} 1 & 2 & 3 \\ 2 & 3 & 4 \\ 1 & 4 & 3 \end{pmatrix}$, 然后算得基 A 到基 B 的过渡矩阵 $P = A^{-1}B$ 及基 B 到基 A 的

过渡矩阵 P^{-1}. 最后用定理 4.5 给出的坐标变换公式, 算得向量 x 在基 B 下的坐标 $P^{-1}x$.
下列代码完成计算.

程序 4.9 验算例 4.28

```
1   import numpy as np                              #导入 NumPy
2   from utility import Q                           #导入 Fraction
3   np.set_printoptions(formatter={ 'all':lambda x: #设置数组元素的输出格式
4                             str(Q(x).limit_denominator())})
5   A=np.array([[1,1,1],                            #设置自然基到基 A 的过渡矩阵
6               [1,0,0],
7               [1,-1,1]],dtype='float')
8   B=np.array([[1,2,3],                            #设置自然基到基 B 的过渡矩阵
9               [2,3,4],
10              [1,4,3]],dtype='float')
11  A1=np.linalg.inv(A)                             #A 的逆矩阵
12  P=np.matmul(A1,B)                               #基 A 到基 B 的过渡矩阵
13  P1=np.linalg.inv(P)                             #基 B 到基 A 的过渡矩阵
14  x=np.array([1,1,3]).reshape(3,1)               #x 在基 A 下的坐标
15  s=np.matmul(P1,x)                               #x 在基 B 下的坐标
16  print(s)
```

利用程序前的阐述与说明以及代码内的注释信息, 读者不难理解本程序. 运行程序, 输出

```
[[-8]
 [-1]
 [5]]
```

这与例 4.28 的计算结果一致.

练习 4.18 用 Python 计算练习 4.15 中 $\mathbf{R}^3$ 的两个基 $A : \boldsymbol{\alpha}_1 = \begin{pmatrix} 1 \\ 2 \\ 1 \end{pmatrix}, \boldsymbol{\alpha}_2 = \begin{pmatrix} 2 \\ 3 \\ 3 \end{pmatrix}$,

$\boldsymbol{\alpha}_3 = \begin{pmatrix} 3 \\ 7 \\ -2 \end{pmatrix}$ 及 $B : \boldsymbol{\beta}_1 = \begin{pmatrix} 3 \\ 1 \\ 4 \end{pmatrix}, \boldsymbol{\beta}_2 = \begin{pmatrix} 5 \\ 2 \\ 1 \end{pmatrix}, \boldsymbol{\beta}_3 = \begin{pmatrix} 1 \\ 1 \\ -6 \end{pmatrix}$ 之间的过渡矩阵.

(参考答案: 见文件 chapt04.ipynb 中相应代码)

例 4.32 用 Python 计算例 4.29 中将数域 P 上多项式 $f(x) = a_0 + a_1 x + a_2 x^2 + \cdots +$
$a_{n-1} x^{n-1}$ 转换为 $f(x) = b_0 + b_1(x-a) + b_2(x-a)^2 + \cdots + b_{n-1}(x-a)^{n-1}$ 的过渡矩阵, 其

中 $a \in P$ 为一常数.

解　若将数域 P 上次数小于 $n \in \mathbf{N}$ 的多项式 $f(x) = a_0 + a_1 x + a_2 x^2 + \cdots + a_{n-1} x^{n-1}$

表示为向量 $\boldsymbol{f} = \begin{pmatrix} a_0 \\ a_1 \\ \vdots \\ a_{n-1} \end{pmatrix}$, 则 P 上所有次数小于 n 的多项式就可表示成 P^n. 自然

基 $\boldsymbol{e}_1, \boldsymbol{e}_2, \cdots, \boldsymbol{e}_n$ 对应多项式 $1, x, \cdots, x^{n-1}$. 设 $1, (x-a), \cdots, (x-a)^{n-1}$ 对应的基为 $\boldsymbol{\alpha}_1, \boldsymbol{\alpha}_2, \cdots, \boldsymbol{\alpha}_n$, 由例 4.29 知, $\boldsymbol{e}_1, \boldsymbol{e}_2, \cdots, \boldsymbol{e}_n$ 到 $\boldsymbol{\alpha}_1, \boldsymbol{\alpha}_2, \cdots, \boldsymbol{\alpha}_n$ 的过渡矩阵为

$$\boldsymbol{P} = \begin{pmatrix} 1 & -a & (-a)^2 & \cdots & (-a)^{n-1} \\ 0 & 1 & -2a & \cdots & \mathrm{C}_{n-1}^1 (-a)^{n-2} \\ 0 & 0 & 1 & \cdots & \mathrm{C}_{n-1}^2 (-a)^{n-3} \\ \vdots & \vdots & \vdots & & \vdots \\ 0 & 0 & 0 & \cdots & 1 \end{pmatrix}.$$

$\boldsymbol{P}^{-1}$ 即 $\boldsymbol{\alpha}_1, \boldsymbol{\alpha}_2, \cdots, \boldsymbol{\alpha}_n$ 到 $\boldsymbol{e}_1, \boldsymbol{e}_2, \cdots, \boldsymbol{e}_n$ 的过渡矩阵. 计算矩阵 $\boldsymbol{P}$, 涉及组合数 $\mathrm{C}_n^k = \dfrac{n!}{k!(n-k)!}$. Python 的科学计算包 SciPy 中 special 模块的 comb 函数用于执行组合数计算, 其调用格式为

$$\mathrm{comb(n,k)}.$$

对给定的 $n \in \mathbf{N}$ 和 P 中常数 a, 下列代码定义计算本例过渡矩阵 $\boldsymbol{P}$ 的函数.

程序 4.10　多项式转换过渡矩阵

```
1   import numpy as np                          #导入 NumPy
2   from scipy.special import comb               #导入 comb
3   def polyTransMat(n,a):
4       P=np.zeros((n,n))                        #P 初始化为 n 阶零矩阵
5       for k in range(n):                       #按列填写非零元素
6           for i in range(k+1):
7               P[i,k]=((-a)**(k-i))*comb(k,i)
8       return P
9   n=4                                          #设置次数
10  a=1                                          #设置常数
11  P=polyTransMat(n,a)                          #构造矩阵 P
12  P1=np.linalg.inv(P)                          #P 的逆矩阵
13  print(P)
14  print(P1)
```

程序的第 3-8 行定义函数 polyTransMat. 参数 n 表示矩阵阶数 n($n-1$ 为多项式次数), a 表示常数. 第 4 行将 P 初始化为 n 阶零矩阵. 第 5~7 行双重 **for** 循环逐列填写矩阵 P 的非零元素: k 表示列标取遍 $0 \sim n-1$, i 表示行标取遍 $0 \sim k$. 注意, 其中第 7 行调用 comb 函数计算组合数 C_k^i.

第 9、10 行设置 n 为 4, a 为 1. 第 11 行调用程序 4.10 定义的 polyTransMat 函数构造 4 阶矩阵 P, 第 12 行调用 inv 函数计算 P 的逆矩阵, 记为 P1. 运行程序, 输出

```
[[ 1. -1.  1. -1.]
 [ 0.  1. -2.  3.]
 [ 0.  0.  1. -3.]
 [ 0.  0.  0.  1.]]
[[1. 1. 1. 1.]
 [0. 1. 2. 3.]
 [0. 0. 1. 3.]
 [0. 0. 0. 1.]]
```

练习 4.19　利用程序 4.10 中定义的 polyTransMat 函数将练习 4.16 中 x 的多项式 $f(x) = 3 + 2x - x^2 + 6x^3$ 转换为 $x - 1$ 的多项式形式.
(参考答案: 见文件 chapt04.ipynb 中相应代码)

4.4　线性变换

4.4.1　线性空间的线性变换

定义 4.10　数域 P 上的线性空间 V 到线性空间 U 的映射 T: $\forall \boldsymbol{\alpha} \in V, \exists | \boldsymbol{\beta} \in U$, 与 $\boldsymbol{\alpha}$ 对应, 记为 $\boldsymbol{\beta} = T(\boldsymbol{\alpha})$.

若 $\forall \boldsymbol{\alpha}_1, \boldsymbol{\alpha}_2 \in V, \forall \lambda_1, \lambda_2 \in P$, 均有

$$T(\lambda_1 \boldsymbol{\alpha}_1 + \lambda_2 \boldsymbol{\alpha}_2) = \lambda_1 T(\boldsymbol{\alpha}_1) + \lambda_2 T(\boldsymbol{\alpha}_2).$$

称映射 T 为 V 到 U 的一个**线性映射**或**线性变换**. $T(V) \subseteq U$ 称为线性变换 T 的**值域**. $K(T) = \{\boldsymbol{x} | T(\boldsymbol{x}) = \boldsymbol{o}\} \subseteq V$ 称为线性变换 T 的**核**. 当 $U = V$ 时, 则 T 称为 V 上的线性变换.

例 4.33　例 1.15 引入的实数区间 $[a, b]$ 上的实值可积函数集合 $\mathbf{R}[a, b]$ 和例 1.17 引入的 $[a, b]$ 上的实值连续函数全体 $\mathbf{R}[a, b]_\mathrm{c}$ 对函数的加法和实数与函数的乘法, 构成线性空间. 在 $\mathbf{R}[a, b]$ 上定义: $\forall f(x) \in \mathbf{R}[a, b]$

$$J(f(x)) = \int_a^x f(x)\mathrm{d}x.$$

则根据高等数学知识, $J(\mathbf{R}[a, b]) \subseteq \mathbf{R}[a, b]_\mathrm{c} \subseteq \mathbf{R}[a, b]$[①]. 由积分的线性关系[②]知, $\forall f(x), g(x) \in \mathbf{R}[a, b], \lambda_1, \lambda_2 \in \mathbf{R}$,

$$J(\lambda_1 f(x) + \lambda_2 g(x)) = \int_a^x (\lambda_1 f(x) + \lambda_2 g(x))\mathrm{d}x$$

$$= \lambda_1 \int_a^x f(x)\mathrm{d}x + \lambda_2 \int_a^x g(x)\mathrm{d}x$$

---

① 见参考文献 [2] 第 93 页定理 1.

② 见参考文献 [1] 第 298 页定理 1.

$$= \lambda_1 J(f(x)) + \lambda_2 J(g(x)).$$

故 J 是 $\mathbf{R}[a,b]$ 到 $\mathbf{R}[a,b]_c$ 的一个线性变换, 也是 $\mathbf{R}[a,b]$ 上的线性变换. $K(J) = \{o\}$.

例 4.34 设 V 为数域 P 上的线性空间, 定义 V 上的**恒等变换**I: $\forall \boldsymbol{x} \in V$,

$$I(\boldsymbol{x}) = \boldsymbol{x}.$$

则 I 是 V 上的一个线性变换.

这是因为 $\forall \boldsymbol{x}, \boldsymbol{y} \in V, \forall \lambda_1, \lambda_2 \in P$,

$$I(\lambda_1 \boldsymbol{x} + \lambda_2 \boldsymbol{y}) = \lambda_1 \boldsymbol{x} + \lambda_2 \boldsymbol{y} = \lambda_1 I(\boldsymbol{x}) + \lambda_2 I(\boldsymbol{y}).$$

且 $I(V) = V, K(I) = \{o\} \subset V$.

练习 4.20 在数域 P 上的线性空间 V, 定义**零变换**O: $\forall \boldsymbol{x} \in V$,

$$O(\boldsymbol{x}) = \boldsymbol{o}.$$

其中, $\boldsymbol{o} \in V$ 为零向量. 试说明零变换 O 是 V 上的线性变换.

(提示: 仿例 4.34, 按线性变换的定义证明)

例 4.35 已知数域 P 上次数小于 $n \in \mathbf{N}$ 的一元多项式全体 $P[x]_n$ 对多项式加法及数乘法构成一个向量空间, 当然也是线性空间. $\forall f(x) = \sum\limits_{i=0}^{n-1} a_i x^i \in P[x]_n$, 定义映射 D:

$$D(f) = D\left(\sum_{i=0}^{n-1} a_i x^i\right) = \sum_{i=0}^{n-1} i a_i x^{i-1} \in P[x]_n.$$

称 D 为 $P[x]_n$ 上的**微分变换**. $\forall f(x) = \sum\limits_{i=0}^{n-1} a_i x^i, g(x) = \sum\limits_{i=0}^{n-1} b_i x^i \in P[x]_n$ 及 $\lambda_1, \lambda_2 \in P$, 根据例 1.14 中多项式的加法与数乘法的定义以及微分变换 D 的定义,

$$D(\lambda_1 f + \lambda_2 g) = D\left(\lambda_1 \sum_{i=0}^{n-1} a_i x^i + \lambda_2 \sum_{i=0}^{n-1} b_i x^i\right) = D\left(\sum_{i=0}^{n-1} \lambda_1 a_i x^i + \sum_{i=0}^{n-1} \lambda_2 b_i x^i\right)$$

$$= D\left(\sum_{i=0}^{n-1}(\lambda_1 a_i + \lambda_2 b_i) x^i\right) = \sum_{i=0}^{n-1} i(\lambda_1 a_i + \lambda_2 b_i) x^{i-1}$$

$$= \sum_{i=0}^{n-1}(i\lambda_1 a_i + i\lambda_2 b_i) x^{i-1} = \sum_{i=0}^{n-1} i\lambda_1 a_i x^{i-1} + \sum_{i=0}^{n-1} i\lambda_2 b_i x^{i-1}$$

$$= \lambda_1 \sum_{i=0}^{n-1} i a_i x^{i-1} + \lambda_2 \sum_{i=0}^{n-1} i b_i x^{i-1} = \lambda_1 D\left(\sum_{i=0}^{n-1} a_i x^i\right) + \lambda_2 D\left(\sum_{i=0}^{n-1} b_i x^i\right)$$

$$= \lambda_1 D(f) + \lambda_2 D(g).$$

由此可见, $P[x]_n$ 上的微分变换 D 是一个线性变换. $D(P[x]_n) = P[x]_{n-1} \subseteq P[x]_n$, $K(D) = \{a | a \in P\} \subseteq P[x]_n$.

练习 4.21　由例 4.5 知, 数域 P 上次数小于 $n \in \mathbf{N}$ 的一元多项式全体 $P[x]_n$ 同构于向量空间 P^n. 试以向量的形式表达例 4.35 中的微分变换.

(参考答案: $\forall f(x) = \sum\limits_{i=0}^{n-1} a_i x^i \in P_n[x]$, 其向量表示为 $\boldsymbol{f} = \begin{pmatrix} a_0 \\ a_1 \\ \vdots \\ a_{n-1} \end{pmatrix} \in P^n$, $D(\boldsymbol{f}) =$

$\begin{pmatrix} a_1 \\ 2a_2 \\ \vdots \\ (n-1)a_{n-1} \\ 0 \end{pmatrix}$)

将数域 P 上线性空间 $(A(P), +, \cdot)$ 的所有线性变换构成的集合记为 $\mathcal{T}$, 可以考察 $\mathcal{T}$ 上的各种运算.

例 4.36　$\forall T_1, T_2 \in \mathcal{T}, \forall \boldsymbol{x} \in A$,

$$(T_1 + T_2)(\boldsymbol{x}) = T_1(\boldsymbol{x}) + T_2(\boldsymbol{x}) \in A$$

称为 T_1 与 T_2 的和, 下证 $T_1 + T_2 \in \mathcal{T}$. $\forall \boldsymbol{x}, \boldsymbol{y} \in A, \forall \lambda_1, \lambda_2 \in P$,

$$\begin{aligned}
(T_1 + T_2)(\lambda_1 \boldsymbol{x} + \lambda_2 \boldsymbol{y}) &= T_1(\lambda_1 \boldsymbol{x} + \lambda_2 \boldsymbol{y}) + T_2(\lambda_1 \boldsymbol{x} + \lambda_2 \boldsymbol{y}) \\
&= (\lambda_1 T_1(\boldsymbol{x}) + \lambda_2 T_1(\boldsymbol{y})) + (\lambda_1 T_2(\boldsymbol{x}) + \lambda_2 T_2(\boldsymbol{y})) \\
&= \lambda_1(T_1(\boldsymbol{x}) + T_2(\boldsymbol{x})) + \lambda_2(T_1(\boldsymbol{x}) + T_2(\boldsymbol{x})) \\
&= \lambda_1(T_1 + T_2)(\boldsymbol{x}) + \lambda_2(T_1 + T_2)(\boldsymbol{y}).
\end{aligned}$$

故原像的线性组合 $\lambda_1 \boldsymbol{x} + \lambda_2 \boldsymbol{y}$ 在 $T_1 + T_2$ 下的像, 保持线性关系 $\lambda_1(T_1 + T_2)(\boldsymbol{x}) + \lambda_2(T_1 + T_2)(\boldsymbol{y})$. 所以, $T_1 + T_2 \in \mathcal{T}$.

练习 4.22　$\forall T \in \mathcal{T}, \forall \lambda \in P, \forall \boldsymbol{x} \in A$,

$$(\lambda \cdot T)(\boldsymbol{x}) = \lambda \cdot T(\boldsymbol{x})$$

称为 T 与数 λ 的积. 试证明 $\lambda \cdot T \in \mathcal{T}$.
(提示: 仿例 4.36)

根据例 4.36 和练习 4.22, 有如下的定理.

定理 4.6　数域 P 上线性空间 A 中的所有线性变换 $\mathcal{T}$ 关于变换的加法和与 P 中数的乘法, 即 $(\mathcal{T}, +, \cdot)$ 构成一个线性空间 (线性代数).

我们将在 4.4.2 节就特殊的线性空间——向量空间的情形证明定理 4.6.

例 4.37　$\forall T_1, T_2 \in \mathcal{T}, \forall \boldsymbol{x} \in A$,

$$(T_1 \circ T_2)(\boldsymbol{x}) = T_1(T_2(\boldsymbol{x})) \in A$$

称为 T_1 与 T_2 的积, 下证 $T_1 \circ T_2 \in \mathcal{T}$. $\forall \boldsymbol{x}, \boldsymbol{y} \in A, \forall \lambda_1, \lambda_2 \in P,$

$$(T_1 \circ T_2)(\lambda_1 \boldsymbol{x} + \lambda_2 \boldsymbol{y}) = T_1(T_2(\lambda_1 \boldsymbol{x} + \lambda_2 \boldsymbol{y})) = T_1(\lambda_1 T_2(\boldsymbol{x}) + \lambda_2 T_2(\boldsymbol{y}))$$
$$= \lambda_1 T_1(T_2(\boldsymbol{x})) + \lambda_2 T_1(T_2(\boldsymbol{y})) = \lambda_1(T_1 \circ T_2)(\boldsymbol{x}) + \lambda_2(T_1 \circ T_2)(\boldsymbol{y}).$$

故原像的线性组合 $\lambda_1\boldsymbol{x}+\lambda_2\boldsymbol{y}$ 在 $T_1 \circ T_2$ 下的像, 保持线性关系 $\lambda_1(T_1 \circ T_2)(\boldsymbol{x})+\lambda_2(T_1 \circ T_2)(\boldsymbol{y})$, 即 $T_1 \circ T_2 \in \mathcal{T}$.

线性变换的积, 就是常说的线性变换的复合. $T_1 \circ T_2(\boldsymbol{x})$ 先将 $\boldsymbol{x}$ 变换为 $\boldsymbol{y} = T_2(\boldsymbol{x})$, 然后将 $\boldsymbol{y}$ 变换为 $\boldsymbol{z} = T_1(\boldsymbol{y})$. 例 4.37 说明, 线性变换的复合, 仍然是线性变换.

4.4.2 线性变换的矩阵

本节我们将视线聚焦于特殊的线性空间——数域 P 上的 n 维向量空间 V 的线性变换. 由于数域 P 上任一 n 维向量空间 V 均同构于 P^n, 故本节均以 P^n 作为范例加以讨论.

例 4.38 设数域 P 上 n 阶矩阵 $\boldsymbol{A} = \begin{pmatrix} a_{11} & a_{12} & \cdots & a_{1n} \\ a_{21} & a_{22} & \cdots & a_{2n} \\ \vdots & \vdots & & \vdots \\ a_{n1} & a_{n2} & \cdots & a_{nn} \end{pmatrix}$, 向量空间 P^n 的一个基

为 $\boldsymbol{\epsilon}_1, \boldsymbol{\epsilon}_2, \cdots, \boldsymbol{\epsilon}_n$, 定义 P^n 上的映射 T: $\forall \boldsymbol{x} = \begin{pmatrix} x_1 \\ x_2 \\ \vdots \\ x_n \end{pmatrix} \in P^n,$

$$T(\boldsymbol{x}) = \boldsymbol{A}\boldsymbol{x},$$

则 T 为 P^n 上的一个线性变换, 其中 $x_1, x_2, \cdots, x_n$ 是向量 $\boldsymbol{x}$ 在基 $\boldsymbol{\epsilon}_1, \boldsymbol{\epsilon}_2, \cdots, \boldsymbol{\epsilon}_n$ 下的坐标. 这是因为, $\forall \boldsymbol{x}, \boldsymbol{y} \in P^n, \lambda_1, \lambda_2 \in P$, 根据矩阵运算性质,

$$T(\lambda_1 \boldsymbol{x} + \lambda_2 \boldsymbol{y}) = \boldsymbol{A}(\lambda_1 \boldsymbol{x} + \lambda_2 \boldsymbol{y}) = \lambda_1 \boldsymbol{A}\boldsymbol{x} + \lambda_2 \boldsymbol{A}\boldsymbol{y} = \lambda_1 T(\boldsymbol{x}) + \lambda_2 T(\boldsymbol{y}).$$

令 $\boldsymbol{\alpha}_1 = \begin{pmatrix} a_{11} \\ a_{21} \\ \vdots \\ a_{n1} \end{pmatrix}, \boldsymbol{\alpha}_2 = \begin{pmatrix} a_{12} \\ a_{22} \\ \vdots \\ a_{n2} \end{pmatrix}, \cdots, \boldsymbol{\alpha}_n = \begin{pmatrix} a_{1n} \\ a_{2n} \\ \vdots \\ a_{nn} \end{pmatrix}$, 则 T 的值域

$$T(P^n) = \{\boldsymbol{x} | \boldsymbol{x} = \lambda_1 \boldsymbol{\alpha}_1 + \lambda_2 \boldsymbol{\alpha}_2 + \cdots + \lambda_n \boldsymbol{\alpha}_n\},$$

其中 $\lambda_1, \lambda_2, \cdots, \lambda_n \in P$. 即 T 的值域为 $\boldsymbol{\alpha}_1, \boldsymbol{\alpha}_2, \cdots, \boldsymbol{\alpha}_n$ 的生成空间. T 的核

$$K(T) = \{\boldsymbol{x} | \boldsymbol{A}(\boldsymbol{x}) = \boldsymbol{o}\},$$

即 T 的核 $K(T)$ 为 n 元齐次线性方程组 $\boldsymbol{A}\boldsymbol{x} = \boldsymbol{o}$ 的解空间.

练习 4.23　$A = \begin{pmatrix} 1 & 0 & 2 & 1 \\ -1 & 2 & 1 & 3 \\ 1 & 2 & 5 & 5 \\ 2 & -2 & 1 & -2 \end{pmatrix} \in \mathbf{R}^{4\times 4}$, 取 $\mathbf{R}^4$ 的自然基底 e_1, e_2, e_3, e_4, $\forall x$

$\in \mathbf{R}^4$, $T(x) = Ax$. 按例 4.38, T 为 $\mathbf{R}^4$ 上的一个线性变换. 计算 T 的值域 $T(\mathbf{R}^4)$ 和 T 的核 $K(T)$.

(参考答案: $T(\mathbf{R}^4) = \{x | x = \lambda_1 \begin{pmatrix} 1 \\ -1 \\ 1 \\ 2 \end{pmatrix} + \lambda_2 \begin{pmatrix} 0 \\ 2 \\ 2 \\ -2 \end{pmatrix}\}, \lambda_1, \lambda_2 \in \mathbf{R}$, $K(T) = \{x | x =$

$c_1 \begin{pmatrix} -2 \\ -\dfrac{3}{2} \\ 1 \\ 0 \end{pmatrix} + c_2 \begin{pmatrix} -1 \\ -2 \\ 0 \\ 1 \end{pmatrix}\}, c_1, c_2 \in \mathbf{R}$)

由例 4.38 知, P^n 上的任一 n 阶方阵, 决定 P^n 上的一个线性变换. 例如, 单位阵 $I \in P^{n\times n}$ 就是 P^n 上的恒等变换 I(见例 4.34), 零矩阵 $O \in P^{n\times n}$ 就是 P^n 上的零变换 O(见练习 4.20). 其实, 例 4.38 的结论的否命题也成立.

定理 4.7　$n \in \mathbf{N}$, P 为数域. 向量空间 P^n 的一组基为 $\alpha_1, \alpha_2, \cdots, \alpha_n$, T 为 P^n 的一个线性变换, 记 $\beta_i = T(\alpha_i)$, $i = 1, 2, \cdots, n$, 即 $\beta_1, \beta_2, \cdots, \beta_n$ 是基 $\alpha_1, \alpha_2, \cdots, \alpha_n$ 的像. 若

β_i 在基 $\alpha_1, \alpha_2, \cdots, \alpha_n$ 下的坐标为 $a_{1i}, a_{2i}, \cdots, a_{ni}$, $i = 1, 2, \cdots, n$, 则 $\forall v = \begin{pmatrix} v_1 \\ v_2 \\ \vdots \\ v_n \end{pmatrix} \in P^n$,

$$T(v) = \begin{pmatrix} a_{11} & a_{12} & \cdots & a_{1n} \\ a_{21} & a_{22} & \cdots & a_{2n} \\ \vdots & \vdots & & \vdots \\ a_{n1} & a_{n2} & \cdots & a_{nn} \end{pmatrix} \begin{pmatrix} v_1 \\ v_2 \\ \vdots \\ v_n \end{pmatrix} = Av.$$

其中, $v_1, v_2, \cdots, v_n$ 是向量 v 在基 $\alpha_1, \alpha_2, \cdots, \alpha_n$ 下的坐标, $A = \begin{pmatrix} a_{11} & a_{12} & \cdots & a_{1n} \\ a_{21} & a_{22} & \cdots & a_{2n} \\ \vdots & \vdots & & \vdots \\ a_{n1} & a_{n2} & \cdots & a_{nn} \end{pmatrix}$

称为变换 T 在基 $\alpha_1, \alpha_2, \cdots, \alpha_n$ 下的矩阵. (证明见本章附录 A5.)

例 4.39　设 P 为数域, n 维向量空间 P^n 的一个基底为 $A : \alpha_1, \alpha_2, \cdots, \alpha_n$, P^n 上所有线性变换的集合为 $\mathcal{T}$. 按例 4.38 和定理 4.7, 在基 A 下 $\mathcal{T}$ 对应矩阵集合 $P^{n\times n}$, 且 $\mathcal{T}$ 中

线性变换的和对应 $P^{n \times n}$ 中变换矩阵的和, P 中数与 $\mathcal{T}$ 中线性变换的积对应数与 $P^{n \times n}$ 中该变换矩阵的积. 所以, $(\mathcal{T}, +, \cdot)$ 与 $(P^{n \times n}, +, \cdot)$ 同构. 根据定理 2.1 知, $(P^{n \times n}, +, \cdot)$ 为一线性空间, 所以 $(\mathcal{T}, +, \cdot)$ 也是一个线性空间 (线性代数). 这就证明了定理 4.6 在向量空间情形下的正确性.

相仿地, 设 P^n 的线性变换 T_1 与 T_2 在基 $\boldsymbol{\alpha}_1, \boldsymbol{\alpha}_2, \cdots, \boldsymbol{\alpha}_n$ 下的矩阵分别为 $\boldsymbol{A}$ 和 $\boldsymbol{B}$, 则变换的积 $T_1 \circ T_2$ 对应矩阵 $\boldsymbol{AB}$, 且线性变换代数 $(\mathcal{T}, +, \cdot, \circ)$ 与 $(P^{n \times n}, +, \cdot, \circ)$ 同构. 换句话说, n 阶方阵加法、数乘法及乘法具有的所有性质, P^n 上线性变换的相应运算都具有. 因此, 我们在第 2 章中对矩阵的所有讨论都可以平行地移到线性变换上. 譬如, 设 $\boldsymbol{A}$ 为线性变换 T 的矩阵, 将 $\boldsymbol{A}$ 的秩 $\text{rank}\boldsymbol{A}$ 称为 T 的秩; 若 $\boldsymbol{A}$ 可逆, 则称 T 是可逆的, 且 $\boldsymbol{A}^{-1}$ 对应的线性变换 T^{-1} 称为 T 的逆变换.

例 4.40　本例为例 4.35 续. 写出数域 P 上次数小于 $n \in \mathbf{N}$ 的一元多项式构成的向量空间 $P[x]_n$ 的微分变换 D 在自然基下的矩阵.

解　根据例 4.5, 多项式 $f(x) = \sum\limits_{i=0}^{n-1} a_i x^i$ 的向量形式为 $\boldsymbol{f} = \begin{pmatrix} a_0 \\ a_1 \\ \vdots \\ a_{n-1} \end{pmatrix} \in P^n$. 由例 4.24 知, $P[x]_n$ 的基 $1, x, x^2, \cdots, x^{n-1}$ 对应 P^n 的自然基 $\boldsymbol{e}_1, \boldsymbol{e}_2, \cdots, \boldsymbol{e}_n$. 根据练习 4.21 知, 对应多项式的向量 $\boldsymbol{f}$ 做微分变换得

$$D(\boldsymbol{f}) = \begin{pmatrix} a_1 \\ 2a_2 \\ \vdots \\ (n-1)a_{n-1} \\ 0 \end{pmatrix} \in P^n.$$

由此可得, $D(\boldsymbol{e}_1) = \begin{pmatrix} 0 \\ 0 \\ \vdots \\ 0 \end{pmatrix}, D(\boldsymbol{e}_2) = \begin{pmatrix} 1 \\ 0 \\ \vdots \\ 0 \end{pmatrix}, \cdots, D(\boldsymbol{e}_n) = \begin{pmatrix} 0 \\ \vdots \\ n-1 \\ 0 \end{pmatrix}$. 根据定理 4.7, 微分变换 D 在 P^n 的自然基 $\boldsymbol{e}_1, \boldsymbol{e}_2, \cdots, \boldsymbol{e}_n$ 下的矩阵为

$$\boldsymbol{A} = \begin{pmatrix} 0 & 1 & 0 & \cdots & 0 & 0 \\ 0 & 0 & 2 & \cdots & 0 & 0 \\ \vdots & \vdots & \vdots & & \vdots & \vdots \\ 0 & 0 & 0 & \cdots & 0 & n-1 \\ 0 & 0 & 0 & \cdots & 0 & 0 \end{pmatrix}.$$

练习 4.24　用例 4.40 得出的方法, 计算多项式 $f(x) = 5 - x + 7x^2 - 21x^3$ 在微分变换

下的像 $D(f(x))$.

(参考答案: $D(f(x)) = -1 + 14x - 63x^2$)

仔细考察例 4.38 和定理 4.7, 数域 P 上 n 维向量空间 P^n 中线性变换 T 在 P^n 的一个基底 $\boldsymbol{\alpha}_1, \boldsymbol{\alpha}_2, \cdots, \boldsymbol{\alpha}_n$ 对应一个矩阵 $\boldsymbol{A} \in P^{n \times n}$. 这自然需要弄清楚, 线性变换 T 在 P^n 的另一个基底 $\boldsymbol{\beta}_1, \boldsymbol{\beta}_2, \cdots, \boldsymbol{\beta}_n$ 下的矩阵 $\boldsymbol{B}$ 与 $\boldsymbol{A}$ 有什么样的关系.

定理 4.8　设 $A: \boldsymbol{\alpha}_1, \boldsymbol{\alpha}_2, \cdots, \boldsymbol{\alpha}_n$ 和 $B: \boldsymbol{\beta}_1, \boldsymbol{\beta}_2, \cdots, \boldsymbol{\beta}_n$ 是数域 P 上向量空间 P^n 的两个基底. 矩阵 $\boldsymbol{A}$ 和 $\boldsymbol{B}$ 分别为 P^n 上线性变换 T 在基 A 和 B 上的矩阵. 记 $\boldsymbol{P}$ 是基 A 到基 B 的过渡矩阵 (即 $(\boldsymbol{\beta}_1, \boldsymbol{\beta}_2, \cdots, \boldsymbol{\beta}_n) = (\boldsymbol{\alpha}_1, \boldsymbol{\alpha}_2, \cdots, \boldsymbol{\alpha}_n)\boldsymbol{P}$), 则

$$\boldsymbol{B} = \boldsymbol{P}^{-1}\boldsymbol{A}\boldsymbol{P}.$$

(证明见本章附录 A6.)

定义 4.11　$n \in \mathbf{N}$, $\boldsymbol{A}, \boldsymbol{B} \in P^{n \times n}$, 若有可逆阵 $\boldsymbol{P} \in P^{n \times n}$, 使得

$$\boldsymbol{B} = \boldsymbol{P}^{-1}\boldsymbol{A}\boldsymbol{P},$$

称 $\boldsymbol{A}$ 与 $\boldsymbol{B}$ 相似.

n 阶矩阵相似关系满足

(1) 自反性, 即 $\forall \boldsymbol{A} \in P^{n \times n}$, $\boldsymbol{A}$ 与自身相似;

(2) 对称性, 即若 $\boldsymbol{A}$ 与 $\boldsymbol{B}$ 相似, 则 $\boldsymbol{B}$ 也与 $\boldsymbol{A}$ 相似;

(3) 传递性, 即若 $\boldsymbol{A}$ 与 $\boldsymbol{B}$ 相似且 $\boldsymbol{B}$ 与 $\boldsymbol{C}$ 相似, 则 $\boldsymbol{A}$ 与 $\boldsymbol{C}$ 相似.

我们先来看看性质 (1), $\forall \boldsymbol{A} \in P^{n \times n}$, 有 n 阶单位阵 $\boldsymbol{I}$ 可逆, 且

$$\boldsymbol{A} = \boldsymbol{I}^{-1}\boldsymbol{A}\boldsymbol{I},$$

此意味着 $\boldsymbol{A}$ 与自身相似. 再看性质 (3), 由 $\boldsymbol{A}$ 与 $\boldsymbol{B}$ 相似且 $\boldsymbol{B}$ 与 $\boldsymbol{C}$ 相似知, 存在可逆阵 $\boldsymbol{P}_1$ 和 $\boldsymbol{P}_2$, 使得 $\boldsymbol{B} = \boldsymbol{P}_1^{-1}\boldsymbol{A}\boldsymbol{P}_1$ 及 $\boldsymbol{C} = \boldsymbol{P}_2^{-1}\boldsymbol{B}\boldsymbol{P}_2$, 将前式代入后式得

$$\boldsymbol{C} = \boldsymbol{P}_2^{-1}(\boldsymbol{P}_1^{-1}\boldsymbol{A}\boldsymbol{P}_1)\boldsymbol{P}_2 = (\boldsymbol{P}_1\boldsymbol{P}_2)^{-1}\boldsymbol{A}(\boldsymbol{P}_1\boldsymbol{P}_2),$$

此意味着 $\boldsymbol{A}$ 与 $\boldsymbol{C}$ 相似.

练习 4.25　证明矩阵相似的性质 (2) (对称性), 即若 $\boldsymbol{A}$ 与 $\boldsymbol{B}$ 相似, 则 $\boldsymbol{B}$ 与 $\boldsymbol{A}$ 相似.

(提示: 由 $\boldsymbol{B} = \boldsymbol{P}^{-1}\boldsymbol{A}\boldsymbol{P}$ 导出 $\boldsymbol{A} = \boldsymbol{P}\boldsymbol{B}\boldsymbol{P}^{-1}$)

根据定理 4.8 及相似矩阵的性质可知, 向量空间 P^n 上的一个线性变换必对应 $P^{n \times n}$ 上的一组相似矩阵[①].

4.4.3　特征值与特征向量

既然数域 P 上向量空间 P^n 中的线性变换 T 对于 P^n 的不同基, 其变换矩阵虽然相似, 但未必相同, 自然希望从诸相似矩阵中寻求形式最简单的. 理想的情形是线性变换 T 在一个基 $\boldsymbol{\alpha}_1, \boldsymbol{\alpha}_2, \cdots, \boldsymbol{\alpha}_n$ 下, 其变换矩阵为对角矩阵

---

① 用集合论的语言, P^n 上的线性变换决定了 $P^{n \times n}$ 的一个划分.

$$\boldsymbol{\Lambda} = \mathrm{diag}(\lambda_1, \lambda_2, \cdots, \lambda_n) = \begin{pmatrix} \lambda_1 & 0 & \cdots & 0 \\ 0 & \lambda_2 & \cdots & 0 \\ \vdots & \vdots & & \vdots \\ 0 & 0 & \cdots & \lambda_n \end{pmatrix}, \lambda_1, \lambda_2, \cdots, \lambda_n \in P.$$

此时, 在基 $\boldsymbol{\alpha}_1, \boldsymbol{\alpha}_2, \cdots, \boldsymbol{\alpha}_n$ 下, $\forall \boldsymbol{x} = \begin{pmatrix} x_1 \\ x_2 \\ \vdots \\ x_n \end{pmatrix} \in P^n$,

$$T(\boldsymbol{x}) = \boldsymbol{\Lambda}\boldsymbol{x} = \begin{pmatrix} \lambda_1 x_1 \\ \lambda_2 x_2 \\ \vdots \\ \lambda_n x_n \end{pmatrix}.$$

本节就来探讨什么样的线性变换在一个基下的矩阵可以是对角矩阵.

定义 4.12 设 P 为数域, $n \in \mathbf{N}$, $\boldsymbol{A} \in P^{n \times n}$, $\lambda_0 \in P$ 为一常数. 若有非零向量 $\boldsymbol{x}_0 \in P^n$, 使得

$$\boldsymbol{A}\boldsymbol{x}_0 = \lambda_0 \boldsymbol{x}_0,$$

称 λ_0 为 $\boldsymbol{A}$ 的一个**特征值**, 而 $\boldsymbol{x}_0$ 为属于特征值 λ_0 的一个**特征向量**.

假定数域 P 上 n 阶方阵 $\boldsymbol{A}$ 的一个特征值 λ_0 有特征向量 $\boldsymbol{x}_0$, 即

$$\boldsymbol{A}\boldsymbol{x}_0 = \lambda_0 \boldsymbol{x}_0,$$

亦即

$$\lambda_0 \boldsymbol{x}_0 - \boldsymbol{A}\boldsymbol{x}_0 = \boldsymbol{o}.$$

这意味着 n 元齐次线性方程组 $(\lambda_0 \boldsymbol{I} - \boldsymbol{A})\boldsymbol{x} = \boldsymbol{o}$ 有非零解 $\boldsymbol{x}_0$. 根据定理 3.3, $\mathrm{rank}\boldsymbol{A} = r < n$, 故 $\det(\boldsymbol{A} - \lambda_0 \boldsymbol{I}) = 0$.

定义 4.13 数域 P 上矩阵 $\boldsymbol{A} \in P^{n \times n}$, $\det(\lambda \boldsymbol{I} - \boldsymbol{A})$ 是一个变量为 λ 的 n 次多项式, 称为矩阵 $\boldsymbol{A}$ 的**特征多项式**.

根据代数的基本定理[①]知, 一元 n 次多项式在复数域 $\mathbf{C}$ 内恰有 n 个根. 方阵 $\boldsymbol{A}$ 的特征多项式构成的方程 $\det(\boldsymbol{A} - \lambda \boldsymbol{I}) = 0$ 在 P 中的一个解 λ_0, 即 $\boldsymbol{A}$ 的一个特征值, 而方程组 $(\lambda_0 \boldsymbol{I} - \boldsymbol{A})\boldsymbol{x} = \boldsymbol{o}$ 的基础解系 $\boldsymbol{s}_1, \boldsymbol{s}_2, \cdots, \boldsymbol{s}_{n-r}$ 为属于 λ_0 的 $n - r$ 个线性无关的特征向量. 解空间 $S_{\lambda_0} = \{\boldsymbol{x} | \boldsymbol{x} = \sum_{i=1}^{n-r} c_i \boldsymbol{s}_i, c_1, \cdots, c_{n-r} \in P\}$ 称为 $\boldsymbol{A}$ 属于 λ_0 的**特征子空间**.

---

① 见参考文献 [3] 第 71 页定理 2.7.1.

例 4.41　$\boldsymbol{A} = \begin{pmatrix} 1 & 2 & 2 \\ 2 & 1 & 2 \\ 2 & 2 & 1 \end{pmatrix} \in \mathbf{R}^{3\times 3}$, 计算 $\boldsymbol{A}$ 的特征值与特征向量.

解　$\boldsymbol{A}$ 的特征多项式为

$$\det(\lambda \boldsymbol{I} - \boldsymbol{A}) = \det \begin{pmatrix} \lambda - 1 & -2 & -2 \\ -2 & \lambda - 1 & -2 \\ -2 & -2 & \lambda - 1 \end{pmatrix} = (\lambda + 1)^2 (\lambda - 5).$$

所以, $\boldsymbol{A}$ 的特征值为 -1 和 5. 其中 -1 为 2 重根.

在齐次线性方程组 $\lambda \boldsymbol{I} - \boldsymbol{A} = \boldsymbol{o}$, 即

$$\begin{cases} (\lambda - 1)x_1 - 2x_2 - 2x_3 = 0 \\ -2x_1 + (\lambda - 1)x_2 - 2x_3 = 0 \\ -2x_1 - 2x_2 + (\lambda - 1)x_3 = 0 \end{cases} \tag{4.6}$$

中代入 $\lambda = -1$, 即可得方程组 $\begin{cases} -2x_1 - 2x_2 - 2x_3 = 0 \\ -2x_1 - 2x_2 - 2x_3 = 0 \\ -2x_1 - 2x_2 - 2x_3 = 0 \end{cases}$, 其系数矩阵 $-\boldsymbol{I} - \boldsymbol{A}$ 的秩为 1.

解之得基础解系 $\begin{pmatrix} -1 \\ 1 \\ 0 \end{pmatrix}$, $\begin{pmatrix} -1 \\ 0 \\ 1 \end{pmatrix}$, 它们为属于特征值 $\lambda = -1$ 的线性无关的特征向量.

将 $\lambda = 5$ 代入式 (4.6), 得方程组 $\begin{cases} 4x_1 - 2x_2 - 2x_3 = 0 \\ -2x_1 + 4x_2 - 2x_3 = 0 \\ -2x_1 - 2x_2 + 4x_3 = 0 \end{cases}$, 其系数矩阵 $5\boldsymbol{I} - \boldsymbol{A}$ 的秩

为 2, 解之得基础解系 $\begin{pmatrix} 1 \\ 1 \\ 1 \end{pmatrix}$, 它为属于特征值 $\lambda = 5$ 的线性无关的特征向量.

练习 4.26　$\boldsymbol{A} = \begin{pmatrix} 1 & 2 & 3 \\ 2 & 1 & 3 \\ 3 & 3 & 6 \end{pmatrix} \in \mathbf{R}^{3\times 3}$, 计算 $\boldsymbol{A}$ 的特征值与特征向量.

(参考答案: 特征值为 $9, -1, 0$, 特征向量为 $\begin{pmatrix} \frac{1}{2} \\ \frac{1}{2} \\ 1 \end{pmatrix}$, $\begin{pmatrix} -1 \\ 1 \\ 0 \end{pmatrix}$, $\begin{pmatrix} -1 \\ -1 \\ 1 \end{pmatrix}$)

引理 4.1　$n \in \mathbf{N}$, P 为一数域. 矩阵 $\boldsymbol{A} \in P^{n \times n}$ 的属于不同特征值的特征向量线性无关. (证明见本章附录 A7.)

例 4.42　例 4.41 的 $\boldsymbol{A} = \begin{pmatrix} 1 & 2 & 2 \\ 2 & 1 & 2 \\ 2 & 2 & 1 \end{pmatrix} \in \mathbf{R}^{3 \times 3}$, 分属于特征值 $\lambda_1 = -1$、$\lambda_2 = -1$ 和

$\lambda_3 = 5$ 的特征向量为 $\boldsymbol{\alpha}_1 = \begin{pmatrix} -1 \\ 1 \\ 0 \end{pmatrix}$、$\boldsymbol{\alpha}_2 = \begin{pmatrix} -1 \\ 0 \\ 1 \end{pmatrix}$ 和 $\boldsymbol{\alpha}_3 = \begin{pmatrix} 1 \\ 1 \\ 1 \end{pmatrix}$. 由引理 4.1 知 $\boldsymbol{\alpha}_1, \boldsymbol{\alpha}_2, \boldsymbol{\alpha}_3$

线性无关, 因此它们构成 $\mathbf{R}^3$ 的一个基底. 从自然基 $\boldsymbol{e}_1, \boldsymbol{e}_2, \boldsymbol{e}_3$ 到基 $\boldsymbol{\alpha}_1, \boldsymbol{\alpha}_2, \boldsymbol{\alpha}_3$ 的过渡矩阵

$\boldsymbol{P} = \begin{pmatrix} -1 & -1 & 1 \\ 1 & 0 & 1 \\ 0 & 1 & 1 \end{pmatrix}$. 记 $\boldsymbol{\Lambda} = \begin{pmatrix} \lambda_1 & 0 & 0 \\ 0 & \lambda_2 & 0 \\ 0 & 0 & \lambda_3 \end{pmatrix} = \begin{pmatrix} -1 & 0 & 0 \\ 0 & -1 & 0 \\ 0 & 0 & 5 \end{pmatrix}$, 按定理 4.8,

$$\boldsymbol{\Lambda} = \boldsymbol{P}^{-1} \boldsymbol{A} \boldsymbol{P},$$

即 $\boldsymbol{A}$ 与 $\boldsymbol{\Lambda}$ 相似.

练习 4.27　构造与练习 4.26 中矩阵 $\boldsymbol{A} = \begin{pmatrix} 1 & 2 & 3 \\ 2 & 1 & 3 \\ 3 & 3 & 6 \end{pmatrix} \in \mathbf{R}^{3 \times 3}$ 相似的对角矩阵 $\boldsymbol{\Lambda}$.

(提示: 利用练习 4.26 的计算结果, 仿照例 4.42)

引理 4.2　设 $n \in \mathbf{N}$, P 为数域, $\boldsymbol{A}, \boldsymbol{B} \in P^{n \times n}$. 若 $\boldsymbol{A}$ 与 $\boldsymbol{B}$ 相似, 则 $\det(\lambda \boldsymbol{I} - \boldsymbol{B}) = \det(\lambda \boldsymbol{I} - \boldsymbol{A})$, 即相似矩阵的特征多项式相等. (证明见本章附录 A8.)

引理 4.2 意味着数域 P 上向量空间 P^n 的任一线性变换 T, 在任一基下的矩阵 $\boldsymbol{A}$ 具有相同的特征多项式. 因此, 矩阵 $\boldsymbol{A}$ 具有相同的特征值. 此后可将线性变换 T 的矩阵特征值称为 T 的特征值.

定理4.9　设 $n \in \mathbf{N}$, P 为一数域, 向量空间 P^n 上线性变换 T 有特征值 $\lambda_1, \lambda_2, \cdots, \lambda_k \in P$, T 在一个基 $\boldsymbol{\alpha}_1, \boldsymbol{\alpha}_2, \cdots, \boldsymbol{\alpha}_n$ 下的矩阵为 $\boldsymbol{A}$. $\boldsymbol{A}$ 的属于 λ_i 的线性无关特征向量为 $\boldsymbol{\beta}_{i1}, \cdots, \boldsymbol{\beta}_{in_i}$, $i = 1, 2, \cdots, k$.

(1) $\boldsymbol{\beta}_{11}, \cdots, \boldsymbol{\beta}_{1n_1}, \cdots, \boldsymbol{\beta}_{k1}, \cdots, \boldsymbol{\beta}_{kn_k}$ 线性无关;

(2) 若 $n_1 + n_2 + \cdots + n_k = n$, 则 T 在基 $\boldsymbol{\beta}_{11}, \cdots, \boldsymbol{\beta}_{1n_1}, \cdots, \boldsymbol{\beta}_{k1}, \cdots, \boldsymbol{\beta}_{kn_k}$ 下的矩阵为对角矩阵

$$\boldsymbol{\Lambda} = \text{diag}(\underbrace{\lambda_1, \cdots, \lambda_1}_{n_1}, \cdots, \underbrace{\lambda_k, \cdots, \lambda_k}_{n_k}).$$

(证明见本章附录 A9.)

若将例 4.42 中的矩阵 $\boldsymbol{A} = \begin{pmatrix} 1 & 2 & 2 \\ 2 & 1 & 2 \\ 2 & 2 & 1 \end{pmatrix} \in \mathbf{R}^{3 \times 3}$ 视为 $\mathbf{R}^3$ 上线性变换 T 在自然基下的

矩阵, 由于属于 T 的特征值 -1 和 5 的特征向量 $\boldsymbol{\alpha}_1 = \begin{pmatrix} -1 \\ 1 \\ 0 \end{pmatrix}$、$\boldsymbol{\alpha}_2 = \begin{pmatrix} -1 \\ 0 \\ 1 \end{pmatrix}$ 和 $\boldsymbol{\alpha}_3 = \begin{pmatrix} 1 \\ 1 \\ 1 \end{pmatrix}$

线性无关, 根据定理 4.9, 由 T 的特征值构成的对角矩阵 $\boldsymbol{\Lambda} = \begin{pmatrix} -1 & 0 & 0 \\ 0 & -1 & 0 \\ 0 & 0 & 5 \end{pmatrix}$ 是 T 在基

$\boldsymbol{\alpha}_1, \boldsymbol{\alpha}_2, \boldsymbol{\alpha}_3$ 下的矩阵.

例 4.43 由于 $\boldsymbol{A} = \begin{pmatrix} 0 & -1 \\ 1 & 0 \end{pmatrix} \in \mathbf{R}^{2 \times 2}$ 的特征多项式 $\det(\lambda \boldsymbol{I} - \boldsymbol{A}) = \det \begin{pmatrix} \lambda & 1 \\ -1 & \lambda \end{pmatrix} =$

$\lambda^2 + 1$ 在 $\mathbf{R}$ 中没有根, 即 $\boldsymbol{A}$ 在 $\mathbf{R}$ 中无特征值, 所以 $\boldsymbol{A}$ 在 $\mathbf{R}^{2 \times 2}$ 中没有与之相似的对角矩阵.

练习 4.28 考察矩阵 $\boldsymbol{A} = \begin{pmatrix} 0 & -1 & 0 \\ 1 & 0 & 0 \\ 0 & 0 & 1 \end{pmatrix}$ 在 $\mathbf{R}^{3 \times 3}$ 中是否有对角矩阵与之相似.

(参考答案: 无. 提示: 属于 $\boldsymbol{A}$ 在 $\mathbf{R}$ 中的特征值的特征向量不能构成 $\mathbf{R}^3$ 的基底)

4.4.4 Python 解法

1. 线性变换的矩阵

对数域 P 上的向量空间 P^n 的线性变换 T, 只要在某个基 $\boldsymbol{\epsilon}_1, \boldsymbol{\epsilon}_2, \cdots, \boldsymbol{\epsilon}_n$ 下, 用 $\boldsymbol{\alpha}_1 = T(\boldsymbol{\epsilon}_1), \boldsymbol{\alpha}_2 = T(\boldsymbol{\epsilon}_2), \cdots, \boldsymbol{\alpha}_n = T(\boldsymbol{\epsilon}_n)$ 构造其变换矩阵 $\boldsymbol{A} = (\boldsymbol{\alpha}_1, \boldsymbol{\alpha}_2, \cdots, \boldsymbol{\alpha}_n)$, 按定理 4.7, $\forall \boldsymbol{x} \in P^n$, 在基 $\boldsymbol{\epsilon}_1, \boldsymbol{\epsilon}_2, \cdots, \boldsymbol{\epsilon}_n$ 下, $T(\boldsymbol{x}) = \boldsymbol{A}\boldsymbol{x}$.

例 4.44 根据例 4.40, $\mathbf{R}$ 上次数小于 n 的多项式集合 $\mathbf{R}[x]_n$ 同构于 $\mathbf{R}^n$, $\mathbf{R}[x]_n$ 的基底 $1, x, x^2, \cdots, x^{n-1}$ 对应 $\mathbf{R}^n$ 的自然基底 $\boldsymbol{e}_1, \boldsymbol{e}_2, \cdots, \boldsymbol{e}_n$. $\mathbf{R}[x]_n$ 上的微分变换下基底的像对应

$$D(\boldsymbol{e}_1) = \begin{pmatrix} 0 \\ 0 \\ \vdots \\ 0 \end{pmatrix}, D(\boldsymbol{e}_2) = \begin{pmatrix} 1 \\ 0 \\ \vdots \\ 0 \end{pmatrix}, \cdots, D(\boldsymbol{e}_n) = \begin{pmatrix} 0 \\ \vdots \\ n-1 \\ 0 \end{pmatrix}.$$ 所以微分变换 D 在 $\mathbf{R}^n$ 的自然基

$\boldsymbol{e}_1, \boldsymbol{e}_2, \cdots, \boldsymbol{e}_n$ 下的矩阵为

$$\boldsymbol{A} = \begin{pmatrix} 0 & 1 & 0 & \cdots & 0 & 0 \\ 0 & 0 & 2 & \cdots & 0 & 0 \\ \vdots & \vdots & \vdots & & \vdots & \vdots \\ 0 & 0 & 0 & \cdots & 0 & n-1 \\ 0 & 0 & 0 & \cdots & 0 & 0 \end{pmatrix}.$$

用 Python 计算练习 4.24 中多项式 $f(x) = 5 - x + 7x^2 - 21x^3 \in \mathbf{R}[x]_4$ 在微分变换 D 下的像.

解　见下列代码.

程序 4.11　多项式的微分变换

```
1   import numpy as np                                    #导入 NumPy
2   from utility import myPoly                           #导入 myPoly
3   def polyDifMat(n):                                    #构造微分变换矩阵
4       A=np.diag(np.arange(1,n))                         #初始化为对角矩阵
5       A=np.vstack((np.hstack((np.zeros((n-1,1)),A)),    #水平连接
6                   np.zeros(n)))                         #竖直连接
7       return A
8   n=4
9   A=polyDifMat(n)                                       #4 阶微分变换矩阵
10  f=np.array([5,-1,7,-21]).reshape(n,1)                #多项式向量
11  f1=(np.matmul(A, f)).flatten()                       #微分变换
12  print(myPoly(f1))
```

程序的第 3~7 行定义构造微分变换矩阵的函数 polyDifMat, 参数 n 表示矩阵的阶数. 其中, 第 4 行调用 NumPy 的 diag 函数, 用序列 $\{1, 2, \cdots, n-1\}$ 将 A 初始化为 $n-1$ 阶对角矩阵. 第 5~6 行调用 NumPy 的 hstack 和 vstack 函数分别在 A 的左边和底边各粘贴 1 列 0 和 1 行 0. 第 9 行调用 polyDifMat 函数构造 4 阶微分变换矩阵 (因为微分对象是一个 3 次多项式). 第 10 行设置多项式 $f(x) = 5 - x + 7x^2 - 21x^3$ 对应的向量 f. 第 11 行调用 NumPy 的矩阵相乘函数 matmul 计算 f 的微分变换. 由于算得的是一个二维数组, 调用 NumPy 的 flatten 函数将其扁平化为一维数组 f1. 第 12 行调用程序 1.6、程序 1.8 定义的 myPoly 类 (第 2 行导入) 用 f1 初始化一个多项式对象, 并将其输出. 运行程序, 输出

-1.0+14.0·x-63.0·x**2

即 $D(f(x)) = -1 + 14x - 63x^2$.

练习 4.29　用 Python 计算多项式 $f(x) = 3 + 5x - 12x^2 + x^3 - 7x^4$ 的微分变换矩阵. (参考答案: 见文件 chapt04.ipynb 中相应代码)

2. 线性变换的值域与核

设数域 P 上的向量空间 P^n 的线性变换 T, 在某个基下其变换矩阵 $\boldsymbol{A} = (\boldsymbol{\alpha}_1, \boldsymbol{\alpha}_2, \cdots, \boldsymbol{\alpha}_n)$. T 的值域 $T(P^n)$ 为 $\boldsymbol{\alpha}_1, \boldsymbol{\alpha}_2, \cdots, \boldsymbol{\alpha}_n$ 的生成空间, T 的核 $K(T)$ 为 $\boldsymbol{Ax} = \boldsymbol{o}$ 的解空间. 因此, 只要构造出 T 在 P^n 的某个基底下的矩阵 $\boldsymbol{A}$, 利用程序 4.6 定义的 maxIndepGrp 函数, 计算 $\boldsymbol{\alpha}_1, \boldsymbol{\alpha}_2, \cdots, \boldsymbol{\alpha}_n$ 的最大无关组, 这就是 $T(P^n)$ 的基底. 用程序 3.6 定义的 mySolve 函数, 计算 $\boldsymbol{Ax} = \boldsymbol{o}$ 的基础解系, 这就是 $K(T)$ 的基底.

例 4.45　用 Python 计算练习 4.23 中在 $\mathbf{R}^4$ 的自然基上矩阵 $\boldsymbol{A} = \begin{pmatrix} 1 & 0 & 2 & 1 \\ -1 & 2 & 1 & 3 \\ 1 & 2 & 5 & 5 \\ 2 & -2 & 1 & -2 \end{pmatrix}$

$\in \mathbf{R}^{4 \times 4}$ 的线性变换 T 的值域 $T(\mathbf{R}^4)$ 与核 $K(T)$.

解　见下列代码.

程序 4.12   练习 4.23 的计算

```
1   import numpy as np                        #导入NumPy
2   from utility import maxIndepGrp,mySolve,Q  #导入maxIndepGrp,mySolve,Q
3   np.set_printoptions(formatter={ 'all':lambda x:
4                                    str(Q(x).limit_denominator())})
5   A=np.array([[1,0,2,1],                     #设置矩阵A
6               [-1,2,1,3],
7               [1,2,5,5],
8               [2,-2,1,-2]],dtype='float')
9   r,ind,_=maxIndepGrp(A)                     #A中列向量的最大无关组
10  print('值域基底: ')
11  print(A[:,ind[:r]])
12  o=np.array([0,0,0,0]).reshape(4,1)
13  X=mySolve(A,o)                             #Ax=o 的解集
14  print('核基底: ')
15  print(X[:,1:])
```

程序的第 5~8 行设置线性变换矩阵 A. 第 9 行调用 maxIndepGrp 函数 (定义见程序 4.6, 第 2 行导入) 计算矩阵 A 中列向量的最大无关组, 返回 A 的秩 r 和表示 A 中各列调整后的顺序 ind, ind[0:r](或简写为 ind[:r]) 为列向量的最大无关组的下标. 第 11 行输出 A 中列向量的最大无关组作为值域的基底. 第 13 行调用 mySolve 函数 (定义见程序 3.6, 第 2 行导入), 计算齐次线性方程组 $\boldsymbol{Ax} = \boldsymbol{o}$ 的解空间 X. X 中第 1 列为零解, 基础解系存于 X[:,1:] 中, 第 15 行将其作为核的基底输出. 运行程序, 输出

值域基底:
[[1   0]
 [-1   2]
 [1   2]
 [2 -2]]
核基底:
[[-2   -1]
 [-3/2 -2]
 [1   0]
 [0   1]]

即 $T(\mathbf{R}^4) = \{\boldsymbol{x}|\boldsymbol{x} = \lambda_1 \begin{pmatrix} 1 \\ -1 \\ 1 \\ 2 \end{pmatrix} + \lambda_2 \begin{pmatrix} 0 \\ 2 \\ 2 \\ -2 \end{pmatrix}\}, \lambda_1, \lambda_2 \in \mathbf{R},\ K(T) = \{\boldsymbol{x}|\boldsymbol{x} = c_1 \begin{pmatrix} -2 \\ -\dfrac{3}{2} \\ 1 \\ 0 \end{pmatrix} +$

$c_2 \begin{pmatrix} -1 \\ -2 \\ 0 \\ 1 \end{pmatrix}\}, c_1, c_2 \in \mathbf{R}.$

练习 4.30　设 $\mathbf{R}^4$ 上的线性变换 T 在自然基下的矩阵为 $\boldsymbol{A} = \begin{pmatrix} 25 & 31 & 17 & 43 \\ 75 & 94 & 53 & 132 \\ 75 & 94 & 54 & 134 \\ 25 & 32 & 20 & 48 \end{pmatrix}$,

计算 T 的值域 $T(\mathbf{R}^4)$ 与核 $K(T)$.

(参考答案: 见文件 chapt04.ipynb 中相应代码)

3. 矩阵对角化

线性变换 T 的矩阵 $\boldsymbol{A} \in P^{n \times n}$ 的对角化, 即寻求对角矩阵 $\boldsymbol{\Lambda}$, 使得 $\boldsymbol{A}$ 与 $\boldsymbol{\Lambda}$ 相似, 需分几步走:

(1) 解方程 $\det(\lambda \boldsymbol{I} - \boldsymbol{A}) = 0$, 得根

$$\lambda_1, \lambda_2, \cdots, \lambda_k \in P$$

为 $\boldsymbol{A}$ 的特征值;

(2) 对每一个特征值 λ_i, 解齐次线性方程组 $(\lambda_i \boldsymbol{I} - \boldsymbol{A})\boldsymbol{x} = \boldsymbol{o}$, 得基础解系 $\boldsymbol{\alpha}_{i1}, \boldsymbol{\alpha}_{i2}, \cdots,$ $\boldsymbol{\alpha}_{in_i}$, $i = 1, 2, \cdots, k$;

(3) 若 $n_1 + n_2 + \cdots + n_k = n$, 则

$$\boldsymbol{\Lambda} = \mathrm{diag}(\underbrace{\lambda_1, \cdots, \lambda_1}_{n_1}, \cdots, \underbrace{\lambda_k, \cdots, \lambda_k}_{n_k}),$$

$\boldsymbol{A} \sim \boldsymbol{\Lambda}$, 即 T 在基 $\boldsymbol{\alpha}_{11}, \cdots, \boldsymbol{\alpha}_{1n_1}, \cdots, \boldsymbol{\alpha}_{k1}, \cdots, \boldsymbol{\alpha}_{kn_k}$ 下的矩阵为 $\boldsymbol{\Lambda}$.

NumPy 的模块 linalg 提供了函数 eigvals 来计算方阵的特征值, 其调用格式为

$$\mathrm{eigvals}(A).$$

参数 A 表示方阵 $\boldsymbol{A}$. 其返回值为 $\boldsymbol{A}$ 的 n 个根 (包括重根). 需要注意的是, 此处返回的根有可能是复数. 对函数 eigvals 算出 $\boldsymbol{A}$ 的 $\mathbf{R}$ 中的每个特征值 λ, 调用程序 3.6 定义的 mySolve 函数, 计算 $(\lambda \boldsymbol{I} - \boldsymbol{A})\boldsymbol{x} = \boldsymbol{o}$ 的基础解系, 记为属于 λ 的线性无关的特征向量. 把属于各不同特征值的特征向量按序排列, 若这些向量的总数恰为 n, 则构成向量空间的一个基底, 且各特征值 (包括重复值) 构成的对角矩阵就是 T 在这个基下的矩阵.

例 4.46　用 Python 实现例 4.42 中矩阵 $\boldsymbol{A} = \begin{pmatrix} 1 & 2 & 2 \\ 2 & 1 & 2 \\ 2 & 2 & 1 \end{pmatrix} \in \mathbf{R}^{3 \times 3}$ 的对角化.

解　见下列代码.

程序 4.13　例 4.42 的矩阵对角化实现

```
1  import numpy as np                          #导入 NumPy
2  from utility import mySolve, Q              #导入 mySolve
3  np.set_printoptions(formatter={ 'all' :lambda x:
4                          str(Q(x).limit_denominator())})
5  A=np.array([[1,2,2],                        #设置矩阵
6             [2,1,2],
7             [2,2,1]],dtype= 'float' )
8  n,_=A.shape                                 #A 的阶数
```

```
9    w=np.linalg.eigvals(A)                    #A 的特征值
10   Lambda=np.diag(np.sort(w))                #对角矩阵
11   v=np.unique(np.round(w,decimals=14))      #特征值唯一化
12   I=np.eye(n)                               #单位矩阵
13   o=np.zeros((n,1))                         #零向量
14   lam=v[0]                                  #第 1 个特征值
15   P=(mySolve(lam*I-A,o))[:,1:]              #属于第 1 个特征值的特征向量
16   for lam in v[1:]:                         #其余特征值
17       X=mySolve(lam*I-A,o)                  #属于当前特征值的特征向量
18       P=np.hstack((P,X[:,1:n]))
19   print('对角矩阵：')
20   print(Lambda)
21   print('基：')
22   print(P)
```

程序的第 5~7 行设置矩阵 $\boldsymbol{A}$ 为 A. 第 8 行读取 $\boldsymbol{A}$ 的阶数为 n. 第 9 行调用 linalg 的 eigvals 函数计算 $\boldsymbol{A}$ 的 n 个特征值并将其存于 w. 第 10 行调用 diag 函数用 w 按升序排列的 n 个值构造对角矩阵 Lambda. 第 11 行调用 unique 函数为 w 中的 n 个特征值删掉重复值, 仅保留不同值, 即 $\det(\lambda I - A) = 0$ 的所有重根仅分别算一个, 将得到的各不相同的特征值按升序存于 v. 注意, w 中存储的 $\boldsymbol{A}$ 的特征值都是浮点数, 为能确定重根, 需限制精度. np.round(w,decimals=14) 调用 NumPy 的 round 函数为 w 中的值限制有效位数. 第 12 行设置 n 阶单位矩阵 I. 第 13 行设置 n 维零向量 o. 第 14 行读取第 1 个特征值 λ_1 为 lam. 第 15 行调用 mySolve 函数 (见程序 3.6 中定义, 第 2 行导入) 解齐次线性方程组 $(\lambda_1 I - A) = o$, 将所得基础解系 (存于返回值的第 2 列起的各列) 置于 P 中. 第 16~18 行的 **for** 循环将属于其余各特征值的特征向量依次置于 P 中, 最终得到对角化后的基底. 运行程序, 输出

```
对角矩阵：
[[-1  0  0]
 [ 0 -1  0]
 [ 0  0  5]]
基：
[[-1 -1  1]
 [ 1  0  1]
 [ 0  1  1]]
```

即 $\boldsymbol{A} = \begin{pmatrix} 1 & 2 & 2 \\ 2 & 1 & 2 \\ 2 & 2 & 1 \end{pmatrix} \in \mathbf{R}^{3\times 3}$ 在基 $\boldsymbol{\alpha}_1 = \begin{pmatrix} -1 \\ 1 \\ 0 \end{pmatrix}$、$\boldsymbol{\alpha}_2 = \begin{pmatrix} -1 \\ 0 \\ 1 \end{pmatrix}$ 和 $\boldsymbol{\alpha}_3 = \begin{pmatrix} 1 \\ 1 \\ 1 \end{pmatrix}$ 下对角化为

$$\boldsymbol{\Lambda} = \begin{pmatrix} -1 & 0 & 0 \\ 0 & -1 & 0 \\ 0 & 0 & 5 \end{pmatrix}.$$

练习 4.31 用 Python 实现练习 4.27 中矩阵 $\boldsymbol{A} = \begin{pmatrix} 1 & 2 & 3 \\ 2 & 1 & 3 \\ 3 & 3 & 6 \end{pmatrix} \in \mathbf{R}^{3\times 3}$ 的对角化.

(参考答案: 见文件 chapt04.ipynb 中相应代码)

4.5 本章附录

A1. 定理 4.1 的证明

证明   首先明确两个事实: 其一, 因 $\boldsymbol{A}$ 含于 $(\boldsymbol{A}, \boldsymbol{B})$, 故 $\mathrm{rank}\boldsymbol{A} \leqslant \mathrm{rank}(\boldsymbol{A}, \boldsymbol{B})$; 其二, $\mathrm{rank}(\boldsymbol{A}, \boldsymbol{B}) = \mathrm{rank}(\boldsymbol{B}, \boldsymbol{A})$, 因为至多做 $\max\{m, l\}$ 次列交换, $(\boldsymbol{A}, \boldsymbol{B})$ 就变换成 $(\boldsymbol{B}, \boldsymbol{A})$, 即 $(\boldsymbol{A}, \boldsymbol{B}) \sim (\boldsymbol{B}, \boldsymbol{A})$. 下面证明本定理.

(1) 向量组 B 能由向量组 A 线性表示, 当且仅当 $\forall j \in \{1, 2, \cdots, l\}$, $\boldsymbol{A}\boldsymbol{x} = \boldsymbol{\beta}_j$ 有解时成立, 根据定理 3.2, 当且仅当 $\forall j \in \{1, 2, \cdots, l\}$, $\mathrm{rank}\boldsymbol{A} = \mathrm{rank}(\boldsymbol{A}, \boldsymbol{\beta}_j)$, 当且仅当 $\mathrm{rank}\boldsymbol{A} = \mathrm{rank}(\boldsymbol{A}, \boldsymbol{B})$;

(2) 向量组 A 与向量组 B 等价, 当且仅当 B 能由 A 线性表示且 A 能由 B 线性表示时成立, 根据 (1), 当且仅当 $\mathrm{rank}\boldsymbol{A} = \mathrm{rank}(\boldsymbol{A}, \boldsymbol{B}) = \mathrm{rank}\,(\boldsymbol{B}, \boldsymbol{A}) = \mathrm{rank}\boldsymbol{B}$.

A2. 推论 4.1 的证明

证明   由于向量组 $A : \boldsymbol{\alpha}_1, \boldsymbol{\alpha}_2, \cdots, \boldsymbol{\alpha}_m$ 线性无关, 由定理 4.2 的 (2) 知

$$\mathrm{rank}(\boldsymbol{\alpha}_1, \boldsymbol{\alpha}_2, \cdots, \boldsymbol{\alpha}_m) = m.$$

而由于 $B : \boldsymbol{\alpha}_1, \boldsymbol{\alpha}_2, \cdots, \boldsymbol{\alpha}_m, \boldsymbol{\beta}$ 线性相关, 由定理 4.2 的 (1) 知

$$\mathrm{rank}(\boldsymbol{\alpha}_1, \boldsymbol{\alpha}_2, \cdots, \boldsymbol{\alpha}_m, \boldsymbol{\beta}) < m + 1.$$

但

$$\mathrm{rank}(\boldsymbol{\alpha}_1, \boldsymbol{\alpha}_2, \cdots, \boldsymbol{\alpha}_m) \leqslant \mathrm{rank}(\boldsymbol{\alpha}_1, \boldsymbol{\alpha}_2, \cdots, \boldsymbol{\alpha}_m, \boldsymbol{\beta}),$$

故由

$$m = \mathrm{rank}(\boldsymbol{\alpha}_1, \boldsymbol{\alpha}_2, \cdots, \boldsymbol{\alpha}_m) \leqslant \mathrm{rank}(\boldsymbol{\alpha}_1, \boldsymbol{\alpha}_2, \cdots, \boldsymbol{\alpha}_m, \boldsymbol{\beta}) < m + 1$$

得 $\mathrm{rank}(\boldsymbol{\alpha}_1, \boldsymbol{\alpha}_2, \cdots, \boldsymbol{\alpha}_m) = \mathrm{rank}(\boldsymbol{\alpha}_1, \boldsymbol{\alpha}_2, \cdots, \boldsymbol{\alpha}_m, \boldsymbol{\beta}) = m$. 根据定理 3.2 的 (2) 知, 非齐次线性方程组

$$x_1\boldsymbol{\alpha}_1 + x_2\boldsymbol{\alpha}_2 + \cdots + x_m\boldsymbol{\alpha}_m = \boldsymbol{\beta}$$

有唯一解.

A3. 推论 4.3 的证明

证明   向量组 $B : \boldsymbol{\alpha}_{i_1}, \boldsymbol{\alpha}_{i_2}, \cdots, \boldsymbol{\alpha}_{i_n}$ 被线性无关向量组 $A : \boldsymbol{\alpha}_1, \boldsymbol{\alpha}_2, \cdots, \boldsymbol{\alpha}_m$ 线性表示为

$$\begin{cases} \boldsymbol{\alpha}_{i_1} = \boldsymbol{\alpha}_{i_1} & \\ \boldsymbol{\alpha}_{i_2} = & \boldsymbol{\alpha}_{i_2} \\ \quad\vdots & \\ \boldsymbol{\alpha}_{i_n} = & & \boldsymbol{\alpha}_{i_n} \end{cases},$$

其对应的矩阵形式为

$$\begin{pmatrix} \boldsymbol{\alpha}_{i_1} \\ \boldsymbol{\alpha}_{i_2} \\ \vdots \\ \boldsymbol{\alpha}_{i_n} \end{pmatrix} = \begin{pmatrix} 1 & 0 & \cdots & 0 \\ 0 & 1 & \cdots & 0 \\ \vdots & \vdots & & \vdots \\ 0 & 0 & \cdots & 1 \end{pmatrix} \begin{pmatrix} \boldsymbol{\alpha}_{i_1} \\ \boldsymbol{\alpha}_{i_2} \\ \vdots \\ \boldsymbol{\alpha}_{i_n} \end{pmatrix}.$$

$\mathrm{rank}\boldsymbol{A} = \mathrm{rank}\boldsymbol{I}_n = n$. 根据定理 4.3 的 (2) 知, 向量组 $B: \boldsymbol{\alpha}_{i_1}, \boldsymbol{\alpha}_{i_2}, \cdots, \boldsymbol{\alpha}_{i_n}$ 线性无关.

A4. 定理 4.5 的证明

证明 这是因为

$$(\boldsymbol{\alpha}_1, \boldsymbol{\alpha}_2, \cdots, \boldsymbol{\alpha}_n) \begin{pmatrix} x_1 \\ x_2 \\ \vdots \\ x_n \end{pmatrix} = \boldsymbol{\alpha} = (\boldsymbol{\beta}_1, \boldsymbol{\beta}_2, \cdots, \boldsymbol{\beta}_n) \begin{pmatrix} y_1 \\ y_2 \\ \vdots \\ y_n \end{pmatrix}$$

$$= (\boldsymbol{\alpha}_1, \boldsymbol{\alpha}_2, \cdots, \boldsymbol{\alpha}_n)\boldsymbol{P} \begin{pmatrix} y_1 \\ y_2 \\ \vdots \\ y_n \end{pmatrix}.$$

可见 $\begin{pmatrix} x_1 \\ x_2 \\ \vdots \\ x_n \end{pmatrix} = \boldsymbol{P} \begin{pmatrix} y_1 \\ y_2 \\ \vdots \\ y_n \end{pmatrix}$. 两端同时左乘 $\boldsymbol{P}^{-1}$, 即得 $\begin{pmatrix} y_1 \\ y_2 \\ \vdots \\ y_n \end{pmatrix} = \boldsymbol{P}^{-1} \begin{pmatrix} x_1 \\ x_2 \\ \vdots \\ x_n \end{pmatrix}$.

A5. 定理 4.7 的证明

证明 这是因为

$$T(\boldsymbol{v}) = T\left(\sum_{i=1}^{n} v_i \boldsymbol{\alpha}_i\right) = \sum_{i=1}^{n} v_i T(\boldsymbol{\alpha}_i)$$

$$= \sum_{i=1}^{n} v_i \boldsymbol{\beta}_i = \begin{pmatrix} \boldsymbol{\beta}_1, & \boldsymbol{\beta}_2, & \cdots, & \boldsymbol{\beta}_n \end{pmatrix} \begin{pmatrix} v_1 \\ v_2 \\ \vdots \\ v_n \end{pmatrix}$$

$$= \begin{pmatrix} a_{11} & a_{12} & \cdots & a_{1n} \\ a_{21} & a_{22} & \cdots & a_{2n} \\ \vdots & \vdots & & \vdots \\ a_{n1} & a_{n2} & \cdots & a_{nn} \end{pmatrix} \begin{pmatrix} v_1 \\ v_2 \\ \vdots \\ v_n \end{pmatrix} = \boldsymbol{A}\boldsymbol{v}.$$

A6. 定理 4.8 的证明

证明   根据定理 4.7,

$$(\boldsymbol{\beta}_1, \boldsymbol{\beta}_2, \cdots, \boldsymbol{\beta}_n)\boldsymbol{B} = (T(\boldsymbol{\beta}_1), T(\boldsymbol{\beta}_2), \cdots, T(\boldsymbol{\beta}_n)) = T(\boldsymbol{\beta}_1, \boldsymbol{\beta}_2, \cdots, \boldsymbol{\beta}_n)$$

$$= T((\boldsymbol{\alpha}_1, \boldsymbol{\alpha}_2, \cdots, \boldsymbol{\alpha}_n)\boldsymbol{P}) = T(\boldsymbol{\alpha}_1, \boldsymbol{\alpha}_2, \cdots, \boldsymbol{\alpha}_n)\boldsymbol{P}$$

$$= (T(\boldsymbol{\alpha}_1), T(\boldsymbol{\alpha}_2), \cdots, T(\boldsymbol{\alpha}_n))\boldsymbol{P} = (\boldsymbol{\alpha}_1, \boldsymbol{\alpha}_2, \cdots, \boldsymbol{\alpha}_n)\boldsymbol{AP}$$

$$= (\boldsymbol{\beta}_1, \boldsymbol{\beta}_2, \cdots, \boldsymbol{\beta}_n)\boldsymbol{P}^{-1}\boldsymbol{AP}.$$

注意 $T((\boldsymbol{\alpha}_1, \boldsymbol{\alpha}_2, \cdots, \boldsymbol{\alpha}_n)\boldsymbol{P}) = T(\boldsymbol{\alpha}_1, \boldsymbol{\alpha}_2, \cdots, \boldsymbol{\alpha}_n)\boldsymbol{P}$, 是因为 T 是线性变换. 比较以上连等式的首、尾可得 $\boldsymbol{B} = \boldsymbol{P}^{-1}\boldsymbol{AP}$.

A7. 引理 4.1 的证明

证明   对特征值的个数 k 进行数学归纳. 当 $k = 1$ 时, 属于特征值 $\lambda_1 \in P$ 的特征向量 $\boldsymbol{x}_1$ 是非零向量, 当然线性无关. 假定 $\boldsymbol{A}$ 的分别属于 $k(k > 1)$ 个不同特征值 $\lambda_1, \lambda_2, \cdots, \lambda_k \in P$ 的特征向量 $\boldsymbol{x}_1, \boldsymbol{x}_2, \cdots, \boldsymbol{x}_k$ 线性无关. 对 $k+1$ 的情形, 即 $\boldsymbol{A}$ 有 $k+1$ 个不同的特征值 $\lambda_1, \cdots, \lambda_k, \lambda_{k+1} \in P$, $\boldsymbol{x}_1, \cdots, \boldsymbol{x}_k, \boldsymbol{x}_{k+1}$ 为分属于各特征值的特征向量. 考虑线性组合

$$c_1\boldsymbol{x}_1 + \cdots + c_k\boldsymbol{x}_k + c_{k+1}\boldsymbol{x}_{k+1} = \boldsymbol{o}, \tag{4.7}$$

其中, $c_1, \cdots, c_k, c_{k+1} \in P$. 对式 (4.7) 两端同时左乘矩阵 $\boldsymbol{A}$, 得

$$c_1\lambda_1\boldsymbol{x}_1 + \cdots + c_k\lambda_k\boldsymbol{x}_k + c_{k+1}\lambda_{k+1}\boldsymbol{x}_{k+1} = \boldsymbol{o}, \tag{4.8}$$

对式 (4.7) 两端同时乘数 λ_{k+1}, 得

$$c_1\lambda_{k+1}\boldsymbol{x}_1 + \cdots + c_k\lambda_{k+1}\boldsymbol{x}_k + c_{k+1}\lambda_{k+1}\boldsymbol{x}_{k+1} = \boldsymbol{o}, \tag{4.9}$$

式 (4.8)− 式 (4.9) 得

$$c_1(\lambda_1 - \lambda_{k+1})\boldsymbol{x}_1 + \cdots + c_k(\lambda_k - \lambda_{k+1})\boldsymbol{x}_k + c_{k+1}(\lambda_{k+1} - \lambda_{k+1})\boldsymbol{x}_{k+1} = \boldsymbol{o},$$

即 $c_1(\lambda_1 - \lambda_{k+1})\boldsymbol{x}_1 + \cdots + c_k(\lambda_k - \lambda_{k+1})\boldsymbol{x}_k = \boldsymbol{o}$, 由归纳假设知 $c_1, \cdots, c_k$ 必全为 0. 将其代入式 (4.7), 得 $c_{k+1}\boldsymbol{x}_{k+1} = \boldsymbol{o}$. 由于 $\boldsymbol{x}_{k+1}$ 作为数域 λ_{k+1} 的特征向量, 必非零向量. 于是, $c_{k+1} = 0$. 这就证明了 $\boldsymbol{x}_1, \cdots, \boldsymbol{x}_k, \boldsymbol{x}_{k+1}$ 线性无关.

A8. 引理 4.2 的证明

证明   由于 $\boldsymbol{A}$ 与 $\boldsymbol{B}$ 相似, 必有可逆阵 $\boldsymbol{P} \in P^{n \times n}$, 使得 $\boldsymbol{A} = \boldsymbol{P}^{-1}\boldsymbol{BP}$. 于是

$$\det(\lambda\boldsymbol{I} - \boldsymbol{A}) \xlongequal{代入} \det(\lambda\boldsymbol{I} - \boldsymbol{P}^{-1}\boldsymbol{BP})$$

$$\xlongequal{\boldsymbol{P}可逆} \det(\lambda\boldsymbol{P}^{-1}\boldsymbol{IP} - \boldsymbol{P}^{-1}\boldsymbol{BP})$$

$$\xlongequal{定理2.2的(1)} \det(\boldsymbol{P}^{-1}(\lambda\boldsymbol{I} - \boldsymbol{B})\boldsymbol{P})$$

$$\xrightarrow{\text{定理2.8}} \det \boldsymbol{P}^{-1} \det(\lambda \boldsymbol{I} - \boldsymbol{B}) \det \boldsymbol{P}$$

$$\xrightarrow{\text{定理2.8}} \det(\lambda \boldsymbol{I} - \boldsymbol{B}).$$

A9. 定理 4.9 的证明

证明　(1) 是引理 4.1 的直接推论.

(2) 当 $n_1 + n_2 + \cdots + n_k = n$ 时, 由 (1) 知 $\boldsymbol{\beta}_{11}, \cdots, \boldsymbol{\beta}_{1n_1}, \cdots, \boldsymbol{\beta}_{k1}, \cdots, \boldsymbol{\beta}_{kn_k}$ 成为 P^n 的一个基底. $\boldsymbol{P} = (\boldsymbol{\beta}_{11}, \cdots, \boldsymbol{\beta}_{1n_1}, \cdots, \boldsymbol{\beta}_{k1}, \cdots, \boldsymbol{\beta}_{kn_k})$ 为基 $\boldsymbol{\alpha}_1, \boldsymbol{\alpha}_2, \cdots, \boldsymbol{\alpha}_n$ 到基 $\boldsymbol{\beta}_{11}, \cdots,$ $\boldsymbol{\beta}_{1n_1}, \cdots, \boldsymbol{\beta}_{k1}, \cdots, \boldsymbol{\beta}_{kn_k}$ 的过渡矩阵. 由于

$$T(\boldsymbol{\beta}_{i_j}) = \lambda_i \boldsymbol{\beta}_{i_j}, i = 1, 2 \cdots, k, j = 1, 2, \cdots, n_i,$$

根据定理 4.7, T 在基 $\boldsymbol{\beta}_{11}, \cdots, \boldsymbol{\beta}_{1n_1}, \cdots, \boldsymbol{\beta}_{k1}, \cdots, \boldsymbol{\beta}_{kn_k}$ 下的矩阵为 $\boldsymbol{\Lambda}$. 且由定理 4.8 知, $\boldsymbol{\Lambda} = \boldsymbol{P}^{-1} \boldsymbol{A} \boldsymbol{P}$, 即 $\boldsymbol{A} \sim \boldsymbol{\Lambda}$.

第 5 章 欧几里得空间

线性空间囊括了大量描述科学实验、工程技术中所遇问题的数学模型. 例如几何学中的坐标平面、坐标空间, 力学中力的相互作用, 等等. 然而, 线性空间理论中描述的元素只涉及线性运算, 即元素间的加法和数乘法. 元素间很多更细致、深入的关系及性质却未被反映, 如几何空间中点 (向量) 之间的距离, 力学中力的大小与方向, 等等. 在线性空间的基础上, 加入适当的运算, 得到的代数系统可以用来描述现实中更复杂的问题.

5.1 欧几里得空间及其正交基

5.1.1 向量内积及其性质

定义 5.1 设 $(V, +, \cdot)$ 是 $\mathbf{R}$ 上的线性空间 (线性代数), 其中 $+$ 为 V 上的加法运算, $\cdot$ 是 $\mathbf{R}$ 中数与 V 中元素的积. 若有 V 到 $\mathbf{R}$ 的二元运算: $\forall \boldsymbol{x}, \boldsymbol{y} \in V, \exists | \lambda \in \mathbf{R}$, 使得 $\boldsymbol{x} \circ \boldsymbol{y} = \lambda$, 满足以下性质, 则称 $\circ$ 为 V 中元素间的**内积**.

(1) 交换律: $\forall \boldsymbol{x}, \boldsymbol{y} \in V, \boldsymbol{x} \circ \boldsymbol{y} = \boldsymbol{y} \circ \boldsymbol{x}$.

(2) 数乘结合律: $\forall \boldsymbol{x}, \boldsymbol{y} \in V, \forall \lambda \in \mathbf{R}, (\lambda \boldsymbol{x}) \circ \boldsymbol{y} = \lambda (\boldsymbol{x} \circ \boldsymbol{y})$.

(3) 对加法的分配律: $\forall \boldsymbol{x}, \boldsymbol{y}, \boldsymbol{z} \in V, (\boldsymbol{x} + \boldsymbol{y}) \circ \boldsymbol{z} = \boldsymbol{x} \circ \boldsymbol{z} + \boldsymbol{y} \circ \boldsymbol{z}$.

(4) 非负性: $\forall \boldsymbol{x} \in V, \boldsymbol{x} \circ \boldsymbol{x} \geqslant 0, \boldsymbol{x} \circ \boldsymbol{x} = 0$, 当且仅当 $\boldsymbol{x} = \boldsymbol{o}$ 时成立.

$\mathbf{R}$ 上线性空间 (线性代数)$(V, +, \cdot)$ 添加了内积运算后, 构成的代数系统 $(V, +, \cdot, \circ)$ 称为**欧几里得空间**, 简称为**欧氏空间**.

例 5.1 根据例 1.15 可知, 区间 $[a, b]$ 上的所有实值可积函数构成的集合 $\mathbf{R}[a, b]$ 对函数的加法和数乘法构成线性空间 (线性代数)$(\mathbf{R}[a, b], +, \cdot)$, 定义 $\mathbf{R}[a, b]$ 到 $\mathbf{R}$ 的二元运算 $\circ$: $\forall f(x), g(x) \in \mathbf{R}[a, b]$,

$$f(x) \circ g(x) = \int_a^b f(x)g(x)\mathrm{d}x.$$

不难验证, $\circ$ 运算满足定义 5.1 中内积运算的所有性质. 所以, $(\mathbf{R}[a, b], +, \cdot, \circ)$ 构成一个欧几里得空间.

例 5.2 在向量空间 (当然也是线性空间)$\mathbf{R}^n$ 中取自然基底 $e_1, e_2, \cdots, e_n$, 定义运算 $\circ$:

$$\forall \boldsymbol{x} = \begin{pmatrix} x_1 \\ x_2 \\ \vdots \\ x_n \end{pmatrix}, \boldsymbol{y} = \begin{pmatrix} y_1 \\ y_2 \\ \vdots \\ y_n \end{pmatrix} \in \mathbf{R}^n,$$

$$\boldsymbol{x} \circ \boldsymbol{y} = \sum_{i=1}^{n} x_i y_i \in \mathbf{R},$$

则 $(\mathbf{R}^n, +, \cdot, \circ)$ 构成一个欧几里得空间.

这只需证明 $\circ$ 是 n 维向量间的内积. $\forall \boldsymbol{x} = \begin{pmatrix} x_1 \\ x_2 \\ \vdots \\ x_n \end{pmatrix}, \boldsymbol{y} = \begin{pmatrix} y_1 \\ y_2 \\ \vdots \\ y_n \end{pmatrix}, \boldsymbol{z} = \begin{pmatrix} z_1 \\ z_2 \\ \vdots \\ z_n \end{pmatrix} \in \mathbf{R}^n,$

$\forall \lambda \in \mathbf{R},$

(1) $\boldsymbol{x} \circ \boldsymbol{y} = \sum\limits_{i=1}^{n} x_i y_i = \sum\limits_{i=1}^{n} y_i x_i = \boldsymbol{y} \circ \boldsymbol{x};$

(2) $(\lambda \boldsymbol{x}) \circ \boldsymbol{y} = \sum\limits_{i=1}^{n} (\lambda x_i) y_i = \sum\limits_{i=1}^{n} \lambda (x_i y_i) = \lambda \sum\limits_{i=1}^{n} x_i y_i = \lambda (\boldsymbol{x} \circ \boldsymbol{y});$

(3) $(\boldsymbol{x} + \boldsymbol{y}) \circ \boldsymbol{z} = \sum\limits_{i=1}^{n} (x_i + y_i) z_i = \sum\limits_{i=1}^{n} (x_i z_i + y_i z_i) = \sum\limits_{i=1}^{n} x_i z_i + \sum\limits_{i=1}^{n} y_i z_i = \boldsymbol{x} \circ \boldsymbol{z} + \boldsymbol{y} \circ \boldsymbol{z};$

(4) $\boldsymbol{x} \circ \boldsymbol{x} = \sum\limits_{i=1}^{n} x_i^2 \geqslant 0$, $\boldsymbol{x} \circ \boldsymbol{x} = \sum\limits_{i=1}^{n} x_i^2 = 0$ 当且仅当 $\sum\limits_{i=1}^{n} x_i^2 = 0$, 即当且仅当 $x_i = 0 (i = 1, 2, \cdots, n)$, 也即 $\boldsymbol{x} = \boldsymbol{o}$ 时成立.

练习 5.1 在向量空间 $\mathbf{R}^n$ 中取自然基底 $\boldsymbol{e}_1, \boldsymbol{e}_2, \cdots, \boldsymbol{e}_n$, 定义运算 $\circ$: $\forall \boldsymbol{x} = \begin{pmatrix} x_1 \\ x_2 \\ \vdots \\ x_n \end{pmatrix}, \boldsymbol{y} =$

$\begin{pmatrix} y_1 \\ y_2 \\ \vdots \\ y_n \end{pmatrix} \in \mathbf{R}^n,$

$$\boldsymbol{x} \circ \boldsymbol{y} = \sum_{i=1}^{n} i x_i y_i \in \mathbf{R}.$$

证明 $(\mathbf{R}^n, +, \cdot, \circ)$ 构成一个欧几里得空间.
(提示: 参照例 5.2)

由例 5.2 和练习 5.1 可见, 在同一个向量空间中, 可以定义不同的内积, 构成不同的欧氏空间. 此后若无特殊说明, 欧氏空间 $\mathbf{R}^n$ 的内积默认为如例 5.2 中的定义.

例 5.3 $\forall \boldsymbol{\alpha} = \begin{pmatrix} x \\ y \end{pmatrix} \in \mathbf{R}^2$, 非负实数 $\boldsymbol{\alpha} \circ \boldsymbol{\alpha}$ 的算术平方根

$$\sqrt{\boldsymbol{\alpha} \circ \boldsymbol{\alpha}} = \sqrt{x^2 + y^2}$$

即原点到点 (x, y) 的距离, 也是向量 $\boldsymbol{\alpha}$ 的长度, 常记为 $|\boldsymbol{\alpha}|$, 即 $|\boldsymbol{\alpha}| = \sqrt{\boldsymbol{\alpha} \circ \boldsymbol{\alpha}}$.

练习 5.2 用内积表示 $\mathbf{R}^3$ 中向量 $\boldsymbol{\alpha} = \begin{pmatrix} x \\ y \\ z \end{pmatrix}$ 的长度 $|\boldsymbol{\alpha}|$.

(参考答案: $|\boldsymbol{\alpha}| = \sqrt{\boldsymbol{\alpha} \circ \boldsymbol{\alpha}} = \sqrt{x^2 + y^2 + z^2}$)

定义 5.2　$\forall \boldsymbol{\alpha} \in \mathbf{R}^n$, 非负实数 $\sqrt{\boldsymbol{\alpha} \circ \boldsymbol{\alpha}}$ 称为向量 $\boldsymbol{\alpha}$ 的**长度**或**范数**, 记为 $\|\boldsymbol{\alpha}\|$. 长度为 1 的向量 $\boldsymbol{e} \in \mathbf{R}^n$, 称为 $\mathbf{R}^n$ 中的一个**单位向量**.

例 5.4　$\mathbf{R}^n$ 的自然基底 $\boldsymbol{e}_1, \boldsymbol{e}_2, \cdots, \boldsymbol{e}_n$ 中的每一个向量 $\boldsymbol{e}_i$ 均为 $\mathbf{R}^n$ 的单位向量. 对于 $\mathbf{R}^n$ 的一个基底 $\boldsymbol{\alpha}_1, \boldsymbol{\alpha}_2, \cdots, \boldsymbol{\alpha}_n$, 若每个 $\boldsymbol{\alpha}_i (i = 1, 2, \cdots, n)$ 均为单位向量, 则称 $\boldsymbol{\alpha}_1, \boldsymbol{\alpha}_2, \cdots, \boldsymbol{\alpha}_n$ 为 $\mathbf{R}^n$ 的一个**单位基**. $\mathbf{R}^n$ 的自然基底就是 $\mathbf{R}^n$ 的一个单位基. $\forall \boldsymbol{\alpha} \in \mathbf{R}^n$, $\boldsymbol{\alpha} \neq \boldsymbol{o}$, 则单位向量 $\boldsymbol{\beta} = \dfrac{1}{\|\boldsymbol{\alpha}\|} \boldsymbol{\alpha}$, 称为 $\boldsymbol{\alpha}$ 的**单位化向量**.

练习 5.3　设 $\boldsymbol{\alpha}_1 = \begin{pmatrix} 1 \\ 1 \\ 1 \end{pmatrix}, \boldsymbol{\alpha}_2 = \begin{pmatrix} 1 \\ 2 \\ 3 \end{pmatrix}, \boldsymbol{\alpha}_3 = \begin{pmatrix} 1 \\ 4 \\ 9 \end{pmatrix} \in \mathbf{R}^3$, 证明 $\boldsymbol{\alpha}_1, \boldsymbol{\alpha}_2, \boldsymbol{\alpha}_3$ 为 $\mathbf{R}^3$ 的一个基, 并将它们单位化.

(参考答案: $\begin{pmatrix} \dfrac{1}{\sqrt{3}} \\ \dfrac{1}{\sqrt{3}} \\ \dfrac{1}{\sqrt{3}} \end{pmatrix}, \begin{pmatrix} \dfrac{1}{\sqrt{14}} \\ \dfrac{2}{\sqrt{14}} \\ \dfrac{3}{\sqrt{14}} \end{pmatrix}, \begin{pmatrix} \dfrac{1}{7\sqrt{2}} \\ \dfrac{4}{7\sqrt{2}} \\ \dfrac{9}{7\sqrt{2}} \end{pmatrix}$)

5.1.2　向量间的夹角

在 $\mathbf{R}^2$ 中, 考察两个非零向量 $\boldsymbol{\alpha} = \begin{pmatrix} x_1 \\ y_1 \end{pmatrix}$ 和 $\boldsymbol{\beta} = \begin{pmatrix} x_2 \\ y_2 \end{pmatrix}$ 及它们的差 $\boldsymbol{\alpha} - \boldsymbol{\beta}$. 设 $\boldsymbol{\alpha}, \boldsymbol{\beta}$ 间的夹角为 θ, 如图 5.1 所示. 根据余弦定理,

$$\|\boldsymbol{\alpha} - \boldsymbol{\beta}\|^2 = \|\boldsymbol{\alpha}\|^2 + \|\boldsymbol{\beta}\|^2 - 2\|\boldsymbol{\alpha}\|\|\boldsymbol{\beta}\| \cos\theta,$$

即

$$(x_1 - x_2)^2 + (y_1 - y_2)^2 = (x_1^2 + y_1^2) + (x_2^2 + y_2^2) - 2\sqrt{x_1^2 + y_1^2}\sqrt{x_2^2 + y_2^2} \cos\theta,$$

两端展开、整理得

$$x_1 x_2 + y_1 y_2 = \sqrt{x_1^2 + y_1^2}\sqrt{x_2^2 + y_2^2} \cos\theta,$$

即

$$\boldsymbol{\alpha} \circ \boldsymbol{\beta} = \|\boldsymbol{\alpha}\|\|\boldsymbol{\beta}\| \cos\theta. \tag{5.1}$$

由此可得 $\cos\theta = \dfrac{\boldsymbol{\alpha} \circ \boldsymbol{\beta}}{\|\boldsymbol{\alpha}\|\|\boldsymbol{\beta}\|}$, 或 $\theta = \arccos\left(\dfrac{\boldsymbol{\alpha} \circ \boldsymbol{\beta}}{\|\boldsymbol{\alpha}\|\|\boldsymbol{\beta}\|}\right)$. 不难验证, $\mathbf{R}^3$ 中的两个非零向量 $\boldsymbol{\alpha}$ 和 $\boldsymbol{\beta}$ 对于式 (5.1) 也成立. 在物理学中, 将 $\boldsymbol{\alpha}$ 和 $\boldsymbol{\beta}$ 视为作用在质点上的力 $\boldsymbol{F}$ 和质点进行直线运动的位移 $\boldsymbol{s}$, 若两者的夹角为 θ, 则式 (5.1) 是质点所做功 W 的计算公式

$$W = \boldsymbol{F} \circ \boldsymbol{s} = \|\boldsymbol{F}\|\|\boldsymbol{s}\| \cos\theta.$$

由此得到启发, 可将式 (5.1) 推广到一般的欧氏空间 $(V, +, \cdot, \circ)$ 上.

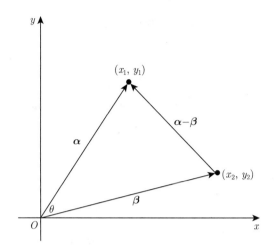

图 5.1　二维向量的夹角

引理 5.1　$\forall \boldsymbol{\alpha}, \boldsymbol{\beta} \in (V, +, \cdot, \circ)$,

$$|\boldsymbol{\alpha} \circ \boldsymbol{\beta}| \leqslant \|\boldsymbol{\alpha}\| \|\boldsymbol{\beta}\|. \tag{5.2}$$

不等式 (5.2) 常称为柯西-施瓦茨 (Cauchy-Schwarz) 不等式. (证明见本章附录 A1.)

对于欧氏空间中的非零向量 $\boldsymbol{\alpha}$ 和 $\boldsymbol{\beta}$, 柯西-施瓦茨不等式等同于

$$-1 \leqslant \frac{\boldsymbol{\alpha} \circ \boldsymbol{\beta}}{\|\boldsymbol{\alpha}\| \|\boldsymbol{\beta}\|} \leqslant 1.$$

定义 5.3　$(V, +, \cdot, \circ)$ 为一欧氏空间, $\forall \boldsymbol{\alpha} \neq \boldsymbol{o}, \boldsymbol{\beta} \neq \boldsymbol{o} \in (V, +, \cdot, \circ)$,

$$\theta = \arccos\left(\frac{\boldsymbol{\alpha} \circ \boldsymbol{\beta}}{\|\boldsymbol{\alpha}\| \|\boldsymbol{\beta}\|}\right)$$

称为 $\boldsymbol{\alpha}$ 与 $\boldsymbol{\beta}$ 间的**夹角**.

例 5.5　欧氏空间 $\mathbf{R}^4$ 中向量 $\boldsymbol{\alpha} = \begin{pmatrix} 2 \\ 1 \\ 3 \\ 2 \end{pmatrix}, \boldsymbol{\beta} = \begin{pmatrix} 1 \\ 2 \\ -2 \\ 1 \end{pmatrix}$, 计算 $\boldsymbol{\alpha}$ 与 $\boldsymbol{\beta}$ 之间的夹角 θ.

解　$\boldsymbol{\alpha} \circ \boldsymbol{\beta} = 2 \cdot 1 + 1 \cdot 2 + 3 \cdot (-2) + 2 \cdot 1 = 0$, 故 $\dfrac{\boldsymbol{\alpha} \circ \boldsymbol{\beta}}{\|\boldsymbol{\alpha}\| \|\boldsymbol{\beta}\|} = 0$, 即 $\boldsymbol{\alpha}$ 与 $\boldsymbol{\beta}$ 之间的夹角 $\theta = \arccos\left(\dfrac{\boldsymbol{\alpha} \circ \boldsymbol{\beta}}{\|\boldsymbol{\alpha}\| \|\boldsymbol{\beta}\|}\right) = \arccos 0 = \dfrac{\pi}{2}$.

练习 5.4　欧氏空间 $\mathbf{R}^4$ 中向量 $\boldsymbol{\alpha} = \begin{pmatrix} 1 \\ 2 \\ 2 \\ 3 \end{pmatrix}, \boldsymbol{\beta} = \begin{pmatrix} 3 \\ 1 \\ 5 \\ 1 \end{pmatrix}$, 计算 $\boldsymbol{\alpha}$ 与 $\boldsymbol{\beta}$ 之间的夹角 θ.

(参考答案: $\theta = \dfrac{\pi}{4}$)

定义 5.4　对于欧氏空间 $(V, +, \cdot, \circ)$ 中的向量 α, β, 若 $\alpha \circ \beta = o$, 称 α 与 β 相互**正交**, 记为 $\alpha \perp \beta$.

按此定义, 例 5.5 中欧氏空间 $\mathbf{R}^4$ 的两个向量 α 与 β 相互正交. 两个正交向量间的夹角为 $\dfrac{\pi}{2}$.

5.1.3　欧几里得空间的正交基

例 5.6　考虑 $\mathbf{R}^n$ 的自然基 $e_1, e_2, \cdots, e_n$. 对任意的 $1 \leqslant i \neq j \leqslant n$, $e_i \circ e_j = o$, 即自然基中任意两个不同的向量正交.

一个非零向量组中任意两个不同的向量相互正交, 称该向量组中的向量**两两正交**. 由例 5.6 知, $\mathbf{R}^n$ 的自然基中的向量两两正交.

引理 5.2　$n \in \mathbf{N}$, 欧氏空间 $\mathbf{R}^n$ 中非零向量组 $\alpha_1, \alpha_2, \cdots, \alpha_k (k \leqslant n)$ 中的向量两两正交, 则 $\alpha_1, \alpha_2, \cdots, \alpha_k$ 线性无关. (证明见本章附录 A2)

根据推论 4.4, 线性无关向量组所含向量个数不超过向量维数. 引理 5.2 中欧氏空间 $\mathbf{R}^n$ 的两两正交向量组所含向量个数不超过 n.

例 5.7　$\alpha_1 = \begin{pmatrix} 1 \\ 1 \\ 1 \end{pmatrix}, \alpha_2 = \begin{pmatrix} 1 \\ -2 \\ 1 \end{pmatrix} \in \mathbf{R}^3$, 试求 $\alpha_3 = \begin{pmatrix} x_1 \\ x_2 \\ x_3 \end{pmatrix} \in \mathbf{R}^3$, 使得 $\alpha_1, \alpha_2, \alpha_3$ 两两正交, 即构成欧氏空间 $\mathbf{R}^3$ 的一个**正交基**.

解　由 $\alpha_1 \circ \alpha_2 = 1 - 2 + 1 = 0$ 可知 $\alpha_1 \perp \alpha_2$. 要使 $\alpha_1, \alpha_2, \alpha_3$ 两两正交, 只需令 $\begin{cases} \alpha_1 \circ \alpha_3 = 0 \\ \alpha_2 \circ \alpha_3 = 0 \end{cases}$. 由题设可知, 此方程组等同于齐次线性方程组

$$\begin{cases} x_1 + x_2 + x_3 = 0 \\ x_1 - 2x_2 + x_3 = 0 \end{cases}.$$

解之得 $\alpha_3 = \begin{pmatrix} -1 \\ 0 \\ 1 \end{pmatrix}$, 即 $\alpha_1, \alpha_2, \alpha_3$ 为 $\mathbf{R}^3$ 的一个正交基.

设 $\alpha_1 = \begin{pmatrix} a_{11} \\ a_{12} \\ \vdots \\ a_{1n} \end{pmatrix}, \alpha_2 = \begin{pmatrix} a_{21} \\ a_{22} \\ \vdots \\ a_{2n} \end{pmatrix}, \cdots, \alpha_k = \begin{pmatrix} a_{k1} \\ a_{k2} \\ \vdots \\ a_{kn} \end{pmatrix} \in \mathbf{R}^n (k < n)$ 两两正交, 构造齐次线性方程组

$$\boldsymbol{Ax} = \begin{pmatrix} a_{11} & a_{12} & \cdots & a_{1n} \\ a_{21} & a_{22} & \cdots & a_{2n} \\ \vdots & \vdots & & \vdots \\ a_{k1} & a_{k2} & \cdots & a_{kn} \end{pmatrix} \begin{pmatrix} x_1 \\ x_2 \\ \vdots \\ x_n \end{pmatrix} = \begin{pmatrix} 0 \\ 0 \\ \vdots \\ 0 \end{pmatrix} = \boldsymbol{o}.$$

由于 $\boldsymbol{\alpha}_1, \boldsymbol{\alpha}_2, \cdots, \boldsymbol{\alpha}_k$ 两两正交, 按引理 5.2, 其线性无关, 故 $\mathrm{rank}\boldsymbol{A} = k < n$. 因此上述方程

组有非零解 $\boldsymbol{\alpha}_{k+1} = \begin{pmatrix} a_{(k+1)1} \\ a_{(k+1)2} \\ \vdots \\ a_{(k+1)n} \end{pmatrix}$, 且 $\boldsymbol{\alpha}_{k+1} \circ \boldsymbol{\alpha}_i = 0, i = 1, 2, \cdots, k$, 即 $\boldsymbol{\alpha}_1, \boldsymbol{\alpha}_2, \cdots, \boldsymbol{\alpha}_k, \boldsymbol{\alpha}_{k+1}$

两两正交. 如此重复 $n-k$ 次, 即可将其扩展成两两正交向量组 $\boldsymbol{\alpha}_1, \cdots, \boldsymbol{\alpha}_k, \boldsymbol{\alpha}_{k+1}, \cdots, \boldsymbol{\alpha}_n \in$ $\mathbf{R}^n$, 由引理 5.2 知其线性无关, 即成为 $\mathbf{R}^n$ 的一组正交基.

练习 5.5 设 $\boldsymbol{\alpha}_1 = \begin{pmatrix} 1 \\ 1 \\ 1 \end{pmatrix}$, 将其扩展为欧氏空间 $\mathbf{R}^3$ 的一个正交基 $\boldsymbol{\alpha}_1, \boldsymbol{\alpha}_2, \boldsymbol{\alpha}_3$.

(参考答案: $\begin{pmatrix} 1 \\ 1 \\ 1 \end{pmatrix}, \begin{pmatrix} -1 \\ 1 \\ 0 \end{pmatrix}, \begin{pmatrix} -\dfrac{1}{2} \\ -\dfrac{1}{2} \\ 1 \end{pmatrix}$)

引理 5.3 $n \in \mathbf{N}$, 欧氏空间 $\mathbf{R}^n$ 中向量组 $\boldsymbol{\alpha}_1, \boldsymbol{\alpha}_2, \cdots, \boldsymbol{\alpha}_k$ 线性无关, 令

$$\begin{cases} \boldsymbol{\beta}_1 = \boldsymbol{\alpha}_1 \\ \boldsymbol{\beta}_2 = -\dfrac{\boldsymbol{\beta}_1 \circ \boldsymbol{\alpha}_2}{\boldsymbol{\beta}_1 \circ \boldsymbol{\beta}_1} \boldsymbol{\beta}_1 + \boldsymbol{\alpha}_2 \\ \qquad \vdots \\ \boldsymbol{\beta}_k = -\dfrac{\boldsymbol{\beta}_1 \circ \boldsymbol{\alpha}_k}{\boldsymbol{\beta}_1 \circ \boldsymbol{\beta}_1} \boldsymbol{\beta}_1 - \dfrac{\boldsymbol{\beta}_2 \circ \boldsymbol{\alpha}_k}{\boldsymbol{\beta}_2 \circ \boldsymbol{\beta}_2} \boldsymbol{\beta}_2 - \cdots - \dfrac{\boldsymbol{\beta}_{k-1} \circ \boldsymbol{\alpha}_k}{\boldsymbol{\beta}_{k-1} \circ \boldsymbol{\beta}_{k-1}} \boldsymbol{\beta}_{k-1} + \boldsymbol{\alpha}_k \end{cases}, \qquad (5.3)$$

则向量组 $\boldsymbol{\beta}_1, \boldsymbol{\beta}_2, \cdots, \boldsymbol{\beta}_k \in \mathbf{R}^n$ 中的向量是两两正交的. (证明见本章附录 A3.)

引理 5.3 中式 (5.3) 定义的 $\boldsymbol{\beta}_1, \boldsymbol{\beta}_2, \cdots, \boldsymbol{\beta}_k$ 称为 $\mathbf{R}^n$ 的线性无关向量组 $\boldsymbol{\alpha}_1, \boldsymbol{\alpha}_2, \cdots, \boldsymbol{\alpha}_k$ 的**施密特** (Schmidt) **正交化**向量.

例 5.8 设 $\boldsymbol{\alpha}_1 = \begin{pmatrix} 1 \\ 0 \\ -1 \\ 1 \end{pmatrix}, \boldsymbol{\alpha}_2 = \begin{pmatrix} 1 \\ -1 \\ 0 \\ 1 \end{pmatrix}, \boldsymbol{\alpha}_3 = \begin{pmatrix} -1 \\ 1 \\ 1 \\ 0 \end{pmatrix} \in \mathbf{R}^4$, 试计算 $\boldsymbol{\alpha}_1, \boldsymbol{\alpha}_2, \boldsymbol{\alpha}_3$ 的施密

特正交化向量.

解 根据正交化公式 (5.3),

$$\boldsymbol{\beta}_1 = \boldsymbol{\alpha}_1 = \begin{pmatrix} 1 \\ 0 \\ -1 \\ 1 \end{pmatrix}, \boldsymbol{\beta}_2 = -\frac{\boldsymbol{\beta}_1 \circ \boldsymbol{\alpha}_2}{\boldsymbol{\beta}_1 \circ \boldsymbol{\beta}_1} \boldsymbol{\beta}_1 + \boldsymbol{\alpha}_2 = \begin{pmatrix} \dfrac{1}{3} \\ -1 \\ \dfrac{2}{3} \\ \dfrac{1}{3} \end{pmatrix},$$

$$\boldsymbol{\beta}_3 = -\frac{\boldsymbol{\beta}_1 \circ \boldsymbol{\alpha}_3}{\boldsymbol{\beta}_1 \circ \boldsymbol{\beta}_1}\boldsymbol{\beta}_1 - \frac{\boldsymbol{\beta}_2 \circ \boldsymbol{\alpha}_3}{\boldsymbol{\beta}_2 \circ \boldsymbol{\beta}_2}\boldsymbol{\beta}_2 + \boldsymbol{\alpha}_3 = \begin{pmatrix} -\dfrac{1}{5} \\ \dfrac{3}{5} \\ \dfrac{3}{5} \\ \dfrac{4}{5} \end{pmatrix}.$$

练习 5.6 设 $\boldsymbol{\alpha}_1 = \begin{pmatrix} 1 \\ 1 \\ 1 \end{pmatrix}, \boldsymbol{\alpha}_2 = \begin{pmatrix} 1 \\ 2 \\ 3 \end{pmatrix}, \boldsymbol{\alpha}_3 = \begin{pmatrix} 1 \\ 4 \\ 9 \end{pmatrix} \in \mathbf{R}^3$, 试计算 $\boldsymbol{\alpha}_1, \boldsymbol{\alpha}_2, \boldsymbol{\alpha}_3$ 的施密特

正交化向量.

(参考答案: $\begin{pmatrix} 1 \\ 1 \\ 1 \end{pmatrix}, \begin{pmatrix} -1 \\ 0 \\ 1 \end{pmatrix}, \begin{pmatrix} \dfrac{1}{3} \\ -\dfrac{2}{3} \\ \dfrac{1}{3} \end{pmatrix}$)

定义 5.5 $n \in \mathbf{N}$, 对于欧氏空间 $\mathbf{R}^n$ 的一个基 $\boldsymbol{\epsilon}_1, \boldsymbol{\epsilon}_2, \cdots, \boldsymbol{\epsilon}_n$, 若 $\boldsymbol{\epsilon}_1, \boldsymbol{\epsilon}_2, \cdots, \boldsymbol{\epsilon}_n$ 中的向量两两正交且每个向量均为单位向量, 则称 $\boldsymbol{\epsilon}_1, \boldsymbol{\epsilon}_2, \cdots, \boldsymbol{\epsilon}_n$ 为 $\mathbf{R}^n$ 的一个**标准正交基**.

按定义 5.5, 由例 5.2 和例 5.4 可知 $\mathbf{R}^n$ 的自然基 $\boldsymbol{e}_1, \boldsymbol{e}_2, \cdots, \boldsymbol{e}_n$, 即 $\mathbf{R}^n$ 的一个标准正交基. 由引理 5.2 和引理 5.3 可得以下定理.

定理 5.1 $n \in \mathbf{N}$, 欧氏空间 $\mathbf{R}^n$ 的任一基底 $\boldsymbol{\alpha}_1, \boldsymbol{\alpha}_2, \cdots, \boldsymbol{\alpha}_n$ 均可正交化为 $\mathbf{R}^n$ 的基底 $\boldsymbol{\beta}_1, \boldsymbol{\beta}_2, \cdots, \boldsymbol{\beta}_n$. 单位化后得 $\mathbf{R}^n$ 的标准正交基 $\boldsymbol{\epsilon}_1, \boldsymbol{\epsilon}_2, \cdots, \boldsymbol{\epsilon}_n$.

证明 $\mathbf{R}^n$ 的基底 $\boldsymbol{\alpha}_1, \boldsymbol{\alpha}_2, \cdots, \boldsymbol{\alpha}_n$ 线性无关, 根据引理 5.3, 可正交化为向量组 $\boldsymbol{\beta}_1, \boldsymbol{\beta}_2, \cdots, \boldsymbol{\beta}_n$. 根据引理 5.2, $\boldsymbol{\beta}_1, \boldsymbol{\beta}_2, \cdots, \boldsymbol{\beta}_n$ 线性无关, 为 $\mathbf{R}^n$ 的一个正交基. 单位化:

$$\boldsymbol{\epsilon}_i = \frac{\boldsymbol{\beta}_i}{\|\boldsymbol{\beta}_i\|}, i = 1, 2, \cdots, n.$$

$\boldsymbol{\epsilon}_1, \boldsymbol{\epsilon}_2, \cdots, \boldsymbol{\epsilon}_n$ 为 $\mathbf{R}^n$ 的一个标准正交基.

5.1.4 Python 解法

1. 向量间的夹角

NumPy 的 dot 函数用于计算两个向量 $\boldsymbol{\alpha}$ 和 $\boldsymbol{\beta}$ 的内积:
$$\mathrm{dot(a,b)}.$$
两个数组类型参数 a 和 b 表示向量 $\boldsymbol{\alpha}$ 和 $\boldsymbol{\beta}$, 函数返回值为 $\boldsymbol{\alpha} \circ \boldsymbol{\beta}$. NumPy 的 linalg 模块的函数

$$\mathrm{norm(a)}$$
用于计算表示成数组参数 a 的向量 $\boldsymbol{\alpha}$ 的范数 (长度)$\|a\|$. 利用 dot 和 norm 函数, 可以计算两个同维向量的夹角.

例 5.9　用 Python 计算例 5.5 的 $\mathbf{R}^4$ 中向量 $\boldsymbol{\alpha} = \begin{pmatrix} 2 \\ 1 \\ 3 \\ 2 \end{pmatrix}, \boldsymbol{\beta} = \begin{pmatrix} 1 \\ 2 \\ -2 \\ 1 \end{pmatrix}$ 之间的夹角 θ.

解　见下列代码.

程序 5.1　例 5.5 中向量夹角 θ 的计算

```
1  import numpy as np                                           #导入 NumPy
2  a=np.array([2,1,3,2])                                        #向量 a
3  b=np.array([1,2,-2,1])                                       #向量 b
4  cost=np.dot(a,b)/(np.linalg.norm(a)*np.linalg.norm(b))
5  print('%.4f'%np.arccos(cost))
```

程序的第 2、3 行设置向量数据 a 和 b. 第 4 行按式 (5.1) 计算 $\cos\theta = \dfrac{\boldsymbol{\alpha} \circ \boldsymbol{\beta}}{\|\boldsymbol{\alpha}\|\|\boldsymbol{\beta}\|}$. 第 5 行调用 NumPy 的 arccos 函数计算 $\theta = \arccos\dfrac{\boldsymbol{\alpha} \circ \boldsymbol{\beta}}{\|\boldsymbol{\alpha}\|\|\boldsymbol{\beta}\|}$. 运行程序, 输出

1.5708

输出结果为 $\dfrac{\pi}{2}$ 的精确到小数点后 4 位的近似值.

练习 5.7　用 Python 计算练习 5.4 的 $\mathbf{R}^4$ 中向量 $\boldsymbol{\alpha} = \begin{pmatrix} 1 \\ 2 \\ 2 \\ 3 \end{pmatrix}, \boldsymbol{\beta} = \begin{pmatrix} 3 \\ 1 \\ 5 \\ 1 \end{pmatrix}$ 之间的夹角 θ.

(参考答案: 见文件 chapt05.ipynb 中相应代码)

2. 正交组的扩张

已知 $\boldsymbol{\alpha}_1 = \begin{pmatrix} a_{11} \\ a_{12} \\ \vdots \\ a_{1n} \end{pmatrix}, \boldsymbol{\alpha}_2 = \begin{pmatrix} a_{21} \\ a_{22} \\ \vdots \\ a_{2n} \end{pmatrix}, \cdots, \boldsymbol{\alpha}_k = \begin{pmatrix} a_{k1} \\ a_{k2} \\ \vdots \\ a_{kn} \end{pmatrix} \in \mathbf{R}^n (k < n)$ 两两正交, 设矩阵

$$\boldsymbol{A} = \begin{pmatrix} a_{11} & a_{12} & \cdots & a_{1n} \\ a_{21} & a_{22} & \cdots & a_{2n} \\ \vdots & \vdots & & \vdots \\ a_{k1} & a_{k2} & \cdots & a_{kn} \end{pmatrix}.$$

解方程组 $\boldsymbol{Ax} = \boldsymbol{o}$, 取一非零解即可将两两正交向量组扩展为 $\boldsymbol{\alpha}_1, \cdots, \boldsymbol{\alpha}_k, \boldsymbol{\alpha}_{k+1}$.

例 5.10　用 Python 将例 5.7 的 $\boldsymbol{\alpha}_1 = \begin{pmatrix} 1 \\ 1 \\ 1 \end{pmatrix}, \boldsymbol{\alpha}_2 = \begin{pmatrix} 1 \\ -2 \\ 1 \end{pmatrix}$ 扩展成欧氏空间 $\mathbf{R}^3$ 的一

个正交基.

解　见下列代码.

程序 5.2　实现例 5.7 中两两正交向量组的扩张

```
1  import numpy as np              #导入 NumPy
2  from utility import mySolve     #导入 mySolve
3  a1=np.array([1,1,1])            #向量 a1
4  a2=np.array([1,-2,1])           #向量 a2
5  A=np.vstack((a1,a2))            #构建矩阵 A
6  o=np.zeros((2,1))               #零向量
7  X=mySolve(A,o)                  #解方程组
8  a3=X[:,1]                       #非零解
9  print(a3)
```

程序的第 3、4 行设置已知正交向量 a1 和 a2. 第 5 行用 a1, a2 作为行向量构造矩阵 A. 第 6 行调用 NumPy 的 zeros 函数构造零向量. 第 7 行调用程序 3.6 定义的 mySolve 函数 (第 2 行导入) 计算解集 X. 第 8 行将 X 中的第 2 列 (下标为 1), 即基础解系中的第 1 个非零解置为 a3. 运行程序, 输出

$$[-1. \quad 0. \quad 1.]$$

即取 $\boldsymbol{\alpha}_3 = \begin{pmatrix} -1 \\ 0 \\ 1 \end{pmatrix}$, $\boldsymbol{\alpha}_1, \boldsymbol{\alpha}_2, \boldsymbol{\alpha}_3$ 构成欧氏空间 $\mathbf{R}^3$ 的一个正交基.

练习 5.8　用 Python 将练习 5.5 中的向量 $\boldsymbol{\alpha}_1 = \begin{pmatrix} 1 \\ 1 \\ 1 \end{pmatrix}$ 扩展为 $\mathbf{R}^3$ 中的一个正交基.

(参考答案: 见文件 chapt05.ipynb 中相应代码)

3. 基底正交化

将 $\mathbf{R}^n$ 的一个线性无关向量组 $\boldsymbol{\alpha}_1, \boldsymbol{\alpha}_2, \cdots, \boldsymbol{\alpha}_k$ 正交化为 $\boldsymbol{\beta}_1, \boldsymbol{\beta}_2, \cdots, \boldsymbol{\beta}_k$ 的计算公式, 为式 (5.3):

$$\begin{cases} \boldsymbol{\beta}_1 = \boldsymbol{\alpha}_1 \\ \boldsymbol{\beta}_2 = -\dfrac{\boldsymbol{\beta}_1 \circ \boldsymbol{\alpha}_2}{\boldsymbol{\beta}_1 \circ \boldsymbol{\beta}_1}\boldsymbol{\beta}_1 + \boldsymbol{\alpha}_2 \\ \qquad\qquad \vdots \\ \boldsymbol{\beta}_k = -\dfrac{\boldsymbol{\beta}_1 \circ \boldsymbol{\alpha}_k}{\boldsymbol{\beta}_1 \circ \boldsymbol{\beta}_1}\boldsymbol{\beta}_1 - \dfrac{\boldsymbol{\beta}_2 \circ \boldsymbol{\alpha}_k}{\boldsymbol{\beta}_2 \circ \boldsymbol{\beta}_2}\boldsymbol{\beta}_2 - \cdots - \dfrac{\boldsymbol{\beta}_{k-1} \circ \boldsymbol{\alpha}_k}{\boldsymbol{\beta}_{k-1} \circ \boldsymbol{\beta}_{k-1}}\boldsymbol{\beta}_{k-1} + \boldsymbol{\alpha}_k \end{cases}$$

将式 (5.3) 写成下列向量组的 Python 函数:

程序 5.3　向量组正交化函数定义

```
1  import numpy as np                              #导入NumPy
2  def orthogonalize(A):                           #实现存储在A中的向量组的正交化
3      _,k=A.shape                                 #读取向量个数k
4      B=A.copy()                                  #将A的副本设为B
5      for i in range(1,k):                        #计算B的第1~k-1列
6          for j in range(i):                      #计算B[:,i]
7              B[:,i]-=(np.dot(B[:,j],A[:,i])/np.dot(B[:,j],B[:,j]))*B[:,j]
8      return B                                    #正交化结果
```

程序的第 2~8 行定义无关向量组正交化函数 orthogonalize, 无关向量组以列的形式存储于参数 A 中. 第 3 行读取存储在 A 中的向量的个数 k. 第 4 行将 A 的副本设为 B, 作为正交化向量的初始值. 第 5~7 行的双重 **for** 循环完成正交化向量组 B 的计算, 外层 **for** 循环扫描 B 中从第 2 列 (下标为 1) 开始的每一列 (下标为 0 的第 1 列存储的是 $\boldsymbol{\alpha}_1$, 不用处理), 内层的 **for** 循环对 B 的当前列 (下标为 i), 按公式

$$\boldsymbol{\beta}_i = -\frac{\boldsymbol{\beta}_1 \circ \boldsymbol{\alpha}_i}{\boldsymbol{\beta}_1 \circ \boldsymbol{\beta}_1}\boldsymbol{\beta}_1 - \frac{\boldsymbol{\beta}_2 \circ \boldsymbol{\alpha}_i}{\boldsymbol{\beta}_2 \circ \boldsymbol{\beta}_2}\boldsymbol{\beta}_2 - \cdots - \frac{\boldsymbol{\beta}_{i-1} \circ \boldsymbol{\alpha}_i}{\boldsymbol{\beta}_{i-1} \circ \boldsymbol{\beta}_{i-1}}\boldsymbol{\beta}_{i-1} + \boldsymbol{\alpha}_i$$

计算 $\boldsymbol{\beta}_i$. 注意, Python 用复合赋值运算符 x-=a 表示 x=x-a. 由于 B 在第 4 行被设为 A 的副本, 故 B[:,i] 的初始值就是 $\boldsymbol{\alpha}_i$. 而 B[:,[1:i]] 中存储的是在当前的 $\boldsymbol{\beta}_i$ 计算前已经计算完毕的 $\boldsymbol{\beta}_j$, 注意 NumPy dot 函数用于完成向量的内积运算. 循环完成, B 中存储的就是正交化后的向量组.

对于正交化后的向量组, 可以用下列定义的函数进行单位化处理.

程序 5.4　向量组单位化函数定义

```
1  import numpy as np                              #导入NumPy
2  def unitization(A):                             #A中存储各列向量
3      _,k=A.shape                                 #读取向量个数
4      for i in range(k):                          #对每一个向量单位化
5          A[:,i]/=np.linalg.norm(A[:,i])
```

待单位化的向量以列的形式组织于函数 unitization 的参数 A 中. 第 3 行读取向量个数 k. 第 4~5 行的 **for** 循环对 A 的每一列 A[:,i](i 取遍 0~k-1), 用自身的模 (调用 np.linalg 的 norm 函数计算) 除该列元素, 即 $\boldsymbol{\alpha}_i/\|\boldsymbol{\alpha}_i\|$. 循环结束, A 中各列均完成单位化操作. 为便于调用, 将程序 5.3 和 5.4 的代码写入文件 utility.py 中.

例 5.11　用 Python 实现例 5.8 的向量组 $\boldsymbol{\alpha}_1 = \begin{pmatrix} 1 \\ 0 \\ -1 \\ 1 \end{pmatrix}, \boldsymbol{\alpha}_2 = \begin{pmatrix} 1 \\ -1 \\ 0 \\ 1 \end{pmatrix}, \boldsymbol{\alpha}_3 = \begin{pmatrix} -1 \\ 1 \\ 1 \\ 0 \end{pmatrix} \in$

$\mathbf{R}^4$ 的正交化及单位化.

解　见下列代码.

程序 5.5   例 5.8 中向量组的正交化与单位化

```
1  import numpy as np                              #导入NumPy
2  from utility import orthogonalize,unitization  #导入orthogonalize,unitization
3  np.set_printoptions(precision=4, suppress=True) #设置输出精度
4  A=np.array([[1,1,-1],                           #向量组矩阵
5              [0,-1,1],
6              [-1,0,1],
7              [1,1,0]],dtype='float')
8  B=orthogonalize(A)                              #正交化
9  print(B)
10 unitization(B)                                  #单位化
11 print(B)
```

程序的第 4~7 行设置由向量作为列构成的矩阵 A. 第 8 行调用程序 5.3 定义的正交化函数 orthogonalize 将存储在 A 中的列向量正交化, 得到保存在 B 中的正交化后的向量组. 第 10 行调用程序 5.4 定义的单位化函数 unitization 将存储在 B 中的两两正交向量组单位化. 运行程序, 输出

```
[[ 1.      0.3333 -0.2  ]
 [ 0.     -1.      0.6  ]
 [-1.      0.6667  0.6  ]
 [ 1.      0.3333  0.8  ]]
[[ 0.5774  0.2582 -0.169 ]
 [ 0.     -0.7746  0.5071]
 [-0.5774  0.5164  0.5071]
 [ 0.5774  0.2582  0.6761]]
```

输出结果的前几行表示 $\boldsymbol{\alpha}_1,\boldsymbol{\alpha}_2,\boldsymbol{\alpha}_3$ 正交化后的结果 $\boldsymbol{\beta}_1 = \begin{pmatrix} 1 \\ 0 \\ -1 \\ 1 \end{pmatrix}, \boldsymbol{\beta}_2 = \begin{pmatrix} \frac{1}{3} \\ -1 \\ \frac{2}{3} \\ \frac{1}{3} \end{pmatrix}, \boldsymbol{\beta}_3 = $

$\begin{pmatrix} -\frac{1}{5} \\ \frac{3}{5} \\ \frac{3}{5} \\ \frac{4}{5} \end{pmatrix}$, 精确到小数点后 4 位. 后几行表示 $\boldsymbol{\beta}_1,\boldsymbol{\beta}_2,\boldsymbol{\beta}_3$ 单位化后的结果.

练习 5.9   用 Python 根据练习 5.6 中 $\mathbf{R}^3$ 的基 $\boldsymbol{\alpha}_1 = \begin{pmatrix} 1 \\ 1 \\ 1 \end{pmatrix}, \boldsymbol{\alpha}_2 = \begin{pmatrix} 1 \\ 2 \\ 3 \end{pmatrix}, \boldsymbol{\alpha}_3 = \begin{pmatrix} 1 \\ 4 \\ 9 \end{pmatrix},$

计算 $\mathbf{R}^3$ 的一个标准正交基.

(参考答案: 见文件 chapt05.ipynb 中相应代码)

5.2 正交变换

5.2.1 正交变换及其矩阵

$n \in \mathbf{N}$, 欧氏空间 $\mathbf{R}^n$ 的一个标准正交基 $\epsilon_1, \epsilon_2, \cdots, \epsilon_n$ 作为列向量构成的矩阵

$$\boldsymbol{A} = (\epsilon_1, \epsilon_2, \cdots, \epsilon_n),$$

$\boldsymbol{A}$ 可逆, 且 $\boldsymbol{A}^\top = \begin{pmatrix} \epsilon_1^\top \\ \epsilon_2^\top \\ \vdots \\ \epsilon_n^\top \end{pmatrix}$. 注意, 行向量 $\epsilon_i^\top$ 与列向量 ϵ_j 作为矩阵的积等同于向量的内积,

即 $\epsilon_i^\top \epsilon_j = \epsilon_i \circ \epsilon_j, 1 \leqslant i, j \leqslant n$. 于是

$$\boldsymbol{A}^\top \boldsymbol{A} = \begin{pmatrix} \epsilon_1^\top \\ \epsilon_2^\top \\ \vdots \\ \epsilon_n^\top \end{pmatrix} (\epsilon_1, \epsilon_2, \cdots, \epsilon_n) = \begin{pmatrix} \epsilon_1 \circ \epsilon_1 & \epsilon_1 \circ \epsilon_2 & \cdots & \epsilon_1 \circ \epsilon_n \\ \epsilon_2 \circ \epsilon_1 & \epsilon_2 \circ \epsilon_2 & \cdots & \epsilon_2 \circ \epsilon_n \\ \vdots & \vdots & & \vdots \\ \epsilon_n \circ \epsilon_1 & \epsilon_n \circ \epsilon_2 & \cdots & \epsilon_n \circ \epsilon_n \end{pmatrix} = \begin{pmatrix} 1 & 0 & \cdots & 0 \\ 0 & 1 & \cdots & 0 \\ \vdots & \vdots & & \vdots \\ 0 & 0 & \cdots & 1 \end{pmatrix} = \boldsymbol{I}.$$

故 $\boldsymbol{A}^{-1} = \boldsymbol{A}^\top$.

定义 5.6 $n \in \mathbf{N}$, $\boldsymbol{A} \in \mathbf{R}^{n \times n}$ 可逆, 若

$$\boldsymbol{A}^{-1} = \boldsymbol{A}^\top,$$

称 $\boldsymbol{A}$ 为一**正交矩阵**.

由上述定义, $\forall \boldsymbol{A} \in \mathbf{R}^{n \times n}$ 为一正交矩阵, 当且仅当 $\boldsymbol{A}$ 的各列 $\boldsymbol{\alpha}_1, \boldsymbol{\alpha}_2, \cdots, \boldsymbol{\alpha}_n$ 构成欧氏空间 $\mathbf{R}^n$ 的一个标准正交基.

定义 5.7 T 为欧氏空间 $(V, +, \cdot, \circ)$ 上的一个线性变换, 若 $\forall \boldsymbol{\alpha}, \boldsymbol{\beta} \in (V, +, \cdot, \circ)$,

$$T(\boldsymbol{\alpha}) \circ T(\boldsymbol{\beta}) = \boldsymbol{\alpha} \circ \boldsymbol{\beta}$$

则称 T 为 $\mathbf{R}^n$ 上的一个**正交变换**.

按此定义, 欧氏空间 $(V, +, \cdot, \circ)$ 上的一个正交变换, 保持向量的内积, 即像的内积与原像的内积一致. 因此, 正交变换不改变向量的长度:

$$\|T(\boldsymbol{\alpha})\| = \sqrt{T(\boldsymbol{\alpha}) \circ T(\boldsymbol{\alpha})} = \sqrt{\boldsymbol{\alpha} \circ \boldsymbol{\alpha}} = \|\boldsymbol{\alpha}\|.$$

即像的长度与原像的长度一致.

定理 5.2 $n \in \mathbf{N}$, 欧氏空间 $\mathbf{R}^n$ 上线性变换 T 为正交变换的充分必要条件是, T 在 $\mathbf{R}^n$ 上的任一标准正交基 $\boldsymbol{\alpha}_1, \boldsymbol{\alpha}_2, \cdots, \boldsymbol{\alpha}_n$ 下的矩阵 $\boldsymbol{A}$ 为正交矩阵. (证明见本章附录 A4.)

5.2.2　对称矩阵的对角化

我们知道, 对于 $A \in \mathbf{R}^{n \times n}$, 其特征多项式 $\det(\lambda I - A)$ 在 $\mathbf{R}$ 中未必有根 (见例 4.43), 这对 A 的对角化计算带来了一些困惑, 因此本节在欧氏空间 $\mathbf{R}^n$ 中讨论一类特殊的实矩阵——对称矩阵 (见定义 2.7) 的一些特性.

引理 5.4　设 $n \in \mathbf{N}$, $A \in \mathbf{R}^{n \times n}$ 且 $A^{\top} = A$. 若 λ 为 A 的一个特征值, 则必有 $\lambda \in \mathbf{R}$. (证明见本章附录 A5.)

引理 5.4 意味着 n 阶实对称矩阵的所有 n 个特征值 (特征多项式的重根按重数计) 都是实数.

例 5.12　设 $A = \begin{pmatrix} 2 & 2 & -2 \\ 2 & 5 & -4 \\ -2 & -4 & 5 \end{pmatrix} \in \mathbf{R}^{3 \times 3}$, 计算 A 的所有特征值及所属特征向量.

解　$\det(\lambda I - A) = \det \begin{pmatrix} \lambda - 2 & -2 & 2 \\ -2 & \lambda - 5 & 4 \\ 2 & 4 & \lambda - 5 \end{pmatrix} = (\lambda - 1)^2 (\lambda - 10)$. A 的特征方程 $\det(\lambda I - A) = 0$ 的 3 个根为 $\lambda = 1$、$\lambda = 1$ 和 $\lambda = 10$.

对于 $\lambda = 1$ 的特征值, 齐次线性方程组 $(I - A)x = o$ 的系数矩阵 $\begin{pmatrix} -1 & -2 & 2 \\ -2 & -4 & 4 \\ 2 & 4 & -4 \end{pmatrix}$,

$\operatorname{rank}(I - A) = 1$, 故基础解系含两个无关向量 $\begin{pmatrix} -2 \\ 1 \\ 0 \end{pmatrix}$, $\begin{pmatrix} 2 \\ 0 \\ 1 \end{pmatrix}$, 属于特征值 1. 对于特征值 $\lambda = 10$, $\operatorname{rank}(10I - A) = 2$, 故方程组 $(10I - A)x = o$ 的基础解系仅含一个非零向量 $\begin{pmatrix} -\frac{1}{2} \\ -1 \\ 1 \end{pmatrix}$, 属于特征值 10.

练习 5.10　设 $A = \begin{pmatrix} 2 & -2 & 0 \\ -2 & 1 & -2 \\ 0 & -2 & 0 \end{pmatrix} \in \mathbf{R}^{3 \times 3}$, 计算 A 的所有特征值及所属特征向量.

(参考答案: $-2, 1, 4$)

仔细观察例 5.12, 矩阵 $A = \begin{pmatrix} 2 & 2 & -2 \\ 2 & 5 & -4 \\ -2 & -4 & 5 \end{pmatrix} \in \mathbf{R}^{3 \times 3}$ 有两个不同的特征值 1 和 10, 属

于 1 的特征向量 $\begin{pmatrix} -2 \\ 1 \\ 0 \end{pmatrix}$ 和 $\begin{pmatrix} 2 \\ 0 \\ 1 \end{pmatrix}$ 均与属于 10 的特征向量 $\begin{pmatrix} -\frac{1}{2} \\ -1 \\ 1 \end{pmatrix}$ 正交, 这不是偶然的. 对

任一 n 阶对称阵 $\boldsymbol{A}$, 设 $\boldsymbol{p}_1, \boldsymbol{p}_2$ 分别从属于 $\boldsymbol{A}$ 的特征值 λ_1, λ_2, 且 $\lambda_1 \neq \lambda_2$, 即 $\lambda_1 \boldsymbol{p}_1^\top = \boldsymbol{p}_1^\top \boldsymbol{A}$, $\lambda_2 \boldsymbol{p}_2^\top = \boldsymbol{p}_2^\top \boldsymbol{A}$. 于是

$$\lambda_1 \boldsymbol{p}_1^\top \boldsymbol{p}_2 = (\boldsymbol{p}_1^\top \boldsymbol{A}) \boldsymbol{p}_2 = \boldsymbol{p}_1^\top (\boldsymbol{A} \boldsymbol{p}_2) = \boldsymbol{p}_1^\top (\lambda_2 \boldsymbol{p}_2) = \lambda_2 \boldsymbol{p}_1^\top \boldsymbol{p}_2,$$

这意味着 $(\lambda_1 - \lambda_2) \boldsymbol{p}_1^\top \boldsymbol{p}_2 = 0$. 由于 $\lambda_1 \neq \lambda_2$, 故必有 $\boldsymbol{p}_1^\top \boldsymbol{p}_2 = \boldsymbol{p}_1 \circ \boldsymbol{p}_2 = 0$, 即 $\boldsymbol{p}_1 \perp \boldsymbol{p}_2$. 由此可得以下引理.

引理 5.5　设 $n \in \mathbf{N}$, $\boldsymbol{A} \in \mathbf{R}^{n \times n}$ 且 $\boldsymbol{A}^\top = \boldsymbol{A}$, λ_1 和 λ_2 为 $\boldsymbol{A}$ 的两个不同的特征值, $\boldsymbol{p}_1$ 和 $\boldsymbol{p}_2$ 是分别属于 λ_1 和 λ_2 的特征向量, 则 $\boldsymbol{p}_1 \perp \boldsymbol{p}_2$.

利用引理 5.4 和引理 5.5, 可以归纳出下列对角化实对称阵 $\boldsymbol{A}$ 的方法.

(1) 按引理 5.4 可求得 $\boldsymbol{A}$ 的特征多项式的 n 个实根 (包括重根), 约定按升序排列为 $\lambda_1, \lambda_2, \cdots, \lambda_n$.

(2) 计算从属于各特征值的特征向量 $\boldsymbol{p}_1, \boldsymbol{p}_2, \cdots, \boldsymbol{p}_n$ (属于相同特征值的取线性无关向量).

(3) 由引理 5.5 可知, 从属于不同特征值的特征向量正交. 将属于相等特征值的特征向量用引理 5.3 的方法正交化并单位化, 得到两两正交向量组, 仍记为 $\boldsymbol{p}_1, \boldsymbol{p}_2, \cdots, \boldsymbol{p}_n$, 用此向量组构成的矩阵

$$\boldsymbol{P} = (\boldsymbol{p}_1, \boldsymbol{p}_2, \cdots, \boldsymbol{p}_n)$$

为一正交矩阵. 根据定理 4.8,

$$\boldsymbol{P}^\mathrm{T} \boldsymbol{A} \boldsymbol{P} = \boldsymbol{P}^{-1} \boldsymbol{A} \boldsymbol{P} = \mathrm{diag}(\lambda_1, \lambda_2, \cdots, \lambda_n) = \boldsymbol{\Lambda}$$

需要注意的是, 按上述方法算得的正交矩阵 $\boldsymbol{P}$ 不是唯一的, 因为对于每个特征值 λ, 齐次线性方程组 $(\lambda \boldsymbol{I} - \boldsymbol{A}) = \boldsymbol{o}$ 的基础解系的选择不唯一.

例 5.13　对例 5.12 中的对称矩阵 $\boldsymbol{A} = \begin{pmatrix} 2 & 2 & -2 \\ 2 & 5 & -4 \\ -2 & -4 & 5 \end{pmatrix} \in \mathbf{R}^{3 \times 3}$ 计算正交矩阵 $\boldsymbol{P}$, 使得 $\boldsymbol{P}^\mathrm{T} \boldsymbol{A} \boldsymbol{P} = \mathrm{diag}(1, 1, 10)$.

解　根据例 5.12 的计算, $\boldsymbol{A}$ 有特征值 $1, 1, 10$. 属于 1 的特征向量为 $\begin{pmatrix} -2 \\ 1 \\ 0 \end{pmatrix}$, $\begin{pmatrix} 2 \\ 0 \\ 1 \end{pmatrix}$, 用引理 5.3 的式 (5.3) 将其正交化为 $\begin{pmatrix} -2 \\ 1 \\ 0 \end{pmatrix}$, $\begin{pmatrix} \frac{2}{5} \\ \frac{4}{5} \\ 1 \end{pmatrix}$, 单位化为 $\boldsymbol{p}_1 = \frac{1}{\sqrt{5}} \begin{pmatrix} -2 \\ 1 \\ 0 \end{pmatrix}$, $\boldsymbol{p}_2 = \frac{\sqrt{5}}{3} \begin{pmatrix} \frac{2}{5} \\ \frac{4}{5} \\ 1 \end{pmatrix}$.

将属于 10 的特征向量 $\begin{pmatrix} -\frac{1}{2} \\ -1 \\ 1 \end{pmatrix}$ 单位化为 $\boldsymbol{p}_3 = \frac{2}{3} \begin{pmatrix} -\frac{1}{2} \\ -1 \\ 1 \end{pmatrix}$. 构造矩阵

$$\boldsymbol{P} = (\boldsymbol{p}_1, \boldsymbol{p}_2, \boldsymbol{p}_3) = \begin{pmatrix} -\dfrac{2}{\sqrt{5}} & \dfrac{2}{3\sqrt{5}} & -\dfrac{1}{3} \\ \dfrac{1}{\sqrt{5}} & \dfrac{4}{3\sqrt{5}} & -\dfrac{2}{3} \\ 0 & \dfrac{\sqrt{5}}{3} & \dfrac{2}{3} \end{pmatrix},$$

不难验证 $\boldsymbol{P}^{\top} \boldsymbol{A} \boldsymbol{P} = \mathrm{diag}(1, 1, 10)$.

练习 5.11   对练习 5.10 中的对称矩阵 $\boldsymbol{A} = \begin{pmatrix} 2 & -2 & 0 \\ -2 & 1 & -2 \\ 0 & -2 & 0 \end{pmatrix} \in \mathbf{R}^{3\times 3}$, 计算正交矩阵

$\boldsymbol{P}$, 使 $\boldsymbol{P}^{\top} \boldsymbol{A} \boldsymbol{P} = \mathrm{diag}(-2, 1, 4)$.

(参考答案: $\begin{pmatrix} \dfrac{1}{3} & \dfrac{2}{3} & \dfrac{2}{3} \\ -\dfrac{2}{3} & -\dfrac{1}{3} & \dfrac{2}{3} \\ \dfrac{2}{3} & -\dfrac{2}{3} & \dfrac{1}{3} \end{pmatrix}$)

定义 5.8 $n \in \mathbf{N}$, $\boldsymbol{A}, \boldsymbol{B} \in \mathbf{R}^{n\times n}$. 若有可逆阵 $\boldsymbol{P} \in \mathbf{R}^{n\times n}$, 使

$$\boldsymbol{A} = \boldsymbol{P}^{\top} \boldsymbol{B} \boldsymbol{P},$$

称 $\boldsymbol{A}$ 与 $\boldsymbol{B}$ 相互合同.

由于正交矩阵一定是可逆阵, 综合以上讨论, 我们有以下定理.

定理 5.3 $n \in \mathbf{N}$, $\boldsymbol{A} \in \mathbf{R}^{n\times n}$ 且 $\boldsymbol{A}^{\top} = \boldsymbol{A}$, 必存在对角矩阵 $\boldsymbol{\Lambda} = \mathrm{diag}(\lambda_1, \lambda_2, \cdots, \lambda_n) \in \mathbf{R}^{n\times n}$, 使得 $\boldsymbol{A}$ 合同于 $\boldsymbol{\Lambda}$.

5.2.3   Python 解法

NumPy 的 linalg 模块提供了函数 eigh, 其调用格式为

$$\mathrm{eigh(A)}.$$

该函数会计算并返回参数 A 表示的对称矩阵的特征值数组 v 和由特征向量经过标准正交化后构成的正交矩阵 $\boldsymbol{P}$. 其中返回的特征值数组 v 中元素按升序排列, $\boldsymbol{P}$ 中的各列对应属于 v 中特征值的特征向量.

例 5.14   用 Python 计算使得例 5.13 的矩阵 $\boldsymbol{A} = \begin{pmatrix} 2 & 2 & -2 \\ 2 & 5 & -4 \\ -2 & -4 & 5 \end{pmatrix}$ 与对角矩阵合同

的正交矩阵 $\boldsymbol{P}$.

解   见下列代码.

程序 5.6   例 5.13 中对称矩阵 $\boldsymbol{A}$ 的对角化

```
1  import numpy as np                                    #导入 NumPy
```

```
2   np.set_printoptions(precision=4, suppress=True)        #设置输出精度
3   A=np.array([[2,2,-2],                                  #设置矩阵A
4               [2,5,-4],
5               [-2,-4,5]])
6   v,P=np.linalg.eigh(A)                                  #计算A的特征值和正交特征向量
7   print(v)
8   print(P)
9   print(np.matmul(np.matmul(P.T,A),P))                   #验证A与对角矩阵合同
```

　　程序的第 3~5 行设置矩阵 A. 第 6 行调用 NumPy 的 linalg 的函数 eigh, 计算矩阵参数 A 的特征值 v 和正交特征向量组成的正交矩阵 P. 第 7、8 行分别输出 v 和 P. 第 9 行调用 NumPy 的 matmul 函数计算矩阵的积 $\boldsymbol{P}^\top \boldsymbol{A} \boldsymbol{P}$ 并输出. 运行程序, 输出

```
[ 1.   1.  10.]
[[-0.9314  -0.1464  -0.3333]
 [ 0.1231   0.7351  -0.6667]
 [-0.3426   0.6619   0.6667]]
[[ 1.   0.   0.]
 [ 0.   1.   0.]
 [ 0.   0.  10.]]
```

第 1 行输出的是 $\boldsymbol{A}$ 的 3 个特征值 1, 1, 10. 接下来输出的是正交特征向量构成的正交矩阵 $\boldsymbol{P}$. 虽然 $\boldsymbol{P}$ 与我们在例 5.13 中算得的不相同, 但最后输出的 $\boldsymbol{P}^\top \boldsymbol{A} \boldsymbol{P}$ 确实为由特征值构成的对角矩阵 $\begin{pmatrix} 1 & 0 & 0 \\ 0 & 1 & 0 \\ 0 & 0 & 10 \end{pmatrix}$.

　　练习 5.12　用 Python 计算使得练习 5.11 的矩阵 $\boldsymbol{A} = \begin{pmatrix} 2 & -2 & 0 \\ -2 & 1 & -2 \\ 0 & -2 & 0 \end{pmatrix} \in \mathbf{R}^{3 \times 3}$ 与对角矩阵合同的正交矩阵 $\boldsymbol{P}$.

(参考答案: 见文件 chapt05.ipynb 中相应代码)

5.3　二次型

　　在空间解析几何中, 中心位于原点的有心二次曲面 (如椭球面、双曲面等) 方程[①], 可表示为

$$a_{11}x^2 + a_{22}y^2 + a_{33}z^2 + a_{12}xy + a_{13}xz + a_{23}yz = d. \tag{5.4}$$

该方程的左端是一个三元齐二次式 (式中的每一项都是两个变元的积或一个变元的二次幂). 通过合适的坐标变换, 式 (5.4) 可以化为 "标准方程":

$$c_1 x^2 + c_2 y^2 + c_3 z^2 = d.$$

根据 c_1, c_2, c_3 的符号, 可判断出曲面的类型. 本节的任务是把这个数学模型推广到 n 维欧氏空间 $\mathbf{R}^n$ 上.

---

① 见参考文献 [7] 第 196~197 页.

5.3.1　R 上二次型

定义 5.9　$n \in \mathbf{N}, \boldsymbol{\alpha}_1, \boldsymbol{\alpha}_2, \cdots, \boldsymbol{\alpha}_n$ 为欧几里得空间 $\mathbf{R}^n$ 的一个基, 令 $a_{ij} = \boldsymbol{\alpha}_i \circ \boldsymbol{\alpha}_j, 1 \leqslant$ $i, j \leqslant n$. 称对称矩阵 $\boldsymbol{A} = \begin{pmatrix} a_{11} & a_{12} & \cdots & a_{1n} \\ a_{21} & a_{22} & \cdots & a_{2n} \\ \vdots & \vdots & & \vdots \\ a_{n1} & a_{n2} & \cdots & a_{nn} \end{pmatrix} \in \mathbf{R}^{n \times n}$ 为基 $\boldsymbol{\alpha}_1, \boldsymbol{\alpha}_2, \cdots, \boldsymbol{\alpha}_n$ 的**度量矩**

阵. 在基 $\boldsymbol{\alpha}_1, \boldsymbol{\alpha}_2, \cdots, \boldsymbol{\alpha}_n$ 下, $\mathbf{R}^n$ 到 $\mathbf{R}$ 的映射: $\forall \boldsymbol{x} = \begin{pmatrix} x_1 \\ x_2 \\ \vdots \\ x_n \end{pmatrix} = \sum\limits_{i=1}^{n} x_i \boldsymbol{\alpha}_i \in \mathbf{R}^n$, 对应

$$f = \boldsymbol{x} \circ \boldsymbol{x} = \left(\sum_{i=1}^{n} x_i \boldsymbol{\alpha}_i \right) \circ \left(\sum_{j=1}^{n} x_j \boldsymbol{\alpha}_j \right) = \sum_{i=1}^{n} \sum_{j=1}^{n} a_{ij} x_i x_j = \boldsymbol{x}^\top \boldsymbol{A} \boldsymbol{x} \in \mathbf{R}$$

称为 $\mathbf{R}$ 上的 n 元**二次型**, $\boldsymbol{A}$ 称为该二次型的矩阵.

例 5.15　将三元齐二次式 $f = x^2 + 4y^2 + z^2 + 4xy + 2xz + 4yz$ 表示成 $\mathbf{R}$ 上的三元二次型.

解

$$f = x^2 + 4y^2 + z^2 + 4xy + 2xz + 4yz$$
$$= x^2 + 2xy + xz + 2yx + 4y^2 + 2yz + zx + 2zy + z^2$$
$$= (x, y, z) \begin{pmatrix} 1 & 2 & 1 \\ 2 & 4 & 2 \\ 1 & 2 & 1 \end{pmatrix} \begin{pmatrix} x \\ y \\ z \end{pmatrix}.$$

一般地, 对一个 n 元齐二次式

$$f = \sum_{i=1}^{n} \sum_{j=1}^{n} a_{ij} x_i x_j,$$

只要将其中的每一个交叉项 $a_{ij} x_i x_j$ 拆分成 $\dfrac{a_{ij}}{2} x_i x_j + \dfrac{a_{ij}}{2} x_j x_i$, 令 $a'_{ij} = a'_{ji} = \dfrac{a_{ij}}{2}$, 对于每一个平方项 $a_{ii} x_i^2$, 令 $a'_{ii} = a_{ii}$, 就可以得到对称矩阵

$$\boldsymbol{A} = \begin{pmatrix} a'_{11} & a'_{12} & \cdots & a'_{1n} \\ a'_{21} & a'_{22} & \cdots & a'_{2n} \\ \vdots & \vdots & & \vdots \\ a'_{n1} & a'_{n2} & \cdots & a'_{nn} \end{pmatrix}$$

为矩阵的二次型 $f = \boldsymbol{x}^\top \boldsymbol{A} \boldsymbol{x}$.

练习 5.13　将表达式 $f = x^2 + y^2 - 7z^2 - 2xy - 4xz - 4yz$ 表示成 $\mathbf{R}$ 上的三元二次型.

(参考答案: $f = (x, y, z) \begin{pmatrix} 1 & -1 & -2 \\ -1 & 1 & -2 \\ -2 & -2 & 7 \end{pmatrix} \begin{pmatrix} x \\ y \\ z \end{pmatrix}$)

需要注意的是, 二次型定义 $f = \boldsymbol{x}^\top \boldsymbol{A} \boldsymbol{x}$ 中, 矩阵 $\boldsymbol{A}$ 是对称的, 即 $\boldsymbol{A}^\top = \boldsymbol{A}$.

例 5.16　将 $f(x_1, x_2, x_3) = (x_1, x_2, x_3) \begin{pmatrix} 1 & 2 & 3 \\ 4 & 5 & 6 \\ 7 & 8 & 9 \end{pmatrix} \begin{pmatrix} x_1 \\ x_2 \\ x_3 \end{pmatrix}$ 表示成 $\mathbf{R}$ 上 3 个变量 x_1, x_2, x_3 的二次型.

解　题干中 $(x_1, x_2, x_3) \begin{pmatrix} 1 & 2 & 3 \\ 4 & 5 & 6 \\ 7 & 8 & 9 \end{pmatrix} \begin{pmatrix} x_1 \\ x_2 \\ x_3 \end{pmatrix}$ 并非二次型, 因为 $\begin{pmatrix} 1 & 2 & 3 \\ 4 & 5 & 6 \\ 7 & 8 & 9 \end{pmatrix}$ 不是对称矩阵. 为解此问题, 需做如下计算.

$$
\begin{aligned}
f(x_1, x_2, x_3) &= (x_1, x_2, x_3) \begin{pmatrix} 1 & 2 & 3 \\ 4 & 5 & 6 \\ 7 & 8 & 9 \end{pmatrix} \begin{pmatrix} x_1 \\ x_2 \\ x_3 \end{pmatrix} \\
&= x_1^2 + 2x_1x_2 + 3x_1x_3 + 4x_2x_1 + 5x_2^2 + 6x_2x_3 + 7x_3x_1 + 8x_3x_2 + 9x_3^2 \\
&= x_1^2 + 6x_1x_2 + 10x_1x_3 + 5x_2^2 + 14x_2x_3 + 9x_3^2 \\
&= x_1^2 + 3x_1x_2 + 5x_1x_3 + 3x_2x_1 + 5x_2^2 + 7x_2x_3 + 5x_3x_1 + 7x_3x_2 + 9x_3^2 \\
&= (x_1, x_2, x_3) \begin{pmatrix} 1 & 3 & 5 \\ 3 & 5 & 7 \\ 5 & 7 & 9 \end{pmatrix} \begin{pmatrix} x_1 \\ x_2 \\ x_3 \end{pmatrix} = f.
\end{aligned}
$$

通常, 在 $f = \boldsymbol{x}^\top \boldsymbol{A} \boldsymbol{x}$ 中, 若 $\boldsymbol{A} = (a_{ij})_{n \times n}$ 不是对称矩阵, 可以通过构造元素为

$$
a'_{ij} = \frac{a_{ij} + a_{ji}}{2} (1 \leqslant i, j \leqslant n)
$$

的矩阵 $\boldsymbol{A}' = (a'_{ij})_{n \times n}$ 使 $\boldsymbol{A}'^\top = \boldsymbol{A}'$, 因而 f 的二次型表达式为

$$
f = \boldsymbol{x}^\top \boldsymbol{A}' \boldsymbol{x}.
$$

练习 5.14　将 $f(x, y) = (x, y) \begin{pmatrix} 2 & 1 \\ 3 & 1 \end{pmatrix} \begin{pmatrix} x \\ y \end{pmatrix}$ 表示成 $\mathbf{R}$ 上两个变量 x, y 的二次型.

(参考答案: $f = (x, y) \begin{pmatrix} 2 & 2 \\ 2 & 1 \end{pmatrix} \begin{pmatrix} x \\ y \end{pmatrix}$)

5.3.2　二次型的标准形

二次型 $f = \boldsymbol{x}^\top \boldsymbol{A} \boldsymbol{x}$ 的矩阵 $\boldsymbol{A}$ 是一个对称矩阵, 由 $\mathbf{R}^n$ 的基 $\boldsymbol{\alpha}_1, \boldsymbol{\alpha}_2, \cdots, \boldsymbol{\alpha}_n$ 所确定. 若变换到另一个基 $\boldsymbol{\beta}_1, \boldsymbol{\beta}_2, \cdots, \boldsymbol{\beta}_n$, 根据定理 4.8, $\boldsymbol{x}$ 的坐标将发生变化:

$$
\boldsymbol{y} = \begin{pmatrix} y_1 \\ y_2 \\ \vdots \\ y_n \end{pmatrix} = \boldsymbol{P}^{-1} \begin{pmatrix} x_1 \\ x_2 \\ \vdots \\ x_n \end{pmatrix} = \boldsymbol{P}^{-1} \boldsymbol{x},
$$

或 $\boldsymbol{x} = \boldsymbol{P} \boldsymbol{y}$. 其中, 矩阵 $\boldsymbol{P}$ 是基 $\boldsymbol{\alpha}_1, \boldsymbol{\alpha}_2, \cdots, \boldsymbol{\alpha}_n$ 到 $\boldsymbol{\beta}_1, \boldsymbol{\beta}_2, \cdots, \boldsymbol{\beta}_n$ 的过渡矩阵 (即 $\boldsymbol{P}$ 由 $\boldsymbol{\beta}_i$ 在基 $\boldsymbol{\alpha}_1, \boldsymbol{\alpha}_2, \cdots, \boldsymbol{\alpha}_n$ 下的坐标组成). 此时, 二次型变换为

$$
f = \boldsymbol{x}^\top \boldsymbol{A} \boldsymbol{x} = \boldsymbol{y}^\top \boldsymbol{P}^\top \boldsymbol{A} \boldsymbol{P} \boldsymbol{y} = \boldsymbol{y}^\top (\boldsymbol{P}^\top \boldsymbol{A} \boldsymbol{P}) \boldsymbol{y} = \boldsymbol{y}^\top \boldsymbol{B} \boldsymbol{y}.
$$

其中, $\boldsymbol{B} = \boldsymbol{P}^\top \boldsymbol{A} \boldsymbol{P}$,

$$
\boldsymbol{B}^\top = (\boldsymbol{P}^\top \boldsymbol{A} \boldsymbol{P})^\top = \boldsymbol{P}^\top \boldsymbol{A} \boldsymbol{P} = \boldsymbol{B}.
$$

换句话说, $\boldsymbol{B}$ 是基 $\boldsymbol{\beta}_1, \boldsymbol{\beta}_2, \cdots, \boldsymbol{\beta}_n$ 的度量阵, 二次型变换为

$$
f = \boldsymbol{y}^\top \boldsymbol{B} \boldsymbol{y}.
$$

由于 $\boldsymbol{A}$ 为实对称矩阵, 根据定理 5.3, $\boldsymbol{A}$ 必与一实对角矩阵 $\boldsymbol{\Lambda} = \mathrm{diag}(\lambda_1, \lambda_2, \cdots, \lambda_n)$ 相互合同, 即存在可逆阵 $\boldsymbol{P}$, 使

$$
\boldsymbol{P}^\top \boldsymbol{A} \boldsymbol{P} = \boldsymbol{\Lambda}.
$$

$\boldsymbol{P}$ 的各列, 即 $\mathbf{R}^n$ 的一个标准正交基 $\boldsymbol{\epsilon}_1, \boldsymbol{\epsilon}_2, \cdots, \boldsymbol{\epsilon}_n$. 在这个基下, 二次型变换为

$$
f = \boldsymbol{y}^\top \boldsymbol{\Lambda} \boldsymbol{y} = \sum_{i=1}^n \lambda_i y_i^2.
$$

定义 5.10　二次型 f 在 $\mathbf{R}^n$ 的一组基 $\boldsymbol{\epsilon}_1, \boldsymbol{\epsilon}_2, \cdots, \boldsymbol{\epsilon}_n$ 下的形式

$$
f = \boldsymbol{x}^\top \boldsymbol{\Lambda} \boldsymbol{x} = \sum_{i=1}^n \lambda_i x_i^2
$$

其中, $\lambda_1, \lambda_2, \cdots, \lambda_n \in \mathbf{R}^n$, 称为 f 的一个**标准形**.

综上所述, 我们有以下定理.

定理 5.4　$\mathbf{R}$ 上任何一个 $n(n \in \mathbf{N})$ 元二次型 $f = \sum_{i=1}^n \sum_{j=1}^n a_{ij} x_i x_j = \boldsymbol{x}^\top \boldsymbol{A} \boldsymbol{x} \in \mathbf{R}(\boldsymbol{A}^\top = \boldsymbol{A})$, 均存在一个 $\mathbf{R}^n$ 上的正交变换 $\boldsymbol{P}$,

$$
\boldsymbol{y} = \begin{pmatrix} y_1 \\ y_2 \\ \vdots \\ y_n \end{pmatrix} = \begin{pmatrix} x_1 p_{11} + x_2 p_{21} + \cdots + x_n p_{n1} \\ x_1 p_{12} + x_2 p_{22} + \cdots + x_n p_{n2} \\ \vdots \\ x_1 p_{1n} + x_2 p_{2n} + \cdots + x_n p_{nn} \end{pmatrix} = \begin{pmatrix} p_{11} & p_{21} & \cdots & p_{n1} \\ p_{12} & p_{22} & \cdots & p_{n2} \\ \vdots & \vdots & & \vdots \\ p_{1n} & p_{2n} & \cdots & p_{nn} \end{pmatrix} \begin{pmatrix} x_1 \\ x_2 \\ \vdots \\ x_n \end{pmatrix} = \boldsymbol{P}^\top \boldsymbol{x},
$$

使

$$f = \boldsymbol{y}^\top (\boldsymbol{P}^\top \boldsymbol{A} \boldsymbol{P}) \boldsymbol{y} = \sum_{i=1}^{n} \lambda_i x_i^2$$

其中 $\lambda_1, \lambda_2, \cdots, \lambda_n \in \mathbf{R}$ 为 $\boldsymbol{A}$ 的特征值. 故在正交变换 $\boldsymbol{P}$ 下, 二次型 f 可被化为其标准形.

例 5.17 计算正交变换 $\boldsymbol{x} = \boldsymbol{P} \boldsymbol{y}$, 将二次型 $f = -2x_1 x_2 + 2x_1 x_3 + 2x_2 x_3$ 化为标准形.

解 首先, 写出二次型的矩阵式

$$f = (x_1, x_2, x_3) \begin{pmatrix} 0 & -1 & 1 \\ -1 & 0 & 1 \\ 1 & 1 & 0 \end{pmatrix} \begin{pmatrix} x_1 \\ x_2 \\ x_3 \end{pmatrix}.$$

对对称阵 $\boldsymbol{A} = \begin{pmatrix} 0 & -1 & 1 \\ 1 & 0 & 1 \\ 1 & 1 & 0 \end{pmatrix}$, 计算出其特征多项式 $\det(\lambda \boldsymbol{I} - \boldsymbol{A}) = 0$ 的根为 $-2, 1, 1$, 为

其特征值. 属于 -2 的特征向量 $\boldsymbol{p}_1 = \begin{pmatrix} -1 \\ -1 \\ 1 \end{pmatrix}$, 属于 1 的无关特征向量为 $\boldsymbol{p}_2 = \begin{pmatrix} -1 \\ 1 \\ 0 \end{pmatrix}$,

$\boldsymbol{p}_3 = \begin{pmatrix} 1 \\ 0 \\ 1 \end{pmatrix}$. 将 $\boldsymbol{p}_1, \boldsymbol{p}_2, \boldsymbol{p}_3$ 正交化为 $\boldsymbol{p}_1 = \begin{pmatrix} -1 \\ -1 \\ 1 \end{pmatrix}, \boldsymbol{p}_2 = \begin{pmatrix} -1 \\ 1 \\ 0 \end{pmatrix}, \boldsymbol{p}_3 = \begin{pmatrix} \frac{1}{2} \\ \frac{1}{2} \\ 1 \end{pmatrix}$, 单位化后得

$\boldsymbol{p}_1 = \begin{pmatrix} -\dfrac{1}{\sqrt{3}} \\ -\dfrac{1}{\sqrt{3}} \\ \dfrac{1}{\sqrt{3}} \end{pmatrix}, \boldsymbol{p}_2 = \begin{pmatrix} -\dfrac{1}{\sqrt{2}} \\ \dfrac{1}{\sqrt{2}} \\ 0 \end{pmatrix}, \boldsymbol{p}_3 = \begin{pmatrix} \dfrac{1}{\sqrt{6}} \\ \dfrac{1}{\sqrt{6}} \\ \dfrac{2}{\sqrt{6}} \end{pmatrix}$. 令

$$\boldsymbol{P} = (\boldsymbol{p}_1, \boldsymbol{p_2}, \boldsymbol{p}_3) = \begin{pmatrix} -\dfrac{1}{\sqrt{3}} & -\dfrac{1}{\sqrt{2}} & \dfrac{1}{\sqrt{6}} \\ -\dfrac{1}{\sqrt{3}} & \dfrac{1}{\sqrt{2}} & \dfrac{1}{\sqrt{6}} \\ \dfrac{1}{\sqrt{3}} & 0 & \dfrac{2}{\sqrt{6}} \end{pmatrix},$$

则正交变换 $\boldsymbol{y} = \boldsymbol{P}^\top \boldsymbol{x}$ 下,

$$f = -2x_1 x_2 + 2x_1 x_3 + 2x_2 x_3 = -2y_1^2 + y_2^2 + y_3^2.$$

练习 5.15 计算正交变换 $\boldsymbol{x} = \boldsymbol{P} \boldsymbol{y}$, 将二次型 $f = 2x_1^2 + 3x_2^2 + 3x_3^2 + 4x_2 x_3$ 化为标准形.

(参考答案: $\boldsymbol{P} = \begin{pmatrix} 1 & 0 & 0 \\ 0 & \dfrac{1}{\sqrt{2}} & \dfrac{1}{\sqrt{2}} \\ 0 & \dfrac{1}{\sqrt{2}} & -\dfrac{1}{\sqrt{2}} \end{pmatrix}$, $f = 2y_1^2 + 5y_2^2 + y_3^2$)

由于所有相互合同的矩阵也必然相似, 故二次型 $f = \boldsymbol{x}^{\mathrm{T}} \boldsymbol{A} \boldsymbol{x}$ 的标准形是唯一的.

定义 5.11　若二次型的标准形 $f = \sum\limits_{i=1}^{n} \lambda_i x_i^2$ 中,

$$\lambda_i > 0, i = 1, 2, \cdots, n,$$

则称 f 为**正定二次型**.

若二次型 $f = \boldsymbol{x}^{\mathrm{T}} \boldsymbol{A} \boldsymbol{x}$ 是正定的, 则称 $\boldsymbol{A}$ 为一**正定矩阵**. 按定义 5.11, 对称矩阵 $\boldsymbol{A}$ 正定, 当且仅当 $\boldsymbol{A}$ 合同于对角矩阵 $\mathrm{diag}(\lambda_1, \lambda_2, \cdots, \lambda_n)$, $\lambda_i > 0$, $i = 1, 2, \cdots, n$. 即 $\boldsymbol{A}$ 的所有特征值均大于零. 此时, 有正交阵 $\boldsymbol{P}_1$, 使

$$\boldsymbol{P}_1^{\top} \boldsymbol{A} \boldsymbol{P}_1 = \begin{pmatrix} \lambda_1 & 0 & \cdots & 0 \\ 0 & \lambda_2 & \cdots & 0 \\ \vdots & \vdots & & \vdots \\ 0 & 0 & \cdots & \lambda_n \end{pmatrix}.$$

若记 $\boldsymbol{P}_2 = \mathrm{diag}(\dfrac{1}{\sqrt{\lambda_1}}, \dfrac{1}{\sqrt{\lambda_2}}, \cdots, \dfrac{1}{\sqrt{\lambda_n}})$, 则 $\boldsymbol{P}_2^{\top} = \boldsymbol{P}_2$. 令 $\boldsymbol{P} = \boldsymbol{P}_1 \boldsymbol{P}_2$, $\boldsymbol{P}$ 可逆且

$$\boldsymbol{P}^{\top} \boldsymbol{A} \boldsymbol{P} = \boldsymbol{P}_2^{\top} (\boldsymbol{P}_1^{\top} \boldsymbol{A} \boldsymbol{P}_1) \boldsymbol{P}_2$$

$$= \begin{pmatrix} \dfrac{1}{\sqrt{\lambda_1}} & 0 & \cdots & 0 \\ 0 & \dfrac{1}{\sqrt{\lambda_2}} & \cdots & 0 \\ \vdots & \vdots & & \vdots \\ 0 & 0 & \cdots & \dfrac{1}{\sqrt{\lambda_n}} \end{pmatrix} \begin{pmatrix} \lambda_1 & 0 & \cdots & 0 \\ 0 & \lambda_2 & \cdots & 0 \\ \vdots & \vdots & & \vdots \\ 0 & 0 & \cdots & \lambda_n \end{pmatrix} \begin{pmatrix} \dfrac{1}{\sqrt{\lambda_1}} & 0 & \cdots & 0 \\ 0 & \dfrac{1}{\sqrt{\lambda_2}} & \cdots & 0 \\ \vdots & \vdots & & \vdots \\ 0 & 0 & \cdots & \dfrac{1}{\sqrt{\lambda_n}} \end{pmatrix}$$

$$= \begin{pmatrix} 1 & 0 & \cdots & 0 \\ 0 & 1 & \cdots & 0 \\ \vdots & \vdots & & \vdots \\ 0 & 0 & \cdots & 1 \end{pmatrix} = \boldsymbol{I}$$

即 $\boldsymbol{A}$ 合同于单位矩阵 $\boldsymbol{I}$.

例 5.18　判断二次型 $f = -5x_1^2 - 6x_2^2 - 4x_3^2 + 4x_1x_2 + 4x_1x_3$ 的正定性.

解　首先计算 f 的矩阵式,

$$f = -5x_1^2 - 6x_2^2 - 4x_3^2 + 4x_1x_2 + 4x_1x_3 = (x_1, x_2, x_3) \begin{pmatrix} -5 & 2 & 2 \\ 2 & -6 & 0 \\ 2 & 0 & -4 \end{pmatrix} \begin{pmatrix} x_1 \\ x_2 \\ x_3 \end{pmatrix} = \boldsymbol{x}^{\top} \boldsymbol{A} \boldsymbol{x}.$$

A 的特征多项式 $\det(\lambda I - A) = \det \begin{pmatrix} \lambda+5 & -2 & -2 \\ -2 & \lambda+6 & 0 \\ -2 & 0 & \lambda+4 \end{pmatrix} = \lambda^3 + 15\lambda^2 + 66\lambda + 80 =$

$(\lambda+8)(\lambda+5)(\lambda+2)$ 的根为 $-8, -5, -2$, 故该二次型显然不是正定二次型. 其所有特征值均小于 0, 这样的二次型称为**负定二次型**.

练习 5.16　判断二次型 $f = x_1^2 + x_3^2 + 2x_1x_2 - 2x_2x_3$ 的正定性.

(参考答案: 既不是正定的, 也不是负定的)

设二次型 f 是正定的, 在基 $\boldsymbol{\alpha}_1, \boldsymbol{\alpha}_2, \cdots, \boldsymbol{\alpha}_n$ 下其矩阵为 $\boldsymbol{A}$, 则 $\forall \boldsymbol{x} \in \mathbf{R}^n$, $\boldsymbol{x} \neq \boldsymbol{o}$, 必有 $f = \boldsymbol{x}^\top \boldsymbol{A} \boldsymbol{x} > 0$.

这是因为, 按定义 5.10、定理 5.4 及定义 5.11, 存在可逆矩阵 $\boldsymbol{P}$, 使

$$\boldsymbol{A} = \boldsymbol{P}^\top \boldsymbol{\Lambda} \boldsymbol{P}$$

其中, $\boldsymbol{\Lambda} = \mathrm{diag}(\lambda_1, \lambda_2, \cdots, \lambda_n), \lambda_i > 0, i = 1, 2, \cdots, n$. $\forall \boldsymbol{x} \in \mathbf{R}^n$ 且 $\boldsymbol{x} \neq \boldsymbol{o}$, 记 $\boldsymbol{y} = \begin{pmatrix} y_1 \\ y_2 \\ \vdots \\ y_n \end{pmatrix} = \boldsymbol{P} \boldsymbol{x} \neq \boldsymbol{o}$.

$$\boldsymbol{x}^\top \boldsymbol{A} \boldsymbol{x} = \boldsymbol{x}^\top \boldsymbol{P}^\top \boldsymbol{\Lambda} \boldsymbol{P} \boldsymbol{x} = (\boldsymbol{P}\boldsymbol{x})^\top \boldsymbol{\Lambda} (\boldsymbol{P}\boldsymbol{x}) = \boldsymbol{y}^\top \boldsymbol{\Lambda} \boldsymbol{y}$$

$$= (y_1, y_2, \cdots, y_n) \begin{pmatrix} \lambda_1 & 0 & \cdots & 0 \\ 0 & \lambda_2 & \cdots & 0 \\ \vdots & \vdots & \ddots & \vdots \\ 0 & 0 & \cdots & \lambda_n \end{pmatrix} \begin{pmatrix} y_1 \\ y_2 \\ \vdots \\ y_n \end{pmatrix}$$

$$= \sum_{i=1}^n \lambda_i y_i^2 > 0.$$

最后的不等号是由于 $\lambda_i > 0$, $1 \leqslant i \leqslant n$ 且 $y_1, y_2, \cdots, y_n$ 不全为 0.

对称正定矩阵以其优良的性质在诸多领域均有重要应用.

定理 5.5　设 $\boldsymbol{A} \in \mathbf{R}^{n \times n}$, $\boldsymbol{A}^\top = \boldsymbol{A}$, 且正定. 则

(1) $\boldsymbol{A}$ 可逆;

(2) $\boldsymbol{A}^{-1}$ 也是对称正定矩阵.

(证明见本章附录 A6.)

将任意 $\boldsymbol{x} \in \mathbf{R}^n$ 视为变量, 设 $\boldsymbol{A} \in \mathbf{R}^{n \times n}$ 对称, $\boldsymbol{b} \in \mathbf{R}^n$ 为常向量, $c \in \mathbf{R}$ 为常数. $f(\boldsymbol{x}) = \dfrac{1}{2}\boldsymbol{x}^\top \boldsymbol{A} \boldsymbol{x} - \boldsymbol{x}^\top \boldsymbol{b} + c$ 实际上定义了一个 $\mathbf{R}^n \to \mathbf{R}$ 的函数, 称为**二次型函数**. 当 $n = 1$ 时, 即为我们熟悉的二次函数 $f(x) = \dfrac{1}{2}ax^2 - bx + c$, 当 $a > 0$ 时其图形为开口向上的抛物线, 必有唯一的最小值点, 如图 5.2(a) 所示. $n = 2$ 时, 二元二次型函数 $f(\boldsymbol{x}) = \dfrac{1}{2}\boldsymbol{x}^\top \boldsymbol{A} \boldsymbol{x} - \boldsymbol{x}^\top \boldsymbol{b} + c$ 当 $\boldsymbol{A}$ 为正定矩阵时, 其图形为一开口向上的抛物面, 也有唯一的最小值点, 如图 5.2(b) 所示.

(a) $f(x)=\frac{1}{2}ax^2-bx+c,\ x\in\mathbf{R}$　　(b) $f(\boldsymbol{x})=\frac{1}{2}\boldsymbol{x}^\top\boldsymbol{A}\boldsymbol{x}-\boldsymbol{x}^\top\boldsymbol{b}+c,\ \boldsymbol{x}\in\mathbf{R}^2$

图 5.2　二次型函数的图形

二次型函数 $f(x)$ 当矩阵 $\boldsymbol{A}$ 对称正定时，必有唯一的最小值点 x_0，称为**正定二次型函数**. 由于正定二次型函数性质优良且简单易算，成为最优化理论与方法中的一个重要计算模型与工具. 因此，对给定的二次型函数 $f(\boldsymbol{x})=\frac{1}{2}\boldsymbol{x}^\top\boldsymbol{A}\boldsymbol{x}-\boldsymbol{x}^\top\boldsymbol{b}+c$ 是否为正定二次型函数，在最优化领域中至关重要. 除了按定义 5.11，计算出 $f=\boldsymbol{x}^\top\boldsymbol{A}\boldsymbol{x}$ 的标准形，根据 $\boldsymbol{A}$ 的所有实特征根是否大于零来判断，还可以运用如下的定理。

定理 5.6　设对称矩阵 $\boldsymbol{A}\in\mathbf{R}^{n\times n}$

$$\boldsymbol{A}=\begin{pmatrix} a_{11} & a_{12} & \cdots & a_{1n} \\ a_{21} & a_{22} & \cdots & a_{2n} \\ \vdots & \vdots & \ddots & \vdots \\ a_{n1} & a_{n2} & \cdots & a_{nn} \end{pmatrix}$$

对 $1\leqslant k\leqslant n$，$\det\begin{pmatrix} a_{11} & a_{12} & \cdots & a_{1k} \\ a_{21} & a_{22} & \cdots & a_{2k} \\ \vdots & \vdots & \ddots & \vdots \\ a_{k1} & a_{k2} & \cdots & a_{kk} \end{pmatrix}$ 称为 $\boldsymbol{A}$ 的第 k 阶**主子式**. $\boldsymbol{A}$ **正定的充分必要条**

件是其所有 n 个主子式均大于零. (证明见本章附录 A7.)

例 5.19　用定理 5.6 判断二次型 $f=x_2+3x_2^2+9x_3^2-2x_1x_2+4x_1x_3$ 是否正定.

解　$f=x_2+3x_2^2+9x_3^2-2x_1x_2+4x_1x_3=\boldsymbol{x}^\top\begin{pmatrix} 1 & -1 & 2 \\ -1 & 3 & 0 \\ 2 & 0 & 9 \end{pmatrix}\boldsymbol{x},\ \boldsymbol{x}\in\mathbf{R}^3$. 由于

$$\det(1)=1>0,\det\begin{pmatrix} 1 & -1 \\ -1 & 3 \end{pmatrix}=2>0,\det\begin{pmatrix} 1 & -1 & 2 \\ -1 & 3 & 0 \\ 2 & 0 & 9 \end{pmatrix}=6>0$$

按定理 5.6，$\begin{pmatrix} 1 & -1 & 2 \\ -1 & 3 & 0 \\ 2 & 0 & 9 \end{pmatrix}$ 正定，所以二次型 f 正定.

练习 5.17　用定理 5.6 判断二次型 $f = 3x_1^2 + 3x_2^2 + 4x_1x_2$ 是否正定.

(参考答案: 正定)

5.3.3　Python 解法

1. 齐二次式二次型矩阵计算

对非对称矩阵表示的 n 元齐二次式, 可以用下面定义的函数重构二次型的矩阵.

程序 5.7　矩阵对称化函数定义

```
1   def symmetrization(A):              #将矩阵A对称化
2       n,_=A.shape                      #读取阶数
3       for i in range(n):              #处理每一行
4           for j in range(i+1,n):      #每一个非主对角元素
5               A[i,j]=(A[i,j]+A[j,i])/2 # A[i,j]
6               A[j,i]=A[i,j]            # A[j,i]
```

第 1~6 行定义的 symmetrization 函数, 用于将矩阵 A 对称化. 第 2 行读取 A 的阶数 n. 第 3~6 行嵌套的双重 **for** 循环完成 A 的对称化操作: 先用外层循环扫描 A 的每一行, 内层循环将当前的第 i 行中位于主对角线以上的每一个元素 A[i,j](j>i) 赋值为关于主对角线对称的两个元素的算术平均值 (A[i,j]+A[j,i])/2(第 5 行), 然后用改变后的 A[i,j] 改写对称元素 A[j,i](第 6 行). 循环结束, A 被对称化. 将本程序代码写入文件 utility.py, 以便调用.

例 5.20　用 Python 计算例 5.15 中齐二次式 $f = x^2 + 4y^2 + z^2 + 4xy + 2xz + 4yz$ 的二次型矩阵 A.

解　$f = x^2 + 4y^2 + z^2 + 4xy + 2xz + 4yz = (x, y, z)\begin{pmatrix} 1 & 4 & 2 \\ 0 & 4 & 4 \\ 0 & 0 & 1 \end{pmatrix}\begin{pmatrix} x \\ y \\ z \end{pmatrix}$. 令 $A = $

$\begin{pmatrix} 1 & 4 & 2 \\ 0 & 4 & 4 \\ 0 & 0 & 1 \end{pmatrix}$, 对称化 A 即可解本例, 见下列代码.

程序 5.8　例 5.15 二次型矩阵计算

```
1   import numpy as np                          #导入NumPy
2   from utility import symmetrization          #导入symmetrization
3   A=np.array([[1,4,2],                         #设置初始矩阵A
4              [0,4,4],
5              [0,0,1]])
6   symmetrization(A)                            #对称化A
7   print(A)
```

结合代码中的注释信息, 读者很容易理解程序. 运行程序, 输出

```
[[1 2 1]
 [2 4 2]
 [1 2 1]]
```

即 $f = x^2 + 4xy + 4y^2 + 2xz + z^2 + 4yz = (x, y, z) \begin{pmatrix} 1 & 2 & 1 \\ 2 & 4 & 1 \\ 1 & 2 & 1 \end{pmatrix} \begin{pmatrix} x \\ y \\ z \end{pmatrix}$.

练习 5.18 用 Python 计算练习 5.13 中齐二次式 $f = x^2 + y^2 - 7z^2 - 2xy - 4xz - 4yz$ 的二次型矩阵 $\boldsymbol{A}$.

(参考答案: 见文件 chapt05.ipynb 中相应代码)

2. 二次型的标准形计算

要寻求正交变换 $\boldsymbol{y} = \boldsymbol{P}^\top \boldsymbol{x}$, 使得二次型 $f = \boldsymbol{x}^\top \boldsymbol{A} \boldsymbol{x}$ 的标准形为 $f = \boldsymbol{y}^\top \boldsymbol{\Lambda} \boldsymbol{y}$, 其中 $\boldsymbol{\Lambda}$ 为一对角矩阵, 只需要调用 NumPy 的 linalg 的 eigh 函数 (用法见 5.2.3 节) 即可.

例 5.21 用 Python 对例 5.17 中的二次型 $f = -2x_1x_2 + 2x_1x_3 + 2x_2x_3$ 计算正交变换 $\boldsymbol{y} = \boldsymbol{P}^\top \boldsymbol{x}$ 及对角矩阵 $\boldsymbol{\Lambda}$, 使得 f 的标准形为 $f = \boldsymbol{y}^\top \boldsymbol{\Lambda} \boldsymbol{y}$.

解 见下列代码.

程序 5.9　例 5.17 标准化二次型计算

```
1   import numpy as np                              #导入NumPy
2   from utility import symmetrization              #导入symmetrization
3   np.set_printoptions(precision=4, suppress=True) #设置输出精度
4   A=np.array([[0,-2,2],                           #设置齐二次式
5               [0,0,2],
6               [0,0,0]])
7   symmetrization(A)                               #对称化
8   v,P=np.linalg.eigh(A)                           #计算正交矩阵P及标准形系数
9   print(v)
10  print(P)
11  print(np.matmul(np.matmul(P.T,A),P))
```

程序的第 4~6 行用 $f = -2x_1x_2 + 2x_1x_3 + 2x_2x_3$ 的各项系数初始化矩阵 A. 第 7 行调用函数 symmetrization(A)(程序 5.7 定义, 第 2 行导入) 对称化 A. 第 8 行调用 NumPy 的 linalg 的 eigh 函数计算 A 的特征值 v 及正交矩阵 P. 运行程序, 输出

```
[-2.  1.  1.]
[[-0.5774 -0.4225  0.6987]
 [-0.5774  0.8163  0.0166]
 [ 0.5774  0.3938  0.7152]]
[[-2.  0.  0.]
 [ 0.  1.  0.]
 [ 0.  0.  1.]]
```

第 1 行显示的是 $\boldsymbol{A}$ 的 3 个特征值 $-2, 1, 1$. 接下来的 3 行显示的是正交阵 $\boldsymbol{P}$. 最后 3 行显示的是 f 的标准形矩阵 $\boldsymbol{P}^\top \boldsymbol{A} \boldsymbol{P} = \begin{pmatrix} -2 & 0 & 0 \\ 0 & 1 & 0 \\ 0 & 0 & 1 \end{pmatrix}$, 即二次型 f 的标准形为 $f = -2y_1^2 + y_2^2 + y_3^2$.

练习 5.19 用 Python 计算练习 5.15 中的二次型 $f = 2x_1^2 + 3x_2^2 + 3x_3^2 + 4x_2x_3$ 的正交变换 $\boldsymbol{y} = \boldsymbol{P}^\top \boldsymbol{x}$ 及对角矩阵 $\boldsymbol{\Lambda}$, 使得 f 的标准形为 $f = \boldsymbol{y}^\top \boldsymbol{\Lambda} \boldsymbol{y}$.

(参考答案: 见文件 chapt05.ipynb 中相应代码)

3. 二次型正定性判断

要判断 n 元齐二次式 f 表示的二次型是否为正定二次型, 若二次型矩阵为 $\boldsymbol{A}$, 只需调用 NumPy 的 linalg 的函数 eigvalsh, 其调用格式为

$$\text{eigvalsh}(A).$$

该函数的参数 A 表示对称阵 $\boldsymbol{A}$, 返回 $\boldsymbol{A}$ 的 n 个特征值 (包含重根, 按升序排列). 若所有特征值全部都是正实数, 则 f 是正定的. 若所有特征值是负实数, 则 f 为负定的. 若特征值中含有 0、若干负实数、若干个正实数, 则 f 既非正定的亦非负定的.

例 5.22　用 Python 判断例 5.18 中齐二次式 $f = -5x_1^2 - 6x_2^2 - 4x_3^2 + 4x_1x_2 + 4x_1x_3$ 的正定性.

解　见下列代码.

程序 5.10　例 5.18 二次型正定性判断

```
1  import numpy as np                        #导入 NumPy
2  from utility import symmetrization        #导入 symmetrization
3  A=np.array([[-5,4,4],                      #初始化 A
4              [0,-6,0],
5              [0,0,-4]])
6  symmetrization(A)                          #对称化 A
7  v=np.linalg.eigvalsh(A)                    #计算 A 的特征值
8  print(v)
```

利用代码中的注释信息, 读者不难理解程序. 运行程序, 输出

$[-8. \ -5. \ -2.]$

由于 3 个特征值均为负实数, 故二次型 f 是负定的.

练习 5.20　用 Python 判断练习 5.16 中齐二次式 $f = x_1^2 + x_3^2 + 2x_1x_2 - 2x_2x_3$ 的正定性.

(参考答案: 见文件 chapt05.ipynb 中相应代码)

5.4　最小二乘法

5.4.1　向量间的距离

在欧几里得空间中两个向量之间可以测量 "距离".

定义 5.12　欧几里得空间 $(V, +, \cdot, \circ)$ 中任意两个向量 $\boldsymbol{x}$ 和 $\boldsymbol{y}$ 之间的**距离**$d(\boldsymbol{x}, \boldsymbol{y})$ 定义为

$$d(\boldsymbol{x}, \boldsymbol{y}) = \|\boldsymbol{x} - \boldsymbol{y}\| = \sqrt{(\boldsymbol{x} - \boldsymbol{y}) \circ (\boldsymbol{x} - \boldsymbol{y})}.$$

按此定义, 两个向量之间的距离具有如下性质.

引理 5.6　设 $(V, +, \cdot, \circ)$ 为一欧氏空间, $\forall \boldsymbol{x}, \boldsymbol{y} \in (V, +, \cdot, \circ)$,

(1) $d(\boldsymbol{x}, \boldsymbol{y}) = d(\boldsymbol{y}, \boldsymbol{x})$;

(2) $d(\boldsymbol{x},\boldsymbol{y}) \geqslant 0, d(\boldsymbol{x},\boldsymbol{y}) = 0$, 当且仅当 $\boldsymbol{x} = \boldsymbol{y}$ 时成立;

(3) $\forall \boldsymbol{z} \in V, d(\boldsymbol{x},\boldsymbol{y}) \leqslant d(\boldsymbol{x},\boldsymbol{z}) + d(\boldsymbol{z},\boldsymbol{y})$.

(证明见本章附录 A8.)

定理 5.7 $\boldsymbol{\alpha}_1, \boldsymbol{\alpha}_2, \cdots, \boldsymbol{\alpha}_k$ 为欧几里得空间 $\mathbf{R}^n$ 的一组不全为零的向量. 令

$$W = \{\boldsymbol{x} \,|\, \boldsymbol{x} = \lambda_1\boldsymbol{\alpha}_1 + \lambda_2\boldsymbol{\alpha}_2 + \cdots + \lambda_k\boldsymbol{\alpha}_k, \lambda_1, \lambda_2, \cdots, \lambda_k \in \mathbf{R}\},$$

即 W 是 $\boldsymbol{\alpha}_1, \boldsymbol{\alpha}_2, \cdots, \boldsymbol{\alpha}_k$ 的生成子空间. 给定 $\boldsymbol{\beta} \in \mathbf{R}^n$, 且 $\boldsymbol{\gamma} \in W, (\boldsymbol{\beta} - \boldsymbol{\gamma}) \perp W$, 则 $\forall \boldsymbol{\delta} \in W$(见图 5.3), 有

$$d(\boldsymbol{\beta},\boldsymbol{\gamma}) \leqslant d(\boldsymbol{\beta},\boldsymbol{\delta}).$$

(证明见本章附录 A9.)

定理 5.7 表明, 向量到子空间中各向量的距离以垂线最短.

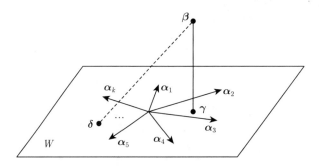

图 5.3   子空间 W 外向量 $\boldsymbol{\beta}$ 到子空间 W 的最短距离

5.4.2   最小二乘法实现

$\mathbf{R}$ 上线性方程组

$$\begin{cases} a_{11}x_1 + a_{12}x_2 + \cdots + a_{1m}x_m = b_1 \\ a_{21}x_1 + a_{22}x_2 + \cdots + a_{2m}x_m = b_2 \\ \qquad\qquad\qquad \vdots \\ a_{n1}x_1 + a_{n2}x_2 + \cdots + a_{nm}x_m = b_n \end{cases}$$

可能无解, 即 $\forall x_1, x_2, \cdots, x_m \in \mathbf{R}$,

$$\sum_{i=1}^{n}(a_{i1}x_1 + a_{i2}x_2 + \cdots + a_{im}x_m - b_i)^2 \neq 0.$$

希望找到 $x_1^0, x_2^0, \cdots, x_m^0 \in \mathbf{R}$, 使得 $\sum\limits_{i=1}^{n}(a_{i1}x_1 + a_{i2}x_2 + \cdots + a_{im}x_m - b_i)^2$ 最小. 这样的 $x_1^0, x_2^0, \cdots, x_m^0$ 称为方程组的 **最小二乘解**. 设

$$\boldsymbol{A} = \begin{pmatrix} a_{11} & a_{12} & \cdots & a_{1m} \\ a_{21} & a_{22} & \cdots & a_{2m} \\ \vdots & \vdots & & \vdots \\ a_{n1} & a_{n2} & \cdots & a_{nm} \end{pmatrix}, \boldsymbol{b} = \begin{pmatrix} b_1 \\ b_2 \\ \vdots \\ b_n \end{pmatrix}, \boldsymbol{x} = \begin{pmatrix} x_1 \\ x_2 \\ \vdots \\ x_n \end{pmatrix}, \boldsymbol{y} = \boldsymbol{A}\boldsymbol{x}.$$

则

$$\sum_{i=1}^{n}(a_{i1}x_1 + a_{i2}x_2 + \cdots + a_{im}x_m - b_i)^2 = \|\boldsymbol{A}\boldsymbol{x} - \boldsymbol{b}\|^2 = \|\boldsymbol{y} - \boldsymbol{b}\|^2.$$

记 $\boldsymbol{\alpha}_j = \begin{pmatrix} a_{j1} \\ a_{j2} \\ \vdots \\ a_{jn} \end{pmatrix}, j = 1, 2, \cdots, m$, W 为 $\boldsymbol{\alpha}_1, \boldsymbol{\alpha}_2, \cdots, \boldsymbol{\alpha}_m$ 的生成子空间. 由于 $\boldsymbol{y} = x_1\boldsymbol{\alpha}_1 + x_2\boldsymbol{\alpha}_2 + \cdots + x_m\boldsymbol{\alpha}_m$, 故 $\boldsymbol{y}$ 是 W 中的向量. 我们的任务就是找 $\boldsymbol{x}_0 = \begin{pmatrix} x_1^0 \\ x_2^0 \\ \vdots \\ x_m^0 \end{pmatrix} \in \mathbf{R}^n, \boldsymbol{y}_0 = \boldsymbol{A}\boldsymbol{x}_0$, 使得 $\|\boldsymbol{y}_0 - \boldsymbol{b}\|^2$ 最小.

根据定理 5.5, 这只要保证 $(\boldsymbol{y}_0 - \boldsymbol{b}) \perp W$, 这等价于 $\boldsymbol{\alpha}_j \circ (\boldsymbol{y}_0 - \boldsymbol{b}) = 0, j = 1, 2, \cdots, m$. 而 $\boldsymbol{\alpha}_j \circ (\boldsymbol{y}_0 - \boldsymbol{b}) = \boldsymbol{\alpha}_j^\top(\boldsymbol{y}_0 - \boldsymbol{b}), j = 1, 2, \cdots, m$, 即 $(\boldsymbol{y}_0 - \boldsymbol{b}) \perp W$ 等价于

$$\boldsymbol{A}^\top(\boldsymbol{y}_0 - \boldsymbol{b}) = \boldsymbol{o}.$$

寻求 $\boldsymbol{A}\boldsymbol{x} = \boldsymbol{b}$ 的最小二乘解 $\boldsymbol{x}_0$, 就是解线性方程组

$$\boldsymbol{A}^\top(\boldsymbol{y}_0 - \boldsymbol{b}) = \boldsymbol{A}^\top(\boldsymbol{A}\boldsymbol{x} - \boldsymbol{b}) = \boldsymbol{A}^\top\boldsymbol{A}\boldsymbol{x} - \boldsymbol{A}^\top\boldsymbol{b} = \boldsymbol{o}$$

或

$$\boldsymbol{A}^\top\boldsymbol{A}\boldsymbol{x} = \boldsymbol{A}^\top\boldsymbol{b}.$$

例 5.23 已知例 3.6 中的线性方程组 $\begin{cases} 4x_1 + 2x_2 - x_3 = 2 \\ 3x_1 - x_2 + 2x_3 = 10 \\ 11x_1 + 3x_2 \quad\quad = 8 \end{cases}$ 在 $\mathbf{R}$ 中无解, 试求其最小二乘解.

解　根据题设，$\boldsymbol{A} = \begin{pmatrix} 4 & 2 & -1 \\ 3 & -1 & 2 \\ 11 & 3 & 0 \end{pmatrix}$，$\boldsymbol{b} = \begin{pmatrix} 2 \\ 10 \\ 8 \end{pmatrix}$．要计算方程组 $\boldsymbol{A}\boldsymbol{x} = \boldsymbol{b}$ 的最小二乘

解，需解方程

$$\boldsymbol{A}^\top \boldsymbol{A} \boldsymbol{x} = \boldsymbol{A}^\top \boldsymbol{b}.$$

由设定的 $\boldsymbol{A}$ 和 $\boldsymbol{b}$，算得 $\boldsymbol{A}^\top \boldsymbol{A} = \begin{pmatrix} 146 & 38 & 2 \\ 38 & 14 & -4 \\ 2 & -4 & 5 \end{pmatrix}$，$\boldsymbol{A}^\top \boldsymbol{b} = \begin{pmatrix} 126 \\ 18 \\ 18 \end{pmatrix}$，即方程组 $\boldsymbol{A}^\top \boldsymbol{A} \boldsymbol{x} =$

$\boldsymbol{A}^\top \boldsymbol{b}$ 为

$$\begin{cases} 146x_1 + 38x_2 + 2x_3 = 126 \\ 38x_1 + 14x_2 - 4x_3 = 18 \\ 2x_1 - 4x_2 + 5x_3 = 18 \end{cases}.$$

解之得 $\boldsymbol{x}_0 = \begin{pmatrix} \dfrac{9}{5} \\ -\dfrac{18}{5} \\ 0 \end{pmatrix}$ 为原方程组 $\boldsymbol{A}\boldsymbol{x} = \boldsymbol{b}$ 的最小二乘解．

练习 5.21　计算练习 3.5 中无解方程组 $\begin{cases} x_1 - 2x_2 + 3x_3 - x_4 = 1 \\ 3x_1 - x_2 + 5x_3 - 3x_4 = 2 \\ 2x_1 + x_2 + 2x_3 - 2x_4 = 3 \end{cases}$ 的最小二乘解．

(参考答案：$\boldsymbol{x}_0 = \begin{pmatrix} 1 \\ \dfrac{1}{3} \\ 0 \\ 0 \end{pmatrix}$)

5.4.3　Python 解法

先给定 **R** 上无解线性方程组 $\boldsymbol{A}\boldsymbol{x} = \boldsymbol{b}$，构造 $\boldsymbol{A}^\top \boldsymbol{A}$ 及 $\boldsymbol{A}^\top \boldsymbol{b}$，然后调用程序 3.6 定义的 mySolve 函数，解方程组 $\boldsymbol{A}^\top \boldsymbol{A} \boldsymbol{x} = \boldsymbol{A}^\top \boldsymbol{b}$．取任一特解 $\boldsymbol{x}_0$ 即线性方程组 $\boldsymbol{A}\boldsymbol{x} = \boldsymbol{b}$ 的一个最小二乘解．

例 5.24　用 Python 计算例 5.23 中方程组 $\begin{cases} 4x_1 + 2x_2 - x_3 = 2 \\ 3x_1 - x_2 + 2x_3 = 10 \\ 11x_1 + 3x_2 \qquad = 8 \end{cases}$ 的最小二乘解．

解　见下列代码．

程序 5.11 计算例 5.23 中方程组的最小二乘解

```
1  import numpy as np                              #导入 NumPy
2  from utility import Q, mySolve                   #导入 mySolve
3  np.set_printoptions(formatter={'all':lambda x:   #设置输出精度
4                        str(Q(x).limit_denominator())})
5  A=np.array([[4,2,-1],                            #设置系数矩阵 A
6              [3,-1,2],
7              [11,3,0]], dtype='float')
8  b=np.array([2,10,8])                            #常数向量 b
9  B=np.matmul(A.T,A)                              #A 的转置与 A 的积
10 c=np.matmul(A.T,b.reshape(3,1))                 #A 的转置与 b 的积
11 X=mySolve(B,c)                                  #解最小二乘方程组
12 print(X[:,0])
```

程序的第 5~7 行设置原方程组的系数矩阵 A. 第 8 行设置原方程组的常数向量 b. 第 9 行调用 NumPy 的 matmul 函数计算 $\boldsymbol{A}^\top\boldsymbol{A}$, 存于 B. 第 10 行计算 $\boldsymbol{A}^\top\boldsymbol{b}$, 将结果存于 c. 第 11 行调用函数 mySolve(程序 3.6 定义, 第 2 行导入) 解方程组 $\boldsymbol{A}^\top\boldsymbol{A}\boldsymbol{x} = \boldsymbol{A}^\top\boldsymbol{b}$, 解集记为 X. 注意, X 中第 1 列 (X[:,0]) 存储的是方程组的特解. 运行程序, 输出

[9/5 -18/5 0]

即原方程组 $\boldsymbol{A}\boldsymbol{x} = \boldsymbol{b}$ 的最小二乘解为 $\boldsymbol{x}_0 = \begin{pmatrix} \dfrac{9}{5} \\ -\dfrac{18}{5} \\ 0 \end{pmatrix}$.

练习 5.22 用 Python 计算练习 5.21 中无解方程组 $\begin{cases} x_1 - 2x_2 + 3x_3 - x_4 = 1 \\ 3x_1 - x_2 + 5x_3 - 3x_4 = 2 \\ 2x_1 + x_2 + 2x_3 - 2x_4 = 3 \end{cases}$ 的

最小二乘解.

(参考答案: 见文件 chapt05.ipynb 中相应代码)

5.5 本章附录

A1. 引理 5.1 的证明

证明 若 $\boldsymbol{\beta} = \boldsymbol{o}$, 则式 (5.2) 自然成立. 设 $\boldsymbol{\beta} \neq \boldsymbol{o}$. 令 $t \in \mathbf{R}$, 作向量 $\boldsymbol{\gamma} = \boldsymbol{\alpha} + t\boldsymbol{\beta}$. 由内积的非负性可知 $0 \leqslant \boldsymbol{\gamma} \circ \boldsymbol{\gamma}$, 即

$$0 \leqslant (\boldsymbol{\alpha} + t\boldsymbol{\beta}) \circ (\boldsymbol{\alpha} + t\boldsymbol{\beta}) = \boldsymbol{\alpha} \circ \boldsymbol{\alpha} + 2(\boldsymbol{\alpha} \circ \boldsymbol{\beta})t + (\boldsymbol{\beta} \circ \boldsymbol{\beta})t^2.$$

将 t 视为 $\mathbf{R}$ 中变量, 上述关于 t 的二次不等式成立当且仅当 $4(\boldsymbol{\alpha} \circ \boldsymbol{\beta})^2 \leqslant 4(\boldsymbol{\alpha} \circ \boldsymbol{\alpha})(\boldsymbol{\beta} \circ \boldsymbol{\beta})$, 即

$$|\boldsymbol{\alpha} \circ \boldsymbol{\beta}| \leqslant \|\boldsymbol{\alpha}\|\|\boldsymbol{\beta}\|.$$

A2. 引理 5.2 的证明

证明　考虑线性组合

$$\lambda_1 \boldsymbol{\alpha}_1 + \lambda_2 \boldsymbol{\alpha}_2 + \cdots + \lambda_k \boldsymbol{\alpha}_k = \boldsymbol{o}.$$

用 $\boldsymbol{\alpha}_i$ 对上式两端计算内积, 由于向量组中的向量两两正交, 故得:

$$\lambda_i(\boldsymbol{\alpha}_i \circ \boldsymbol{\alpha}_i) = 0.$$

由 $\boldsymbol{\alpha}_i \neq \boldsymbol{o}$ 知 $\boldsymbol{\alpha}_i \circ \boldsymbol{\alpha}_i \neq 0$, 故必有 $\lambda_i = 0$. i 取遍 $1, 2, \cdots, k$, 得 $\lambda_1 = \lambda_2 = \cdots = \lambda_k = 0$, 即 $\boldsymbol{\alpha}_1, \boldsymbol{\alpha}_2, \cdots, \boldsymbol{\alpha}_k$ 线性无关.

A3. 引理 5.3 的证明

证明　对由式 (5.3) 定义的向量组 $\boldsymbol{\beta}_1, \cdots, \boldsymbol{\beta}_k$ 中向量的个数 k 进行数学归纳. $k = 2$ 时,

$$\boldsymbol{\beta}_2 = -\frac{\boldsymbol{\beta}_1 \circ \boldsymbol{\alpha}_2}{\boldsymbol{\beta}_1 \circ \boldsymbol{\beta}_1} \boldsymbol{\beta}_1 + \boldsymbol{\alpha}_2.$$

由于 $\boldsymbol{\beta}_1 = \boldsymbol{\alpha}_1$, 故 $\boldsymbol{\beta}_2$ 是线性无关向量 $\boldsymbol{\alpha}_1, \boldsymbol{\alpha}_2$ 的线性组合, 且线性组合的系数不全为 $0(\boldsymbol{\alpha}_2$ 的系数为 $1)$, 故 $\boldsymbol{\beta}_2 \neq \boldsymbol{o}$. 用 $\boldsymbol{\beta}_1$ 在两端进行点积运算,

$$\boldsymbol{\beta}_1 \circ \boldsymbol{\beta}_2 = -\frac{\boldsymbol{\beta}_1 \circ \boldsymbol{\alpha}_2}{\boldsymbol{\beta}_1 \circ \boldsymbol{\beta}_1}(\boldsymbol{\beta}_1 \circ \boldsymbol{\beta}_1) + (\boldsymbol{\beta}_1 \circ \boldsymbol{\alpha}_2) = 0,$$

即 $\boldsymbol{\beta}_2 \perp \boldsymbol{\beta}_1$. 假设 $k > 2$ 时, 向量组 $\boldsymbol{\beta}_1, \cdots, \boldsymbol{\beta}_k$ $(\boldsymbol{\beta}_i$ 是 $\boldsymbol{\alpha}_1, \cdots, \boldsymbol{\alpha}_k$ 的系数不全为 0 的线性组合) 非 0 且其中向量两两正交. 对 $k+1$ 的情形,

$$\boldsymbol{\beta}_{k+1} = -\frac{\boldsymbol{\beta}_1 \circ \boldsymbol{\alpha}_{k+1}}{\boldsymbol{\beta}_1 \circ \boldsymbol{\beta}_1} \boldsymbol{\beta}_1 - \frac{\boldsymbol{\beta}_2 \circ \boldsymbol{\alpha}_{k+1}}{\boldsymbol{\beta}_2 \circ \boldsymbol{\beta}_2} \boldsymbol{\beta}_2 - \cdots - \frac{\boldsymbol{\beta}_k \circ \boldsymbol{\alpha}_{k+1}}{\boldsymbol{\beta}_k \circ \boldsymbol{\beta}_k} \boldsymbol{\beta}_k + \boldsymbol{\alpha}_{k+1}.$$

根据归纳假设, $\boldsymbol{\beta}_{k+1}$ 是 $\boldsymbol{\alpha}_1, \cdots, \boldsymbol{\alpha}_{k+1}$ 的系数不全为 0 的线性组合 $(\boldsymbol{\alpha}_{k+1}$ 的系数为 $1)$, 故 $\boldsymbol{\beta}_{k+1} \neq \boldsymbol{o}$. 用 $\boldsymbol{\beta}_i(1 \leqslant i \leqslant k)$ 在上式两端进行内积运算, 注意到归纳假设 $\boldsymbol{\beta}_1, \cdots, \boldsymbol{\beta}_k$ 两两正交, 则

$$\boldsymbol{\beta}_i \circ \boldsymbol{\beta}_{k+1} = -\frac{\boldsymbol{\beta}_i \circ \boldsymbol{\alpha}_{k+1}}{\boldsymbol{\beta}_i \circ \boldsymbol{\beta}_i}(\boldsymbol{\beta}_i \circ \boldsymbol{\beta}_i) + \boldsymbol{\beta}_i \circ \boldsymbol{\alpha}_{k+1} = -\boldsymbol{\beta}_i \circ \boldsymbol{\alpha}_{k+1} + \boldsymbol{\beta}_i \circ \boldsymbol{\alpha}_{k+1} = 0,$$

即 $\boldsymbol{\beta}_{k+1} \perp \boldsymbol{\beta}_i$, $i = 1, 2, \cdots, k$. 所以 $\boldsymbol{\beta}_1, \boldsymbol{\beta}_2, \cdots, \boldsymbol{\beta}_k, \boldsymbol{\beta}_{k+1}$ 两两正交.

A4. 定理 5.2 的证明

证明　充分性: 线性变换 T 在 $\mathbf{R}^n$ 的任一标准正交基 $\boldsymbol{\alpha}_1, \boldsymbol{\alpha}_2, \cdots, \boldsymbol{\alpha}_n$ 下的矩阵 $\boldsymbol{A}$ 为正交矩阵. 按定理 4.7 知 $\boldsymbol{A}$ 的各列恰为 $\boldsymbol{\alpha}_1, \boldsymbol{\alpha}_2, \cdots, \boldsymbol{\alpha}_n$ 在 T 下的像, 即

$$\boldsymbol{A} = (T(\boldsymbol{\alpha}_1), T(\boldsymbol{\alpha}_2), \cdots, T(\boldsymbol{\alpha}_n)),$$

且

$$T(\boldsymbol{\alpha}_i) \circ T(\boldsymbol{\alpha}_j) = \begin{cases} 1 & i = j \\ 0 & i \neq j \end{cases}.$$

$\forall \boldsymbol{x}, \boldsymbol{y} \in \mathbf{R}^n$, 在基 $\boldsymbol{\alpha}_1, \boldsymbol{\alpha}_2, \cdots, \boldsymbol{\alpha}_n$ 下的坐标分别为 $\begin{pmatrix} x_1 \\ x_2 \\ \vdots \\ x_n \end{pmatrix}$ 和 $\begin{pmatrix} y_1 \\ y_2 \\ \vdots \\ y_n \end{pmatrix}$, 则

$$T(\boldsymbol{x}) = T\left(\sum_{i=1}^{n} x_i \boldsymbol{\alpha}_i\right) = \sum_{i=1}^{n} x_i T(\boldsymbol{\alpha}_i),$$

$$T(\boldsymbol{y}) = T\left(\sum_{i=1}^{n} y_i \boldsymbol{\alpha}_i\right) = \sum_{i=1}^{n} y_i T(\boldsymbol{\alpha}_i).$$

$$T(\boldsymbol{x}) \circ T(\boldsymbol{y}) = \left(\sum_{i=1}^{n} x_i T(\boldsymbol{\alpha}_i)\right) \circ \left(\sum_{i=1}^{n} y_i T(\boldsymbol{\alpha}_i)\right)$$

$$= \sum_{i=1}^{n} \sum_{j=1}^{n} x_i y_j T(\boldsymbol{\alpha}_i) \circ T(\boldsymbol{\alpha}_j)$$

$$= \sum_{i=1}^{n} x_i y_i T(\boldsymbol{\alpha}_i) \circ T(\boldsymbol{\alpha}_i) = \sum_{i=1}^{n} x_i y_i$$

$$= \boldsymbol{x} \circ \boldsymbol{y}.$$

所以, T 是 $\mathbf{R}^n$ 上的正交变换.

必要性: 设 T 是 $\mathbf{R}^n$ 上的正交变换, $\boldsymbol{\alpha}_1, \boldsymbol{\alpha}_2, \cdots, \boldsymbol{\alpha}_n$ 为 $\mathbf{R}^n$ 的任一标准正交基, 记

$$\boldsymbol{\beta}_i = T(\boldsymbol{\alpha}_i), i = 1, 2, \cdots, n.$$

根据定理 4.7 知, 线性变换 T 在基 $\boldsymbol{\alpha}_1, \boldsymbol{\alpha}_2, \cdots, \boldsymbol{\alpha}_n$ 下的矩阵 $\boldsymbol{A} = (\boldsymbol{\beta}_1, \boldsymbol{\beta}_2, \cdots, \boldsymbol{\beta}_n)$. 由变换 T 的正交性可知

$$\boldsymbol{\beta}_i \circ \boldsymbol{\beta}_j = T(\boldsymbol{\alpha}_i) \circ T(\boldsymbol{\alpha}_j) = \boldsymbol{\alpha}_i \circ \boldsymbol{\alpha}_j = \begin{cases} 1 & i = j \\ 0 & i \neq j \end{cases},$$

故 $\boldsymbol{A}$ 是一个正交矩阵.

A5. 引理 5.4 的证明

证明　记 $\overline{\lambda}$ 为 λ 的共轭复数, $\overline{\boldsymbol{A}} = (\overline{a_{ij}})$ 为 $\boldsymbol{A} = (a_{ij})$ 的共轭矩阵. 由于 $\boldsymbol{A} \in \mathbf{R}^{n \times n}$, 故 $\overline{\boldsymbol{A}} = \boldsymbol{A}$. 若 $\boldsymbol{x}$ 为属于 λ 的特征向量, 则 $\boldsymbol{A}\boldsymbol{x} = \lambda \boldsymbol{x}$. 记 $\overline{\boldsymbol{x}}$ 为 $\boldsymbol{x}$ 的共轭向量, 于是

$$\boldsymbol{A}\overline{\boldsymbol{x}} = \overline{\boldsymbol{A}}\,\overline{\boldsymbol{x}} = \overline{\boldsymbol{A}\boldsymbol{x}} = \overline{\lambda \boldsymbol{x}} = \overline{\lambda}\,\overline{\boldsymbol{x}}.$$

这意味着 $\overline{\boldsymbol{x}}$ 为 $\boldsymbol{A}$ 属于 $\overline{\lambda}$ 的特征向量. 用 $\overline{\boldsymbol{x}}^\top$ 左乘 $\boldsymbol{A}\boldsymbol{x} = \lambda\boldsymbol{x}$ 两端, 得

$$\overline{\boldsymbol{x}}^\top \boldsymbol{A}\boldsymbol{x} = \overline{\boldsymbol{x}}^\top(\lambda\boldsymbol{x}) = \lambda\overline{\boldsymbol{x}}^\top\boldsymbol{x}. \tag{5.5}$$

另外,

$$\overline{\boldsymbol{x}}^\top \boldsymbol{A}\boldsymbol{x} = \overline{\boldsymbol{x}}^\top \boldsymbol{A}^\top \boldsymbol{x} = (\boldsymbol{A}\overline{\boldsymbol{x}})^\top \boldsymbol{x} = (\overline{\lambda}\boldsymbol{x})^\top \boldsymbol{x} = \overline{\lambda}\overline{\boldsymbol{x}}^\top\boldsymbol{x}. \tag{5.6}$$

综合式 (5.5) 和式 (5.6) 得

$$\lambda\overline{\boldsymbol{x}}^\top\boldsymbol{x} = \overline{\lambda}\overline{\boldsymbol{x}}^\top\boldsymbol{x},$$

即

$$(\lambda - \overline{\lambda})\overline{\boldsymbol{x}}^\top\boldsymbol{x} = 0. \tag{5.7}$$

设 $\boldsymbol{x} = \begin{pmatrix} x_1 \\ x_2 \\ \vdots \\ x_n \end{pmatrix}$, 则 $\overline{\boldsymbol{x}}^\top = (\overline{x}_1, \overline{x}_2, \cdots, \overline{x}_n)$.

$$\overline{\boldsymbol{x}}^\top\boldsymbol{x} = \sum_{i=1}^n \overline{x}_i x_i = \sum_{i=1}^n |x_i|^2 \neq 0.$$

由式 (5.7) 知, $\lambda - \overline{\lambda} = 0$, 即 $\lambda = \overline{\lambda}$. 所以 $\lambda \in \mathbf{R}$.

A6. 定理 5.5 的证明

证明　(1) 由 $\boldsymbol{A}$ 的正定性知, 存在正交阵 $\boldsymbol{P}$, 使得 $\boldsymbol{P}^\top\boldsymbol{A}\boldsymbol{P} = \mathrm{diag}(\lambda_1, \lambda_2, \cdots, \lambda_n) =$

$\boldsymbol{\Lambda} = \begin{pmatrix} \lambda_1 & 0 & \cdots & 0 \\ 0 & \lambda_2 & \cdots & 0 \\ \vdots & \vdots & \ddots & \vdots \\ 0 & 0 & \cdots & \lambda_n \end{pmatrix}$. 其中, $\lambda_1 > 0, \lambda_2 > 0, \cdots, \lambda_n > 0$. 显然, $\boldsymbol{\Lambda}$ 是可逆的. 因此,

$\boldsymbol{A} = \boldsymbol{P}\boldsymbol{\Lambda}\boldsymbol{P}^\top$ 也是可逆的, $\boldsymbol{A}^{-1} = \boldsymbol{P}^\top\boldsymbol{\Lambda}^{-1}\boldsymbol{P}$.

(2) 首先, $(\boldsymbol{A}^{-1})^\top = (\boldsymbol{A}^\top)^{-1} = \boldsymbol{A}^{-1}$. 即 $\boldsymbol{A}^{-1}$ 是对称的. 其次, 由 (1) 知, 即 $\boldsymbol{P}\boldsymbol{A}^{-1}\boldsymbol{P}^\top =$

$\boldsymbol{\Lambda}^{-1}$. 亦即 $\boldsymbol{A}^{-1}$ 的标准形是 $\boldsymbol{\Lambda}^{-1} = \begin{pmatrix} \dfrac{1}{\lambda_1} & 0 & \cdots & 0 \\ 0 & \dfrac{1}{\lambda_2} & \cdots & 0 \\ \vdots & \vdots & \ddots & \vdots \\ 0 & 0 & \cdots & \dfrac{1}{\lambda_n} \end{pmatrix}$. 由 $\dfrac{1}{\lambda_1} > 0, \dfrac{1}{\lambda_2} > 0, \cdots, \dfrac{1}{\lambda_n} > 0$

知 $\boldsymbol{A}^{-1}$ 正定.

(3) 由于 $\boldsymbol{A} = \boldsymbol{P}\boldsymbol{\Lambda}\boldsymbol{P}^\top$, 其中 $\boldsymbol{P}^\top = \boldsymbol{P}^{-1}$, $\boldsymbol{\Lambda} = \mathrm{diag}(\lambda_1, \lambda_2, \cdots, \lambda_n)$, $\lambda_1 > 0, \lambda_2 > 0, \cdots, \lambda_n > 0$. 因此, $\sqrt{\lambda_i} > 0$, $i = 1, 2, \cdots, n$. 由于

$$\Lambda = \begin{pmatrix} \lambda_1 & 0 & \cdots & 0 \\ 0 & \lambda_2 & \cdots & 0 \\ \vdots & \vdots & \ddots & \vdots \\ 0 & 0 & \cdots & \lambda_n \end{pmatrix} = \begin{pmatrix} \sqrt{\lambda_1} & 0 & \cdots & 0 \\ 0 & \sqrt{\lambda_2} & \cdots & 0 \\ \vdots & \vdots & \ddots & \vdots \\ 0 & 0 & \cdots & \sqrt{\lambda_n} \end{pmatrix} \begin{pmatrix} \sqrt{\lambda_1} & 0 & \cdots & 0 \\ 0 & \sqrt{\lambda_2} & \cdots & 0 \\ \vdots & \vdots & \ddots & \vdots \\ 0 & 0 & \cdots & \sqrt{\lambda_n} \end{pmatrix}$$

记 $\Lambda^{\frac{1}{2}} = \begin{pmatrix} \sqrt{\lambda_1} & 0 & \cdots & 0 \\ 0 & \sqrt{\lambda_2} & \cdots & 0 \\ \vdots & \vdots & \ddots & \vdots \\ 0 & 0 & \cdots & \sqrt{\lambda_n} \end{pmatrix}$, 则 $\Lambda = \Lambda^{\frac{1}{2}}\Lambda^{\frac{1}{2}}$ 且 $B = P^\top \Lambda^{\frac{1}{2}} P$ 对称正定. 于是

$$A = P\Lambda P^\top = P^\top \Lambda^{\frac{1}{2}} \Lambda^{\frac{1}{2}} P = P\Lambda P^\top = P^\top \Lambda^{\frac{1}{2}} P P^\top \Lambda^{\frac{1}{2}} P = B^2.$$

A7. 定理 5.6 的证明

证明　必要性: 若 A 正定, 即存在正交阵 P, 使得 $A = P^\top \Lambda P$, 其中 $\Lambda = \operatorname{diag}(\lambda_1, \lambda_2, \cdots, \lambda_n)$ 且 $\lambda_i > 0$, $i = 1, 2, \cdots, n$. 根据定理 2.8,

$$\det A = \det(P^\top \Lambda P) = \det P^\top \det \Lambda \det P$$

$$= \det P^\top \det P \det \Lambda = \det(P^\top P) \det \Lambda$$

$$= \det \Lambda = \prod_{i=1}^{n} \lambda_i > 0$$

考虑 $x = \begin{pmatrix} x_1 \\ \vdots \\ x_{n-1} \\ 0 \end{pmatrix} \neq o$,

$$0 < x^\top A x = (x_1, \cdots, x_{n-1}, 0) \begin{pmatrix} a_{11} & a_{12} & \cdots & a_{1n} \\ a_{21} & a_{22} & \cdots & a_{2n} \\ \vdots & \vdots & \ddots & \vdots \\ a_{n1} & a_{n2} & \cdots & a_{nn} \end{pmatrix} \begin{pmatrix} x_1 \\ \vdots \\ x_{n-1} \\ 0 \end{pmatrix}$$

$$= (x_1, \cdots, x_{n-1}) \begin{pmatrix} a_{11} & a_{12} & \cdots & a_{1,n-1} \\ a_{21} & a_{22} & \cdots & a_{2,n-1} \\ \vdots & \vdots & \ddots & \vdots \\ a_{n-1,1} & a_{n-1,2} & \cdots & a_{n-1,n-1} \end{pmatrix} \begin{pmatrix} x_1 \\ \vdots \\ x_{n-1} \end{pmatrix}$$

由此可见，$(x_1, \cdots, x_{n-1}) \begin{pmatrix} a_{11} & a_{12} & \cdots & a_{1,n-1} \\ a_{21} & a_{22} & \cdots & a_{2,n-1} \\ \vdots & \vdots & \ddots & \vdots \\ a_{n-1,1} & a_{n-1,2} & \cdots & a_{n-1,n-1} \end{pmatrix} \begin{pmatrix} x_1 \\ \vdots \\ x_{n-1} \end{pmatrix}$ 为一正定二次型. 按

以上对 $\det \boldsymbol{A} > 0$ 的证明知 $\det \begin{pmatrix} a_{11} & a_{12} & \cdots & a_{1,n-1} \\ a_{21} & a_{22} & \cdots & a_{2,n-1} \\ \vdots & \vdots & \ddots & \vdots \\ a_{n-1,1} & a_{n-1,2} & \cdots & a_{n-1,n-1} \end{pmatrix} > 0.$ 如此，我们可逐一

证得 $\det \begin{pmatrix} a_{11} & a_{12} & \cdots & a_{1k} \\ a_{21} & a_{22} & \cdots & a_{2k} \\ \vdots & \vdots & \ddots & \vdots \\ a_{k1} & a_{k2} & \cdots & a_{kk} \end{pmatrix} > 0, \ k = 1, 2, \cdots, n.$

充分性：对二次型 $f = \boldsymbol{x}^\top \boldsymbol{A} \boldsymbol{x}$ 的变元个数 n 作数学归纳. $n = 1$ 时，$a > 0$ 对 $x \neq 0$ 必有 $ax^2 > 0$，即 f 正定. 假设在 $1, 2, \cdots, n-1$ 阶主子式均大于零的前提下，

$$\boldsymbol{A}_1 = \begin{pmatrix} a_{11} & a_{12} & \cdots & a_{1,n-1} \\ a_{21} & a_{22} & \cdots & a_{2,n-1} \\ \vdots & \vdots & \ddots & \vdots \\ a_{n-1,1} & a_{n-1,2} & \cdots & a_{n-1,n-1} \end{pmatrix} \text{ 正定. 下证 } \boldsymbol{A} = \begin{pmatrix} a_{11} & a_{12} & \cdots & a_{1n} \\ a_{21} & a_{22} & \cdots & a_{2n} \\ \vdots & \vdots & \ddots & \vdots \\ a_{n1} & a_{n2} & \cdots & a_{nn} \end{pmatrix} \text{ 正定.}$$

由 $\boldsymbol{A}_1$ 的正定性可知存在可逆阵 $\boldsymbol{P}_1$，使得 $\boldsymbol{P}_1^\top \boldsymbol{A}_1 \boldsymbol{P}_1 = \boldsymbol{I}$，令 $\boldsymbol{Q}_1 = \begin{pmatrix} \boldsymbol{P}_1 & \boldsymbol{o} \\ \boldsymbol{o}^\top & 1 \end{pmatrix}$ 其中，

$\boldsymbol{o} = \underbrace{(0, \cdots, 0)}_{n-1}^\top.$ 又记 $\boldsymbol{\alpha} = \begin{pmatrix} a_{1n} \\ a_{2n} \\ \vdots \\ a_{n-1,n} \end{pmatrix}$，则 $\boldsymbol{A} = \begin{pmatrix} \boldsymbol{A}_1 & \boldsymbol{\alpha} \\ \boldsymbol{\alpha}^\top & a_{nn} \end{pmatrix}$，且

$$\boldsymbol{Q}_1^\top \boldsymbol{A} \boldsymbol{Q}_1 = \begin{pmatrix} \boldsymbol{P}_1^\top \boldsymbol{A}_1 \boldsymbol{P}_1 & \boldsymbol{P}_1^\top \boldsymbol{\alpha} \\ \boldsymbol{\alpha}^\top \boldsymbol{P}_1 & a_{nn} \end{pmatrix} = \begin{pmatrix} \boldsymbol{I}_{n-1} & \boldsymbol{P}_1^\top \boldsymbol{\alpha} \\ \boldsymbol{\alpha}^\top \boldsymbol{P}_1 & a_{nn} \end{pmatrix}.$$

令 $\boldsymbol{Q}_2 = \begin{pmatrix} \boldsymbol{I}_{n-1} & -\boldsymbol{P}_1^\top \boldsymbol{\alpha} \\ \boldsymbol{o} & 1 \end{pmatrix}$，则 $\boldsymbol{Q}_2$ 可逆，且

$$\boldsymbol{Q}_2^\top \boldsymbol{Q}_1^\top \boldsymbol{A} \boldsymbol{Q}_1 \boldsymbol{Q}_2 = \boldsymbol{Q}_2^\top (\boldsymbol{Q}_1^\top \boldsymbol{A} \boldsymbol{Q}_1) \boldsymbol{Q}_2$$
$$= \begin{pmatrix} \boldsymbol{I}_{n-1} & \boldsymbol{o} \\ -\boldsymbol{\alpha}^\top \boldsymbol{P}_1 & 1 \end{pmatrix} \begin{pmatrix} \boldsymbol{I}_{n-1} & \boldsymbol{P}_1^\top \boldsymbol{\alpha} \\ \boldsymbol{\alpha}^\top \boldsymbol{P}_1 & a_{nn} \end{pmatrix} \begin{pmatrix} \boldsymbol{I}_{n-1} & -\boldsymbol{P}_1^\top \boldsymbol{\alpha} \\ \boldsymbol{o} & 1 \end{pmatrix}$$

$$= \begin{pmatrix} \boldsymbol{I}_{n-1} & \boldsymbol{o} \\ \boldsymbol{o} & a_{nn} - \boldsymbol{\alpha}^\top \boldsymbol{P}_1 \boldsymbol{P}_1^\top \boldsymbol{\alpha} \end{pmatrix}.$$

注意 $a_{nn} - \boldsymbol{\alpha}^\top \boldsymbol{P}_1 \boldsymbol{P}_1^\top \boldsymbol{\alpha} \in \mathbf{R}$. 按定理 2.8

$$a_{nn} - \boldsymbol{\alpha}^\top \boldsymbol{P}_1 \boldsymbol{P}_1^\top \boldsymbol{\alpha} = \det \begin{pmatrix} \boldsymbol{I}_{n-1} & \boldsymbol{o} \\ \boldsymbol{o} & a_{nn} - \boldsymbol{\alpha}^\top \boldsymbol{P}_1 \boldsymbol{P}_1^\top \boldsymbol{\alpha} \end{pmatrix}$$

$$= \det \boldsymbol{Q}_2^\top \det \boldsymbol{Q}_1^\top \det \boldsymbol{A} \det \boldsymbol{Q}_1 \det \boldsymbol{Q}_2$$

$$= \det \boldsymbol{A} (\det \boldsymbol{Q}_1)^2 (\det \boldsymbol{Q}_2)^2 > 0$$

设 $a = a_{nn} - \boldsymbol{\alpha}^\top \boldsymbol{P}_1 \boldsymbol{P}_1^\top \boldsymbol{\alpha}$ 及 $\boldsymbol{Q}_3 = \begin{pmatrix} \boldsymbol{I}_{n-1} & \boldsymbol{o} \\ \boldsymbol{o} & \frac{1}{\sqrt{a}} \end{pmatrix}$, 则 $\boldsymbol{Q}_3$ 可逆, 且

$$\boldsymbol{Q}_3^\top \boldsymbol{Q}_2^\top \boldsymbol{Q}_1^\top \boldsymbol{A} \boldsymbol{Q}_1 \boldsymbol{Q}_2 \boldsymbol{Q}_3 = \boldsymbol{I}_n$$

即 $\boldsymbol{A}$ 合同于 $\boldsymbol{I}_n$, 所以 $\boldsymbol{A}$ 正定.

A8. 引理 5.6 的证明

证明　由向量距离与向量内积的关系知,

(1)

$$d(\boldsymbol{x}, \boldsymbol{y}) = (\boldsymbol{x} - \boldsymbol{y}) \circ (\boldsymbol{x} - \boldsymbol{y})$$

$$= [-1 \cdot (\boldsymbol{y} - \boldsymbol{x})] \circ [-1 \cdot (\boldsymbol{y} - \boldsymbol{x})]$$

$$= d(\boldsymbol{y}, \boldsymbol{x});$$

(2) $d(\boldsymbol{x}, \boldsymbol{y}) = (\boldsymbol{x} - \boldsymbol{y}) \circ (\boldsymbol{x} - \boldsymbol{y}) \geqslant 0$, $(\boldsymbol{x} - \boldsymbol{y}) \circ (\boldsymbol{x} - \boldsymbol{y}) = 0$ 当且仅当 $\boldsymbol{x} - \boldsymbol{y} = \boldsymbol{o}$, 即当且仅当 $\boldsymbol{x} = \boldsymbol{y}$;

(3)

$$(d(\boldsymbol{x}, \boldsymbol{y}))^2 = \|\boldsymbol{x} - \boldsymbol{y}\|^2 = \|(\boldsymbol{x} - \boldsymbol{z}) + (\boldsymbol{z} - \boldsymbol{y})\|^2$$

$$= (\boldsymbol{x} - \boldsymbol{z} + \boldsymbol{z} - \boldsymbol{y}) \circ (\boldsymbol{x} - \boldsymbol{z} + \boldsymbol{z} - \boldsymbol{y})$$

$$= \|\boldsymbol{x} - \boldsymbol{z}\|^2 + \|\boldsymbol{z} - \boldsymbol{y}\|^2 + 2(\boldsymbol{x} - \boldsymbol{z}) \circ (\boldsymbol{z} - \boldsymbol{y})$$

$$\leqslant \|\boldsymbol{x} - \boldsymbol{z}\|^2 + \|\boldsymbol{z} - \boldsymbol{y}\|^2 + 2\|\boldsymbol{x} - \boldsymbol{z}\| \cdot \|\boldsymbol{z} - \boldsymbol{y}\|$$

$$= (\|\boldsymbol{x} - \boldsymbol{z}\| + \|\boldsymbol{z} - \boldsymbol{y}\|)^2$$

$$= (d(\boldsymbol{x} - \boldsymbol{z}) + d(\boldsymbol{z} - \boldsymbol{y}))^2.$$

其中的不等式是运用了引理 5.1 的施瓦茨不等式 (式 (5.2)). 对上式两端取算术平方根, 即可得 $d(\boldsymbol{x}, \boldsymbol{y}) \leqslant d(\boldsymbol{x}, \boldsymbol{z}) + d(\boldsymbol{z}, \boldsymbol{y})$.

A9. 定理 5.7 的证明

证明　由于 $\gamma, \delta \in W$, 故 $(\gamma - \delta) \in W$. 于是, $(\beta - \gamma) \perp (\gamma - \delta)$.

$$(d(\beta, \delta))^2 = (\beta, \delta) \circ (\beta, \delta) = (\beta - \gamma + \gamma - \delta) \circ (\beta - \gamma + \gamma - \delta)$$

$$= (\beta - \gamma) \circ (\beta - \gamma) + (\gamma - \delta) \circ (\gamma - \delta) + 2(\beta - \gamma) \circ (\gamma - \delta)$$

$$= (d(\beta, \gamma))^2 + (d(\gamma, \delta))^2 \geqslant (d(\beta, \gamma))^2.$$

对上式两端取算术平方根, 得 $d(\beta, \gamma) \leqslant d(\beta, \delta)$.

参考文献

[1] 华罗庚. 高等数学引论: 第一卷, 第一分册 [M]. 北京: 科学出版社, 1963.

[2] 华罗庚. 高等数学引论: 第一卷, 第二分册 [M]. 北京: 科学出版社, 1963.

[3] 北京大学数学力学系几何与代数教研室代数小组. 高等代数 [M]. 北京: 人民教育出版社, 1978.

[4] 张禾瑞, 郝炳新. 高等代数: 上册 [M]. 北京: 人民教育出版社, 1979.

[5] 张禾瑞, 郝炳新. 高等代数: 下册 [M]. 北京: 人民教育出版社, 1979.

[6] 同济大学数学系. 线性代数 [M]. 北京: 高等教育出版社, 2014.

[7] 吴光磊, 丁石孙, 姜伯驹, 等. 解析几何 [M]. 北京: 人民教育出版社, 1952.